高等学校水利类教材

水利工程地基处理

刘川顺 编著

武汉大学出版社

图书在版编目(CIP)数据

水利工程地基处理/刘川顺编著.—武汉:武汉大学出版社,2004.3(2021.1 重印)
高等学校水利类教材
ISBN 978-7-307-04107-3

Ⅰ.水… Ⅱ.刘… Ⅲ.水利工程—地基处理 Ⅳ.TV223

中国版本图书馆 CIP 数据核字(2003)第 124887 号

责任编辑:瞿扬清　　责任校对:王　建　　版式设计:支　笛

出版发行:**武汉大学出版社**　(430072　武昌　珞珈山)
(电子邮箱:cbs22@ whu.edu.cn 网址:www.wdp.com.cn)
印刷:武汉邮科印务有限公司
开本:787×1092　1/16　印张:11　字数:262 千字
版次:2004 年 3 月第 1 版　2021 年 1 月第 3 次印刷
ISBN 978-7-307-04107-3/TV · 18　定价:36.00 元

内容提要

本书总结国内外近年来地基处理技术的科研成果和工程实践，系统介绍了在水利工程中广泛应用的地基处理新技术。全书共八章，包括地基处理基础知识、垫层处理、强夯法、碎石桩、深层搅拌法、高压喷射注浆法、冲积型地基堤坝工程渗流控制和土工合成材料。

本书在对几种具有代表性的地基处理新技术的方法、原理及计算方法、施工要点进行系统总结的同时，注重理论性与实用性相结合，介绍了较多的水工地基处理工程实例，可作为水利类专业研究生、本科生的教材，同时也可作为水利工程技术人员的设计、施工参考书。

前　言

水利工程中的堤防、土石坝、涵闸、泵站、渡槽等水工建筑物大都建造在各种类型的土基上，地基土的物理性状对水工建筑物的工作状态和安危有着直接的影响。实践表明，大部分水工建筑物的破坏或失事是由于地基缺陷或基础设计不妥造成的。饱和软黏土地基上的大量水闸、泵房建筑物因未采取地基处理措施而产生滑移、倾斜和裂缝。建造在砂卵(砾)石地基或粉细砂地基的堤坝、水闸、泵房等建筑物，由于缺乏有效的渗流控制措施而发生渗透变形，并引起建筑物的塌陷、滑坡或倾覆。因此在水利工程建设中，做好地基的勘察、测试工作，并在此基础上对不良地基采取针对性的加固处理措施是十分必要的。水工建筑物地基加固的目的在于提高软弱地基的强度，保证地基的稳定性；减小地基的压缩性，避免过大的地基沉陷及不均匀沉陷；控制地基(尤其是砂土地基)渗流，防止渗透变形。

最近二十多年来，地基处理技术有了突飞猛进的发展，突出地表现在两个方面，一是各种复合地基处理技术的诞生，二是各类土工合成材料在地基处理中的应用。这些地基处理新技术的共同特点是地基处理效果好、施工效率高、工程费用低，已经成功应用于多项实际工程的加固。为了使地基处理技术更好地服务于水利工程建设，本书对几种具有代表性的地基处理新技术进行了系统总结，同时也包括了作者本人近年来的一些研究成果，注重阐明各项地基处理技术的方法、原理及计算方法、施工要点，力求实用性与理论性相结合。全书共八章，第一章主要介绍与水工地基处理相关的土力学基础知识，并提供了不同土质的一些重要物理、力学指标，以便读者在地基加固设计时参考；第二章至第六章介绍了目前国内较成熟的地基处理方法，它们分别是：垫层处理、强夯法、碎石桩、深层搅拌法和高压喷射注浆法；第七章介绍冲积型地基的水工渗流控制方法及设计方案及相关的渗流计算方法；第八章介绍土工合成材料的类型、功能及其在水工地基处理中的应用。本书给出了较多的水工地基处理实例，以便读者加深理解并在实际应用时参考。

本书既可作为水利类专业研究生、本科生的参考教材，同时也可作为水利工程技术人员的设计、施工参考书。

由于作者学识有限，书中错误、疏漏之处在所难免，敬请读者批评指正。

本书的出版，得到了武汉大学“研究生教材出版基金”的资助，作者对此表示衷心的感谢。

作者

2003年9月

前　言

目　　录

第一章　地基处理基础知识

第一节　水工地基处理的任务、目的和方法

一、地基处理的重要性和目的

任何水工建筑物都是建造在一定的地层上的，承受建筑物荷载的地层称为地基，建筑物向地基传递荷载的下部结构称为基础。

实践表明，大部分水工建筑物的破坏或失事是由于地基缺陷或基础设计不妥而造成的。建在软弱地基上的水闸、泵房或渡槽等建筑物，如果不采取适当的地基处理措施，可能产生较大的地基沉陷和不均匀沉陷，轻则混凝土结构产生裂缝，闸门不能正常开启、水泵不能正常运用，重则建筑物滑移、倾倒。建在砂砾石地基或粉细砂地基上的水闸、泵房、堤坝建筑物，如果不采取适当的防渗排水措施，就可能发生渗透变形，使地基淘空而引起建筑物倾覆或堤坝塌陷、滑坡。因此在水工建筑物设计中，对地基与基础的设计应给予足够的重视，要结合建筑物的上部结构情况、运用条件及地基土的特点，选择适当的基础设计方案和地基处理措施。

二、地基处理的对象

根据水工建筑物因地基缺陷而导致破坏或失事的情况来看，地基处理的对象包括：软弱地基和高压缩性地基及强透水地基。水工建筑物不良地基有以下几种常见类型：

1. 软土

软土包括淤泥及淤泥质土。软土的特点是含水量高、孔隙比大，压缩高，而且内摩擦角小，因此软土地基承载力低，在外荷载作用下地基变形大。软土的另一特点是渗透系数小，固结排水慢，在比较深厚的软土层上，建筑物基础的沉降往往持续数年甚至数十年之久。软土地基的这些特点对建筑物的正常运用和安全是十分不利的。

2. 冲填土

冲填土是指在整治和疏浚河道或湖塘时，用挖泥船通过泥浆泵将泥砂或淤泥吸取并输送到岸边而形成的沉积土，亦称吹填土。以黏性土为主的冲填土往往是欠固结的，其强度低且压缩性高，一般需经过人工处理才能作为建筑物基础；以砂性土或其他颗粒为主的冲填土，其性质与砂性土相类似，是否进行地基处理要视具体情况而定。

3. 杂填土

杂填土是指由人类活动所形成的建筑垃圾、生活垃圾和工业废料等无规则堆填物。杂填土成分复杂、结构松散、分布极不均匀，因而均匀性差、压缩性大、强度低。未经人工处理的杂填土不得作为建筑物基础的持力层。

4．松散粉细砂及粉质砂土地基

这类地基若浸水饱和，在地震及机械震动等动力荷载作用下，容易产生液化流砂，从而使地基承载力骤然降低。另外，在渗透力作用下这类地基容易发生流土变形。

5．砂卵石地基

对于中小型水闸、泵房等建筑物及一般的堤防、土坝工程而言，砂卵石地基的承载力通常能满足要求。但是，砂卵石地基有着极强的透水性，当挡水建筑物存在上下游水头差时，地基极易产生管涌。所谓管涌是指在渗流动水压力作用下，砂卵石地基中粉砂等微小颗粒首先被渗流带走，接着稍大的颗粒也发生流失，以致地基中的渗流通道越来越大，最后不能承受上部荷载而产生塌陷，造成严重事故。因此水利工程中的砂卵石地基包括粉细砂地基必须采取适当的防渗排水措施。

6．特殊土地基

特殊土地基一般带有地区性特点，包括湿陷性黄土、膨胀土和冻土等。

湿陷性黄土的主要特点是受水浸润后土的结构迅速破坏，在自重应力和上部荷载产生的附加应力的共同作用下产生显著的附加沉陷，从而引起建筑物的不均匀沉降。

膨胀土是一种吸水显著膨胀而失水显著收缩的高塑性土，这种地基土的特性容易造成建筑物隆起或下沉，从而带来严重危害。

冻土是指气温在零度以下时出现固态冰的土，包括瞬时冻土、季节性冻土和多年冻土。其中，季节性冻土对水利工程的危害较大。季节性冻土因其周期性的冻结和融化，从而造成地基的不均匀沉降。

总之，不同性质土基的缺陷会给水工建筑物造成不同形式的破坏，水工地基处理的目的就是加强地基承载力，控制地基沉陷和不均匀沉陷、防止地基发生渗透变形。

三、地基处理的方法和类型

地基处理技术近年来得到飞速发展，人们可以根据具体的需要、地基特点和施工条件选择合适的地基处理方法。目前水利工程中常用的地基处理方法及适用范围见表 1-1。

表 1-1 **水工地基处理方法类型、适用范围及加固原理**

<table>
<tr><th>分类</th><th>方法</th><th>适用范围</th><th>加固原理</th></tr>
<tr><td rowspan="3">换土垫层法</td><td>碾压法</td><td>适用于处理浅层软土地基、湿陷性黄土地基、膨胀土地基、季节性冻土地基、素填土和杂填土地基</td><td rowspan="3">挖除浅层软弱土或不良土，回填砂、碎石、粉煤灰、干渣、灰土或素土等作为垫层，分层碾压或夯实，从而增加抗剪强度、承载力，减小压缩性，防止冻胀作用，消除湿陷性或胀缩性，防止液化</td></tr>
<tr><td>重锤夯实法</td><td>适用于地下水位以上稍湿的黏性土、砂土、湿陷性黄土、杂填土及分层填土地基</td></tr>
<tr><td>平板振动法</td><td>适用于处理无黏性土和透水性强的杂填土地基</td></tr>
<tr><td>深层密实法</td><td>挤密法</td><td>砂桩挤密法和振动水冲法一般适用于松散砂土和杂填土；土桩和灰土桩挤密法一般适用于地下水位以上深度小于 10m 的湿陷性黄土或人工填土；石灰桩适用于软弱黏土和杂填土</td><td>挤土成孔，从侧向将土挤密，回填碎石、砾石、砂、石灰、土、灰土等材料，形成碎石桩、砂桩、石灰桩、土桩、灰土桩等，与桩间土组成复合地基，提高地基承载力，减少沉降量，消除土的湿陷性或液化性</td></tr>
</table>

续表

分类	方法	适用范围	加固原理
	强夯法	适用于碎石土、砂土、素填土、杂填土和低饱和度的粉土、黏土、湿陷性黄土	利用夯击能，使深层土液化和动力固结，从而使土体密实
排水固结法	堆载预压法 真空预压法 降水预压法	适用于处理厚度较大的饱和软土和冲填土地基	通过布置垂直排水井，改善地基排水条件，并采取加压、抽气、抽水等措施，加速地基的固结和强度增长
加筋法	加筋土	加筋土适用于堤坝、水闸、泵房等建筑物软基加固，常配合换土回填垫层使用	在人工填土的堤坝、挡墙结构及其基础和其他建筑物地基铺设钢带、钢条、尼龙绳、玻璃纤维或土工聚合物，使这种人工复合的土体具有抗拉、抗压、抗弯、抗剪作用，提高承载力，增加稳定性，减少沉降
	土工织物	适用于砂土、黏土和软土	
化学加固法	灌浆法	适用于处理岩基、砂土、粉土、淤泥质黏土、粉质黏土、黏土和一般填土	通过注入水泥浆液或将水泥浆液进行喷射或机械搅拌，使土粒胶结，从而提高地基承载力，减少沉降，防止砂土液化，防止地基或人工填土（堤防、土坝等）渗漏
	高压喷射注浆法	适用于处理淤泥质土、黏性土、粉土、砂土、人工填土等地基及砂卵石地基	
	水泥土搅拌法	适用于处理淤泥质土、粉土和含水率较高且承载力较低的黏性土	

第二节　土的物理性质指标与土的工程分类

一、土的物理性质指标

1. 容重（γ）

具有天然结构和湿度的土重（W）与其体积（V）之比，即为土的容重（又称为天然容重或湿容重），用 γ 表示：

$$\gamma = \frac{W}{V} \quad (单位:g/cm^3 或 kN/m^3) \tag{1-1}$$

2. 含水量（w）

土中水重（W_w）与固体颗粒重（W_s）之比，即为土的含水量，用 w 表示：

$$w = \frac{W_w}{W_s} \times 100(\%) \tag{1-2}$$

3. 干容重（γ_d）

土的固体颗粒重与土体积之比，即为土的干容重，用 γ_d 表示：

$$\gamma_d = \frac{W_s}{V} = \frac{W}{V} \cdot \frac{W_s}{W} = \frac{W}{V} \cdot \frac{W_s}{W_s + W_w} = \frac{\gamma}{1+w} \quad (单位:g/cm^3 或 kN/m^3) \tag{1-3}$$

4. 土粒比重（G_s）

土的固体颗粒重与其同体积（V_s）水重之比，即为土的比重

$$G_s = \frac{W_s}{V_s} \cdot \frac{1}{\rho_w} = \frac{\rho_s}{\rho_w} \tag{1-4}$$

式中：ρ_s 为土粒密度(单位：g/cm^3)；ρ_w 为水的密度(取为 1g/cm^3)。

5. 孔隙比(e)

土的孔隙体积(V_v)与固体颗粒体积(V_s)之比，即为土的孔隙比

$$e = \frac{V_v}{V_s} = \frac{V - V_s}{V_s} = \frac{V}{V_s} - 1 \tag{1-5}$$

6. 孔隙率(n)

土的孔隙体积与土体积之比，即为土的孔隙率

$$n = \frac{V_v}{V} = \frac{V_v}{V_s} \cdot \frac{V_s}{V} = \frac{V_v}{V_s} \cdot \frac{V_s}{V_s + V_v} = \frac{e}{1+e} \tag{1-6}$$

7. 饱和度(S_r)

土孔隙中水的体积(V_w)与孔隙体积之比，即为土的饱和度

$$S_r = \frac{V_w}{V_v} = \frac{V_w}{V_s} \cdot \frac{V_s}{V_v} = \frac{W_s}{V_s} \cdot \frac{V_w}{W_s} \cdot \frac{V_s}{V_v} = \frac{W_s}{V_s} \cdot \frac{W_w}{W_s} \cdot \frac{V_s}{V_v} = \frac{G_s \cdot w}{e} \quad (\%) \tag{1-7}$$

8. 饱和容重(γ_{sat})

孔隙中全部充满水(即 $S_r = 100\%$)时的土重与其体积之比，即为土的饱和容重

$$\gamma_{sat} = \frac{W_s + V_v \cdot \rho_w}{V} = \frac{(G_s V_s + V_v)\rho_w}{V_v + V_s} = \frac{\left(G_s + \frac{V_v}{V_s}\right)\rho_w}{\frac{V_v}{V_s} + 1} = \frac{(G_s + e)\rho_w}{e+1}$$

(单位：g/cm^3 或 kN/m^3) (1-8)

9. 浮容重(γ')

地下水位以下的土受水的浮力作用，其单位体积土体的有效重，即为土的浮容重

$$\gamma' = \frac{W_s + V_v \cdot \rho_w - V \cdot \rho_w}{V} = \gamma_{sat} - 1 \quad (\text{单位：g/cm}^3 \text{ 或 kN/m}^3) \tag{1-9}$$

二、土的物理状态指标

1. 无黏性土的相对密实度(D_r)

相对密实度是反映砂石、碎石土疏松状态的物理指标，由下式确定：

$$D_r = \frac{e_{\max} - e_0}{e_{\max} - e_{\min}} = \frac{(\rho_d - \rho_{d\min})\rho_{d\max}}{(\rho_{d\max} - \rho_{d\min})\rho_d} \tag{1-10}$$

式中：e_0 为无黏性土的天然孔隙比或无黏性填土的填筑孔隙比；$e_{\max}$为无黏性土的最大孔隙比；$e_{\min}$为无黏性土的最小孔隙比；ρ_d 为无黏性土的天然干密度或填筑干密度；$\rho_{d\max}$为无黏性土的最大干密度；$\rho_{d\min}$为无黏性土的最小干密度。

最小干密度是把烘干土料以 25mm 的自由落高，散落在一定容积的容器内，测定其体积 V，称其质量 m_s，则得到 $\rho_{d\min} = m_s / V$；最大干密度 $\rho_{d\max}$是把一定量的烘干土料装入容器，在施加一定的压重下，放在振动台上振密，测出振密后的体积，称量其质量，然后计算求得。

工程上，按相对密实度将无黏性土划分为三种状态：

$0 < D_r \leqslant 0.33$ 疏松

$0.33 < D_r \leqslant 0.67$　中密

$0.67 < D_r \leqslant 1$　密实

2. 黏性土的液性指数(I_L)

$$I_L = \frac{w - w_p}{w_L - w_p} = \frac{w - w_p}{I} \tag{1-11}$$

式中:w_p 为土的塑限含水量(%),即土由半固态转变为塑性状态时的界限含水量,也叫塑性下限含水量;w_L 为土的液限含水量(%),即土由塑性状态转为流动状态时的界限含水量,也叫塑性上限含水量;I_p 为土的塑性指数(%),$I_p = w_L - w_p$。

根据土的液性指数将黏性土划分为五种状态:

$I_L \leqslant 0$　坚硬

$0 < I_L \leqslant 0.25$　硬塑

$0.25 < I_L \leqslant 0.75$　可塑

$0.75 < I_L \leqslant 1.0$　软塑

$1.0 < I_L$　流塑

3. 土的不均匀系数(C_u)

土的不均匀系数是反映土颗粒成分不均匀程度的判别指标,由下式确定:

$$C_u = \frac{d_{60}}{d_{10}} \tag{1-12}$$

式中:d_{60}称为限制粒径,mm,表示小于该粒径的颗粒重量占全部颗粒重量的60%;d_{10}称为有效粒径,mm,表示小于该粒径的颗粒重量占全部颗粒重量的10%。

一般 $C_u \leqslant 5$ 时,为颗粒均匀或级配不良的土;$5 < C_u \leqslant 15$ 时,为颗粒中等均匀的土;$C_u > 15$ 时,为颗粒不均匀或级配良好的土。土料的 C_u 越大,填筑时越容易得到较小的孔隙比。

三、土的工程分类

土的分类指标很多,目前土的分类体系繁杂多样,不仅各国尚未统一,而且在国内各个行业部门也都制定了本专业的分类体系。我国目前倾向于以土的颗粒组成特征、塑性指标作为划分土类的依据。在区分土类时采用表1-2所列的粒组划分,然后按塑性指标将粗粒土和细粒土进一步细分(见表1-3)。

表1-2　**粒组划分**

粒组名称		粒径 d 范围(mm)	粒组统称
漂石(块石)粒		>200	巨粒
卵石(碎石)粒		200~60	
砾粒	粗砾	60~20	粗粒
	细砾	20~2	
砂砾		2~0.075	
粉粒		0.075~0.005	细粒
黏粒		<0.005	

表 1-3 **按塑性指数分类**

<table>
<tr><td rowspan="2">分类指标界限值
提出者</td><td colspan="8">塑性指数分类指标界限值及土类名称</td></tr>
<tr><td colspan="8">0 1 3 7 8 9 10 14 15 17</td></tr>
<tr><td>国家建委 TJ7-74
规范</td><td></td><td colspan="2">砂土</td><td colspan="2">轻亚黏土</td><td colspan="2">亚黏土</td><td>黏土</td></tr>
<tr><td>水利部土工试验
规程-62</td><td></td><td>砂土</td><td colspan="2">砂壤土</td><td colspan="3">壤土</td><td>黏土</td></tr>
<tr><td>交通部 79 规范</td><td></td><td colspan="2">砂土</td><td>亚砂土</td><td colspan="3">亚黏土</td><td>黏土</td></tr>
<tr><td>冶金部冶基
规 103-77</td><td></td><td colspan="2">砂土</td><td colspan="3">轻亚黏土</td><td>亚黏土</td><td>黏土</td></tr>
<tr><td>地质矿产部
84 规程</td><td></td><td colspan="2">砂土</td><td>亚砂土</td><td colspan="3">亚黏土</td><td>黏土</td></tr>
</table>

第三节 土的压缩性与基础沉降

一、基本概念

土在压力作用下体积缩小的特性叫做土的压缩性。建筑物地基受上部荷载的作用而产生的垂直压缩变形,称为建筑物地基的沉降。土体受力后引起的变形可分为体积变形和形状变形。体积变形主要由正应力引起,它只会使土的体积缩小压密,不会导致土体破坏。而形状变形主要由剪应力引起,当剪应力超过一定限度时,土体将产生剪切破坏,因此,地基中是不允许发生大范围剪切破坏的。本节讨论的基础沉降主要是指由正应力作用引起的体积变形。

土体在压力作用下产生的体积压缩的原因有三个方面:(1)土粒本身的压缩变形;(2)孔隙水的压缩变形;(3)孔隙的压缩变形(由于部分孔隙水和气体的排出)。由于水和土粒本身的压缩性很小,故孔隙水及土粒的压缩变形通常可以忽略不计。

二、土的压缩性指标

通过土的压缩试验,可以得到一条外加压力强度(p)和土孔隙比(e)的变化关系曲线(如图 1-1)。压缩曲线的割线斜率反映了土的压缩线的高低,即

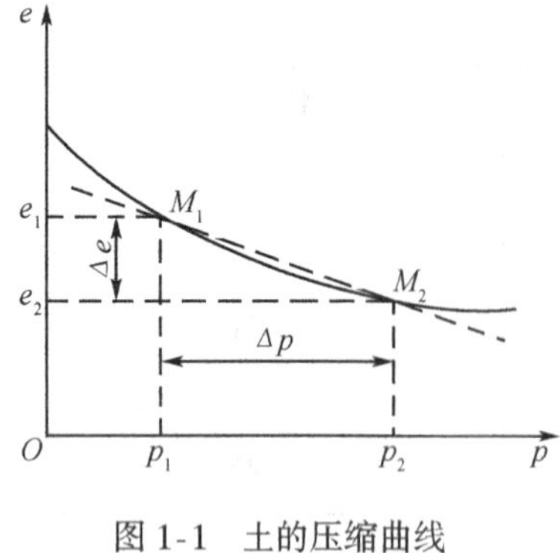

图 1-1 土的压缩曲线

$$a_v = \frac{e_1 - e_2}{p_2 - p_1} = -\frac{\Delta e}{\Delta p} \tag{1-13}$$

式中:a_v 称为压缩系数,以 kPa^{-1}或 MPa^{-1}计。e_1、e_2 为压缩曲线上与 p_1、p_2 相对应的孔隙比。应当注意,压缩系数不是常量,它随压力的增加以及压力增量取值的增大而减小。在工程中,为了便于统一比较,习惯上采用 $100kPa^{-1}$和 $200kPa^{-1}$范围的压缩系数来衡量土的压缩性的高低。

土的压缩试验结果,也可绘制在半对数坐标上,如图 1-2 所示,该压缩曲线通常称为 e-lg$p$ 曲线。从图中可以看出,在较高的压力范围内,e-lg$p$ 曲线近似地为一直线。于是,可用直线的斜率—压缩指数 C_c 来反映其陡缓,即

$$C_c=\frac{e_1-e_2}{\lg p_2-\lg p_1}=-\frac{\Delta e}{\lg\left(\frac{p_1+\Delta p}{p_1}\right)} \tag{1-14}$$

式中:e_1、e_2 分别为 p_1、p_2 对应的孔隙比。

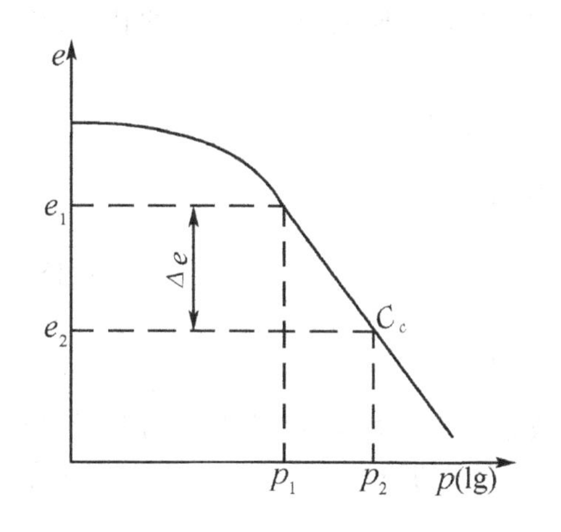

图 1-2　压缩试验的 e-lg$p$ 曲线

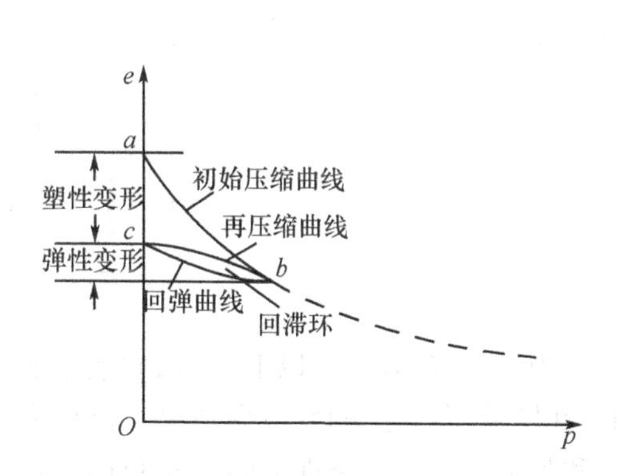

图 1-3　图的回弹、再压缩曲线

压缩指数 C_c 也是反映土的压缩性高低的一个指标。C_c 值越大,土的压缩性就越高;反之,C_c 值越小,则土的压缩性就越低。虽然压缩系数 a_v 和压缩指数 C_c 都是反映土的压缩性的指标,但是两者又有所不同。a_v 随取的初始压力以及压力增量的大小而异,而 C_c 在较高的压力范围内却是常数。

压缩试验是地基沉降量计算的基本依据,因此各土层的压缩试验的加荷过程必须尽量符合实际,每一试样的压缩试验均应从小荷重开始,逐渐分级加荷,当荷载增加到土样在天然埋藏条件下所受的自重应力后,逐级卸荷(模拟基坑开挖),这样就获得土样的回弹曲线,然后再逐级加荷,直至最终荷载达到基底的设计荷载强度加上 1.5～2.0 倍基底宽度的土柱重量为止,这样就获得土样的二次压缩曲线(如图 1-3)。从图中可以看到二次压缩曲线的一些特征:(1)卸荷时,试样不是沿初始压缩曲线,而是沿曲线 bc 回弹,可见土体的变形是由可恢复的弹性变形和不可恢复的塑性变形两部分组成;(2)回弹曲线和再压缩曲线构成一回滞环,这是土体不是完全弹性体的又一特征;(3)回弹曲线和再压缩曲线比压缩曲线平缓得多;(4)当再加荷时的压力超过 b 点对应的压力,再压缩曲线就趋于初始压缩曲线的延长线。

三、无侧向变形条件下的压缩量公式

目前工程中广泛采用的计算基础沉降的分层总和法都是建立在下面的无侧向变形条件下土的压缩量(或单向压缩)公式的基础之上的:

$$S=\frac{a_v}{1+e_1}\Delta pH \tag{1-15}$$

或 $$S=m_v\Delta pH \tag{1-16}$$

式中：Δp 为压力增量，$\Delta p=p_2-p_1$，p_1 为基础在原始自然状态下的压力强度；e_1 为在 p_1 作用下压缩已经稳定时的孔隙比；H 为此时的土层厚度，a_v 为土的压缩系数；m_v 为体积压缩系数，即土体在单位压力增量作用下单位体积的体积变化，也即单位厚度的压缩量，$m_v=a_v/(1+e_1)$；S 为厚度为 H 的土层在 Δp 作用下的压缩量。

若令 $E_S=1/m_v$，则式(1-16)可以改写成

$$S=\frac{\Delta p}{E_S}H \tag{1-17}$$

式中：E_s 称为压缩模量，以 kPa 计。它是在无侧向变形条件下，竖向应力与应变之比值，故又称为土的侧限弹性模量。

根据广义胡克定律，土体应变 ε 与应力 σ 之间存在以下关系

$$\left.\begin{aligned}\varepsilon_x&=\frac{\sigma_x}{E}-\frac{\mu}{E}(\sigma_y+\sigma_z)\\ \varepsilon_y&=\frac{\sigma_y}{E}-\frac{\mu}{E}(\sigma_x+\sigma_z)\\ \varepsilon_z&=\frac{\sigma_z}{E}-\frac{\mu}{E}(\sigma_x+\sigma_y)\end{aligned}\right\} \tag{1-18}$$

式中：E 为土的变形模量，以 kPa 计，它表示在无侧限条件下应力与应变的比值，即无侧限时的弹性模量(各类土的变形模量参考值见表 1-4)；μ 为土的泊松比，一般在 0.3～0.4 之间，饱和黏土在不排水条件下的 μ 值可能接近 0.5。

有侧限变形条件下，$\sigma_x=\sigma_y$，$\varepsilon_x=\varepsilon_y=0$，于是从式(1-18)中的前两式可得到

$$\frac{\sigma_x}{\sigma_z}=\frac{\mu}{1-\mu} \tag{1-19}$$

又因为无侧限条件下，侧向有效应力与竖向有效应力的比值为静止侧压力系数 K_0，于是有

$$K_0=\frac{\mu}{1-\mu}=\frac{\sigma_x}{\sigma_z}=\frac{\sigma_y}{\sigma_z} \tag{1-20}$$

由式(1-17)，可将无侧限时的竖向应变表示为

$$\varepsilon_z=\frac{S}{H}=\frac{\sigma_z}{E_S} \tag{1-21}$$

由式(1-18)、(1-20)、(1-21)可得到

$$E=E_S\left(1-\frac{2\mu^2}{1-\mu}\right) \tag{1-22}$$

表 1-4 **各类土的变形模量 E 的经验取值范围**

土类	泥炭	塑性黏土	硬塑黏土	较硬黏土	松砂	密实砂	密实砂砾
E(kPa)	100～500	500～4000	4000～8000	8000～15000	10000～20000	50000～80000	100000～200000

四、基础沉降量的计算

基础沉降按照其发生的原因和次序，可分为初始沉降(即基础荷载加上后立即发生的沉

降)、固结沉降(即由于土孔隙中的水和气体在压力作用下逐渐排出,因土体体积缩小而引起的沉淀)、次固结沉降(即在土体固结后期,当超孔隙压力基本已消散为零,土料表面上的吸着水层受压变形,其中一部分吸着水逐渐转变为自由水,从而引起的地基土的压缩沉降)。

由于采用常规法计算初始沉降和次固结沉降有一定难度,因此目前工程中通常是对地基各土层按式(1-15)计算无侧限条件下的固结沉降,然后将土层的沉降总和,并乘以一个与地基条件有关的修正系数,最终得到地基沉降量计算结果,即

$$S = m\sum_{i=1}^{n}\frac{e_{1i}-e_{2i}}{1+e_{1i}}h_i \tag{1-23}$$

式中:S 为地基最终沉降量,m;n 为计算范围内的土层数;e_{1i}为基础底面以下第 i 层土在平均自重应力作用下,由压缩曲线查得的相应孔隙比;e_{2i}为基础底面以下第 i 层土在平均自重应力加平均附加应力作用下,由压缩曲线查得的相应孔隙比;h_i 为基础底面以下第 i 层土的厚度,m;m 为地基沉降量修正系数,可采用 1.0~1.6(坚实地基取较小值,软土地基取较大值)。

在利用式(1-23)计算地基沉降量时,要注意两点:一是压缩曲线的选用。对于软土地基,宜采用 e-p 压缩曲线;对于一般土质地基,当基底压力小于或接近于基坑开挖前作用于该基底面上的自重压力时,宜采用 e-p 回弹再压缩曲线;对于重要的、大型建筑物的地基沉降量计算,宜采用 e-$\lg p$ 压缩曲线。二是地基压缩层计算深度的确定。目前水利工程中通常按竖向附加应力 σ_z 与竖向自重应力σ_s 之比来确定压缩层计算深度。对于一般黏性土,压缩层深度取至 $\sigma_z=0.2\sigma_s$;对于软黏土,压缩层深度取至 $\sigma_z=0.1\sigma_s$。

下面介绍分层总和法计算地基沉降的步骤:

(1)选择沉降计算剖面,在每一个剖面上选择若干有代表性的计算点

在计算基底压力和地基中附加应力时,要根据建筑物基础的尺寸,判别是属于空间问题还是平面问题:再按作用在基础上的荷载性质(中心、偏心或倾斜等情况),求出基底压力的大小和分布;然后结合地基中土层性状,选择沉降计算点的位置。

地基计算剖面的选择应包括荷载变化较大与地基压缩性变化较大的地段在内。例如,水闸两侧岸墙与闸身之间往往荷载相差较大,有可能产生较大的不均匀沉降。

图 1-4 为水闸平面示意图。沉降计算的部位可考虑取在 0、1、2、3 和 4 各点,以便了解闸身上下游沉降量和沉降差,以及岸墙与闸身的沉降差。

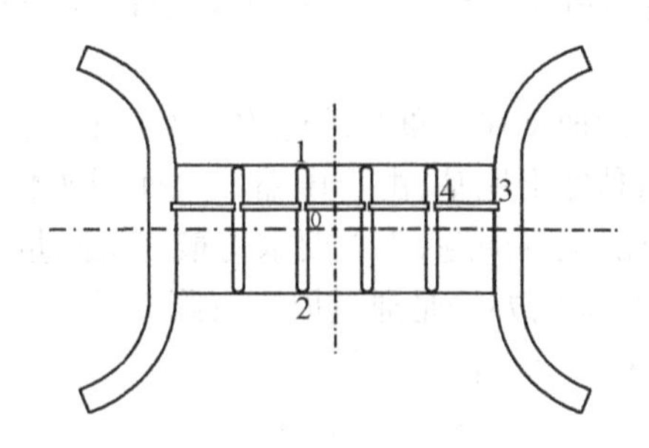

图 1-4　水闸沉降计算点

对于堤防、土坝等建筑物,一般应以基础的两侧点、中间点及较宽马路下的对应点作为沉降计算点(如图 1-5)。

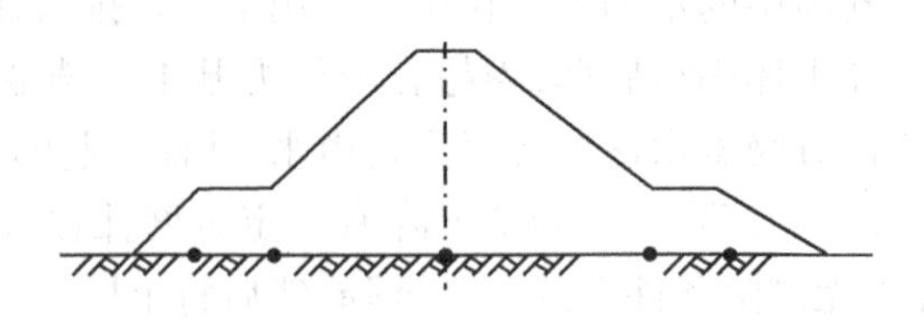

图 1-5 堤坝沉降计算点

(2) 将地基分层

天然土层中不同土质层的交界面和地下水位应分为层面,同时在同一类土层中分层的厚度不宜过大。一般水工建筑物地基,分层的厚度 h_i 的取值为 2~4m,或 $h_i \leqslant 0.4B$,B 为基础的宽度。对每一分层,可近似认为地基压力是均匀分布的。

(3) 计算各土层的平均应力

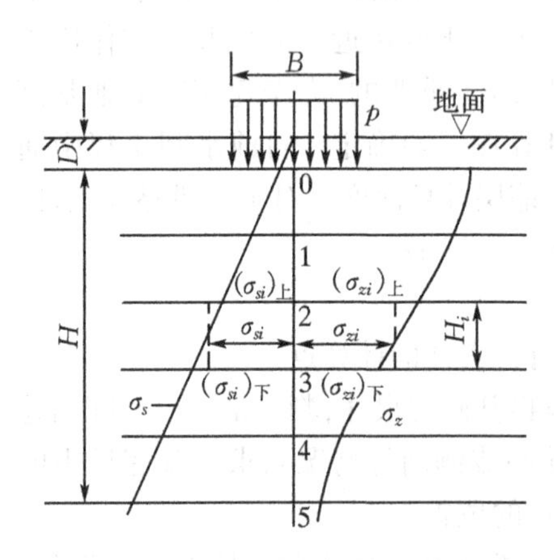

图 1-6 分层综合法沉降计算图

首先求出计算点垂线上各个分层层面处的竖向自重应力 σ_s(应从地面算起),并绘出它的分布曲线。然后求出计算点垂线上各个分层层面处的竖向附加应力 σ_z 并绘出它的分布曲线,并以 $\sigma_z = 0.2\sigma_s$ 或 $0.1\sigma_s$ 的标准确定压缩层的总厚度。需注意的是,当基础为埋置式时,附加应力应从基底算起(即应为基底静压力)。最后,按算术平均算出各分层上下层面的平均自重应力 σ_{si} 和平均附加应力 σ_{zi}(如图 1-6)。

(4) 计算基底各代表点的沉降

取第 i 层的平均初始应力 p_{1i} 等于 σ_{si},平均初始应力与平均附加应力之和等于 p_{2i},由 p_{1i} 及 p_{2i} 查压缩曲线得到相应的初始孔隙比 e_{1i} 和压缩稳定后孔隙比 e_{2i},然后按式(1-23)算出各代表点的沉降量。

为保证建筑物的安全和正常使用,建筑物基础可能产生的最大沉降量和沉降差控制在该建筑物所容许的沉降量[S]和沉降差[ΔS]之内。例如,《水闸设计规范》规定:天然土质地基上的水闸地基最大允许沉降量[S] = 15cm,最大允许沉降差[ΔS] = 5cm。一旦不满足这一要求,应采取适当措施。

以上讨论的地基沉降是指地基在自重荷载应力和基础荷载附加应力作用下,地基所产生的最终沉降量。对于饱和黏性土地基,由于压缩性大而透水性小,排水固结慢,沉降过程要持续很长时间。这种情况的沉降问题,不但要求得最终沉降量,还要了解沉降随时间的增长过程 $S_t = f(t)$。较简单可靠的办法是通过原型沉降观测建立经验关系式。前苏联尼奇波罗维奇(A . A. Ничипорович)给出了如下经验公式

$$S_t = S(1 - e^{-dt}) \tag{1-24}$$

式中:S_t 为 t 时的沉降量;S 为最终稳定沉降量;t 为沉陷历时,年;d 为系数,1/年,它与压缩土层厚度、初始孔隙比、压缩系数、渗透系数等多种因素有关;e 为自然对数的底。

式(1-24)反映出沉降量增长率随时间衰减的大致规律,但实用仍不便。经验表明,如将 S_t 曲线的起点改置于施工期过半的 t_1 处,则 $S_t = f(t)$ 接近双曲线,即

$$S_t = S\frac{t}{\alpha + t} \tag{1-25}$$

式中：t 为自施工期过半开始计算的时间；α 为反映地基固结性能的综合系数，$\alpha = 0 \sim 0.6$，与压缩层厚度、基础宽度以及 t_1 都有关。

对于具体的建筑物地基，α 可由施工期一段时间的沉降观测求得，即假定 α 不随时间而变，则在 t' 时(接近于施工结束的某时间)实测闸基沉降量，设为 S'_t，如稳定沉降量 S 已知，则用式(1-26)求 α

$$\alpha = \frac{S'_t}{S'_t} - t' \tag{1-26}$$

有了 α，式(1-25)的过程线也就得到了。

值得指出的是，借助施工期沉降观测也可求知最终稳定沉降量 S。为此只需在施工期找两个不同时间($t' = T_1$ 和 $t' = T_2$)分别测定沉降量($S'_t = S_1$ 和 $S'_t = S_2$)，代入式(1-26)求得两个 α，令 $\alpha_1 = \alpha_2$，则可解得 S，即

$$S = \frac{T_2 - T_1}{\dfrac{T_2}{S_2} - \dfrac{T_1}{S_1}} \tag{1-27}$$

第四节　土的抗剪强度

一、基本概念

土的抗剪强度是指土的某一受剪面上抵抗剪切破坏的最大应力。土的抗剪强度一般由黏聚力和内摩擦力两部分组成。

黏聚力主要由包围在土颗粒周围的黏结水产生的，它是以吸附水膜的形式使颗粒在接触面上相互黏结。显然，颗粒越细，颗粒的比表面积越大，黏聚力越大，而对无黏性土来说，黏聚力很小甚至可认为不存在。

内摩擦力是指颗粒之间的摩擦阻力，它来自颗粒接触面上的摩擦作用和颗粒棱角的链锁作用。这种摩擦力 τ_f 取决于土的滑动面的粗糙程度(常用内摩擦角 φ 来反映)和该面所受的法向压力 σ，即

$$\tau_f = \sigma \tan\varphi \tag{1-28}$$

根据库仑(Coulomb)定律，对于黏性土，其抗剪强度可表示为

$$\tau = c + \sigma\tan\varphi \tag{1-29}$$

式中的 c 与 φ 两个常数即为所谓的抗剪强度指标，由剪切实验测定。实际上某种土的 c、φ 值并非真正恒定不变的常数，它们往往受土的孔隙水压力，固结含水量和固结度及剪切速率等因素的影响而有很大的变化。

二、土的抗剪强度指标的选取与应用

土的抗剪强度指标的正确选择，取决于剪切实验方法的正确运用。而剪切实验方法的选定，又必须保证土样所处的实验条件(如受力和排水条件等)应尽可能与实际情况相一致。

根据太沙基(K. Terzaghi 1936)的有效应力概念,土体内的剪应力由土的骨架承担,土的抗剪强度应表示为剪破面上法向有效应力的函数:

$$\tau_f = c' + \sigma' \tan\varphi' = c' + (\sigma - u)\tan\varphi' \tag{1-30}$$

式中:u 为剪破面上的孔隙水压力(kPa);σ'为剪破面上的法向有效应力(kPa); c'为有效黏聚力(kPa);φ'为有效内摩擦角(°)。

c'和φ'称为有效应力强度指标,因为剪破面上的法向应力是以有效应力表示的。然而,剪切实验中试样内的有效应力随剪切前试样的固结程度和剪切中的排水条件而异。因此,同一种土如果采用不同的实验方法,求出的总应力强度指标是不相同的。

剪切试验共有三种类型,用于近似模拟土体在现场遇到的不同受剪排水条件:

(1) 不固结不排水剪(UU)或快剪(Q)

不固结不排水剪或快剪通常用来模拟弱透水性黏土地基受建筑物的快速加载或土坝在快速施工中被剪破的情况。这类试验要求饱和土样在受剪之前以及剪切过程中,始终保持原有水分不变。不排水剪(UU)在三轴压缩仪中进行,快剪在直接剪切仪中进行。

(2)固结不排水剪(CU)或固结快剪(R)

完全符合固结不排水剪或固结快剪试验中的受力排水条件的实际工程情况是不存在的。有时,这种试验用来模拟中等透水性土或黏土在中等加荷速率下被剪破的情况。通常,固结不排水剪试验主要用来测定土的有效强度指标和推求原位不排水强度。CU 试验在三轴仪中进行,固结快剪试验在直剪仪中进行。

(3)固结排水剪(CD)或慢剪(S)

这种试验用来模拟黏土地基和土坝在自重荷载作用下已压缩稳定后,受缓慢荷载被剪破的情况或砂土受静荷载被剪破的情况。CD 试验在三轴仪中进行,慢剪试验在直剪仪中进行。

第五节 地基承载力

一、地基剪切破坏形式

建筑物地基在建筑物荷载作用下的破坏形式一般有两种:一种是由于地基受压变形,产生了过大的沉降量或沉降差,使上部结构倾斜、开裂以致毁坏或失去使用价值(如不均匀沉降过大、闸室倾斜,导致闸门不能启闭;泵房倾斜,导致轴流泵不能正常运转);另一种是由于建筑物的荷载过大,超过了基础持力层所能承受的能力而使地基产生滑动破坏。

地基承载能力不足的实质是地基中产生的剪应力达到或超过了土的抗剪强度。试验表明,地基的剪切破坏随着土的性状而不同,一般可分为整体剪切、局部剪切和冲剪三种形式。

整体剪切破坏的特征是,随着基础上荷载的逐渐增加,剪切破坏出现三个阶段:当基础上荷载较小时,地基中的剪应力均小于土的抗剪强度,基底压力与沉降的关系近乎直线变化,即处于弹性变形阶段(即图 1-7 中曲线 A 的 Oa 段);随着荷载增大到某一数值时,首先在基础边缘处的土开始出现剪切破坏(即塑性破坏),此时地基所承受的基底压力称为临塑压力(以 f_{cr}表示),随着荷载继续增大,剪切破坏区(即塑性区)也相应地扩大,此时基底压力与沉降关系呈曲线形状,此时处于弹塑性变形阶段,如图 1-7 曲线 A 中的 ab 段;如果基础上的荷载继续增加，剪切破坏区将随之扩展成片，即说明基础上的荷载已接近地基土的极限承载能力（f_u）而濒临破坏，一旦荷载稍有增加，基础将急剧下沉或突然倾倒、基础两侧的地面向上隆起而破坏，此属塑性破坏阶段。

局部剪切破坏的过程与整体剪切破坏相似，剪切破坏也从基础边缘下开始，随着荷载的增大，剪切破坏区也相应地扩展。但是，当荷载达到某一数值后，虽然基础两侧的地面也微微隆起，呈现出破坏的特征，然而剪切破坏区仅仅被限制在地基内部的某一区域，而不能形成延伸至地面的连续滑动面。局部剪切破坏时，其压力与沉降的关系，从一开始就呈非线性的变化，并且当达到破坏时，均无明显地出现转折现象，如图 1-7 中的曲线 B 所示。对于这种情况，我们常常选取压力与沉降曲线上坡度发生显著变化的点所对应的压力，作为相应的地基极限承载力。

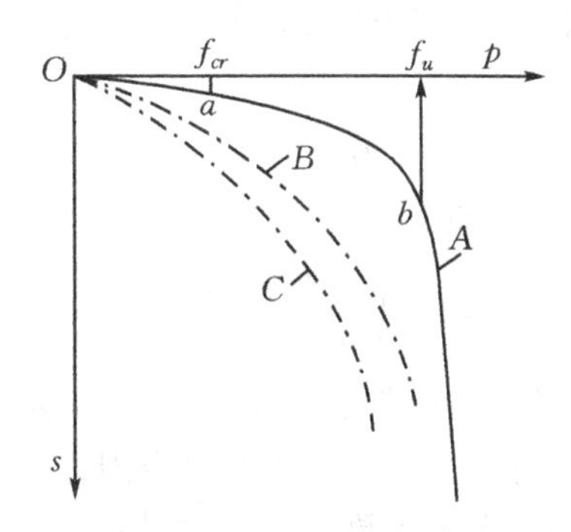

图 1-7　剪切破坏过程中的应力—沉降关系曲线

冲剪破坏的特征是，它并不是在基础下出现明显的连续滑动面，而是随着荷载的增加，基础将竖直向下移动。当荷载继续增加并达到某一数值后，基础随荷载加大而连续刺入地基，最后基础侧面附近土发生竖向剪切破坏。

冲剪破坏的压力与沉降关系曲线类似局部剪切破坏的情况，也不出现明显的转折现象，如图 1-7 中的曲线 C 所示。

地基剪切破坏的型式主要与土的压缩性质有关。一般而言，坚硬或紧密的土，将出现整体剪切破坏，而松软土，将出现局部剪切或冲剪破坏。通常使用的地基承载力公式，均是在整体剪切破坏条件下得到的。对于局部剪切或冲剪破坏的情况，目前尚无理论公式可循。有些学者建议将整体剪切破坏时的地基承载力公式加以适当修正，即可用于局部剪切破坏。

工程设计时，常要求将基础底面的压力限制在某一容许承载力[f]之内，它等于地基的极限承载力 f_u 除以安全系数 F_s。现行的《建筑地基基础设计规范》(GBJ7-89)以地基承载力设计值 f 取代了习用的容许承载力[f]，但这两者在使用的含义上是相当的。在进行建筑物基础设计时，若按《建筑地基基础设计规范》的方法来确定地基承载力，则基底压力 p 应小于或等于地基承载力设计值 f；当按理论公式或其他方法来确定地基承载力时，则基底压力 p 不得超过地基容许承载力[f]。

关于地基承载力的确定，目前常用的方法有理论公式计算，根据土的性质指标查规范中的承载力表以及由现场荷载试验和静力触探试验确定三大类。地基承载力通常由地质勘察人员确定，并以地质勘察（试验）报告的形式提供给设计方。

下面仅介绍按规范确定地基承载力设计值。

二、按规范确定地基承载力设计值

《建筑地基基础设计规范》(GBJ7-89)在收集各地大量现场荷载试验、动力触探试验以及土工试验资料的基础上，并对这些资料进行回归分析和拟合经验方程后，编制了各类土在一定条件下满足强度和变形条件的承载力表，可供一般建筑物设计时查用。

上述承载力表可分为两类：一类是根据地基土的物理、力学性质指标，从表中查得承载力基本值 f_0，再经过修正得到承载力标准值 f_k；另一类是根据标准贯入击数 N，从表中直接查得承载力标准 f_k。下面将分别介绍这两类承载力表的使用方法。

1. 按土的性质指标确定承载力标准值

根据土的物理、力学性质指标的平均值从表 1-5 至表 1-9 中查得承载力基本值 f_0 后，再按下式求得承载力标准值

$$f_k = f_0 \psi_f \tag{1-31}$$

其中回归修正系数 ψ_f 按下式确定，即

$$\psi_f = 1 - \left(\frac{2.884}{\sqrt{n}} + \frac{7.918}{n^2}\right)\delta \tag{1-32}$$

式中：n 为参加统计的土性指标的个数，要求不少于 6 个；δ 为变异系数。

当回归修正系数小于 0.75 时，应分析 δ 过大的原因，如土的分层是否合理，试验有无差错等，并应同时增加试样数量。变异系数 δ 由下式计算

$$\delta = \frac{\sigma}{\mu} \tag{1-33}$$

$$\sigma = \sqrt{\frac{\sum_{i=1}^{n} \mu_i^2 - n\mu^2}{(n-1)}} \tag{1-34}$$

$$\mu = \frac{1}{n}\sum_{i=1}^{n} \mu_i \tag{1-35}$$

式中：σ 为标准差；μ 为某土性指标试验平均值；μ_i 为参加统计的第 i 个土性指标值。

当表中并列两个土性指标时，变异系数应按下式计算，即

$$\delta = \delta_1 + \xi\delta_2 \tag{1-36}$$

式中：δ_1 为第一土性指标变异系数；δ_2 为第二土性指标变异系数；ξ 为第二土性指标的折算系数，其值见承载力表中的注。

表 1-5 **素填土承载力基本值 f_0(kPa)**

压缩模量 $E_{s(1-2)}$(MPa)	7	5	4	3	2
承载力基本值 f_0	160	135	115	85	65

注：(1) 表只适用于堆填时间超过 10 年的黏性土以及超过 5 年的粉土；

(2) 压实填土地基的承载力，可按《建筑地基基础设计规范》第 6.3.2 条采用。

表 1-6　**粉土承载力基本值 f_0(kPa)**

第一指标孔隙比 e	第二指标含水率 ω(%)						
	10	15	20	25	30	35	40
0.5	410	390	(365)				
0.6	310	300	280	(270)			
0.7	250	240	225	215	(205)		
0.8	200	190	180	170	165		
0.9	160	150	145	140	130	(125)	
1.0	130	125	120	115	110	105	(100)

注:(1) 有括号者仅供内插用;
(2) 折算系数 ξ 为零;
(3) 在湖、塘、沟、谷与河漫滩地段,新近沉积的粉土,其工程性质一般较差,应根据当地实践经验取值。

表 1-7　**黏性土承载力基本值 f_0(kPa)**

第一指标孔隙比 e	第二指标液性指数 I_L					
	0	0.25	0.5	0.75	1.0	1.20
0.5	475	430	390	(360)		
0.6	400	360	325	295	(265)	
0.7	325	295	265	240	210	170
0.8	275	240	220	200	170	135
0.9	230	210	190	170	135	105
1.0	200	180	160	135	115	
1.1		160	135	115	105	

注:(1) 有括号者仅供内插用;
(2) 折算系数 ξ 为 0.1;
(3) 在湖、塘、沟、谷与河漫滩地段新近沉积的黏性土,其工程性能一般较差。第四纪晚更新土(Q_3)及其以前沉积的老黏性土,其性能通常较好。这些土均应根据当地实践经验取值。

表 1-8　**红黏土承载力基本值 f_0(kPa)**

土的名称	第二指标液塑比 $I_r = \omega_L/\omega_p$	第一指标含水比 $\alpha_\omega = \omega/\omega_L$					
		0.5	0.6	0.7	0.8	0.9	1.0
红黏土	≤1.7	380	270	210	180	150	140
	≤2.3	280	200	160	130	110	100
次生红黏土		250	190	150	130	110	100

注:(1) 本表仅适用于定义范围的红黏土;
(2) 折算系数 ξ 为 0.4。

表 1-9　**沿海地区淤泥和淤泥质土承载力基本值 f_0(kPa)**

天然含水率 ω(%)	36	40	45	50	55	65	75
f_0	100	90	80	70	60	50	40

注:对于内陆淤泥和淤泥质土,可参照使用。

2. 按标准贯入击数确定承载力的标准值

标准贯入试验的主要设备为标准贯入器。它是由外径为 51mm、内径为 35mm 的对口取土管组成的，如图 1-8 所示。试验时，先行钻孔，再把上端接有钻杆的标准贯入器放至孔底，然后用质量为 63.5kg 的锤，以 76cm 的高度自由下落将贯入器先击入土中 15cm，然后测记续打 30cm 的锤击数 N'，该击数 N' 称为标准贯入击数。

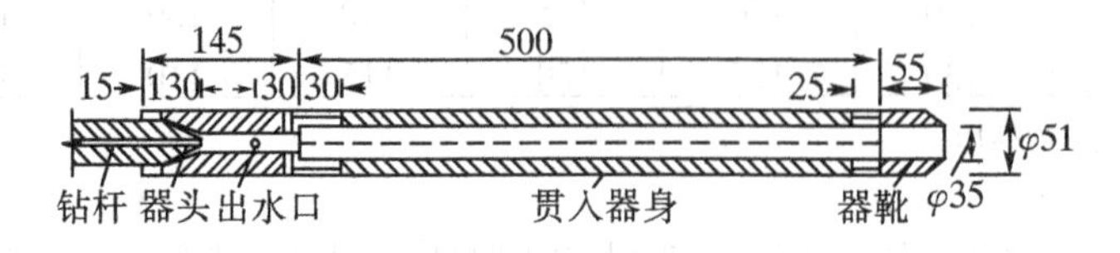

图 1-8 标准贯入器构造图(单位：mm)

根据《建筑地基基础设计规范》规定，当标准贯入器上端连接的钻杆长度大于 3m 时，应将实测锤击数 N' 按下式进行钻杆长度修正，再作为实际采用的标准贯入击数 N，即

$$N = \alpha N' \tag{1-37}$$

式中：α 为钻杆长度校正系数，可从表 1-10 中查取。

表 1-10 **钻杆长度校正系数 α**

钻杆长度(m)	≤3	6	9	12	15	18	21
α	1.0	0.92	0.86	0.81	0.77	0.73	0.70

根据校正后的标准贯入击数 N，即可从表 1-11 和表 1-12 中查取地基承载力标准值 f_k。

表 1-11 **砂土承载力标准值 f_k(kPa)**

土类 \ N	10	15	30	50
中、粗砂	180	250	340	500
粉、细砂	140	180	250	340

表 1-12 **黏性土承载力标准值 f_k(kPa)**

N	3	5	7	9	11	13	15	17	19	21	23
承载力标准值 f_k	105	145	190	235	280	325	370	430	515	600	680

3. 地基承载力设计值的修正

按照规范的规定，当基础的宽度 B 小于或等于 3m 以及基础的埋置深度 D 小于或等于 0.5m 时，前述地基承载力标准值即为设计值。但当基础的宽度大于 3m 或它的埋置深度大

于 0.5m，则应将标准值按下列公式进行修正后作为承载力设计值，即

$$f = f_k + \eta_b\gamma(B-3) + \eta_d\gamma_0(D-0.5) \tag{1-38}$$

式中：f 为地基承载力设计值(kPa)；f_k 为地基承载力标准值(kPa)；η_b、η_d 为基础宽度和埋置深度的承载力修正系数，按基底土的类别从表 1-13 中查取；γ 为基础底面以下土的容重，地下水位以下取浮容重(kN/m^3)；B 为基础宽度(m)，当基宽小于 3m 按 3m 计，大于 6m，按 6m 计；γ_0 为基础底面以上土的容重，地下水位以下取浮容重，若基底以上为多层土，则取层厚加权平均值(kN/m^3)；D 为基础埋置深度(m)。

当按式(1-38)计算所得的承载力设计值 f 小于 $1.1f_k$ 时，可取 f 等于 $1.1f_k$。

表 1-13　**承载力的宽深修正系数**

土的类别		η_b	η_d
淤泥和淤泥质土	f_k<50 kPa	0	1.0
	f_k≥50 kPa	0	1.1
人工填土 e 或 I_L 大于等于 0.85 的黏性土 e≥0.85 或 S_r>0.5 的粉土		0	1.1
红黏土	含水比 α_w>0.8	0	1.2
	含水比 α_w≤0.8	0.15	1.4
e 及 I_L 均小于 0.85 的黏性土		0.3	1.6
e<0.85 及 S_r≤0.5 的粉土		0.5	2.2
粉砂、细砂(不包括很湿和饱和时的稍密状态)		2.0	3.0
中砂、粗砂、砾砂和碎石土		3.0	4.4

注：(1) S_r 为土的饱和度，S_r≤0.5 稍湿；0.5<S_r≤0.8 很湿；S_r>0.8 饱和；

(2) 含水比 $\alpha_w = w/w_L$。

第六节　土的渗透性

一、水工渗流及其危害

流体在多孔介质中的运动称为渗流。水工渗流主要涉及水在土体（含风化岩体）孔隙中的运动。水利水电工程中由于广泛建造堤、坝、围堰、水闸等挡水建筑物形成了水头差，这些建筑物或其地基通常是透水的多孔介质（土或风化岩石），因此，水工渗流现象十分普遍。

水工渗流造成多方面的危害。渗流造成水库、渠道水量损失，渗流使堤坝、围堰土体饱和，降低坝体的有效应力，从而降低抗剪强度，可能导致坝坡失稳；建筑物地基中的有压渗流同样降低地基抗剪强度，并同时对建筑物底板产生扬压力而导致抗滑、抗倾安全度的降低。水工渗流最直接最严重的危害是当渗透坡降过大时，造成堤坝或建筑物地基中的土体颗粒流失，发生渗透变形，从而使堤坝塌陷溃决和建筑物滑移、倾覆。

二、达西定律

1856年，法国工程师亨利·达西(H.Darcy)通过对装在圆筒中的均质砂土进行渗透试验发现，通过两个渗流断面间的平均渗流流速，正比于两断面间的水头差Δh，反比于渗径长度L，且与土粒结构及流体性质有关。这就是著名的达西定律，可用公式表达为

$$v=-k\frac{\Delta h}{L}=-k\frac{\mathrm{d}h}{\mathrm{d}s}=kJ \tag{1-39}$$

式中：h为测压管水头，$h=z+\frac{p}{\gamma}+\alpha\frac{v^2}{2g}$，$z$为位置高度，$p$为压强，$\gamma$为水的容重，因为渗流的流速$v$一般很小，流速水头$\alpha\frac{v^2}{2g}$可忽略，故$h=z+\frac{p}{\gamma}$；$k$为反映土粒结构及流体性质的系数，即渗透系数，对于某一具体的流体(比如水)而言，k值仅与土粒结构有关；J为渗透坡降，$J=\frac{\mathrm{d}h}{\mathrm{d}s}$。

式中的负号“-”表示水总是流向水头减小的方向。

应当注意，达西定律中的流速是全断面上的平均流速v，而不是土体孔隙中的流速v'，这两种流速存在以下关系：

$$v=nv' \tag{1-40}$$

式中：n为体积孔隙率，可见达西流速小于土体孔隙中的流速。

还应注意，达西定律只能适用于层流状态的渗流运动。在水利工程中，除了堆石坝、堆石排水体等大孔隙介质中的渗流为紊流之外，绝大多数渗流都属于层流，达西定律都可适用。对于非层流渗流，其流动规律可用以下公式形式表达：

$$v=kJ^{\frac{1}{m}} \tag{1-41}$$

上式中当$m=1$时，为层流渗流；当$m=2$时，为完全紊流渗流；当$1<m<2$时，为层流到紊流的过渡区。

三、土的渗透系数及其影响系数

由达西定律知，渗透系数是渗透坡降等于1时的渗透速度，因此渗透系数的大小是直接衡量土的透水性强弱的一个重要的力学性指标。

土的渗透性除了与水的动力黏滞系数和温度有关之外，还与土的种类、孔隙比、颗粒级配、颗粒形状等因素有关。

确定渗透系数k值的方法包括野外原位试验、室内试验、经验公式或查表估计。

一般认为野外现场测定渗透系数得到的结果比较可靠，当然现场试验所要投入的人力和经费也较多。现场测定渗透系数的方法有注水法(包括立管注水法、双套环注水法)、抽水法(包括钻孔抽水法、测压管抽水法)等。

室内试验测定渗透系数一般存在较大偏差，主要由于所取土样较小，不能代表现场土，而且现场取土及土样运回试验室的途中都会使土的原状结构受到扰动。因此室内试验测定的k值一般不能直接采用，只能作为野外原位试验的辅助资料。

对于一些无条件进行野外原位渗透试验的工程，在初步设计阶段或可行性论证阶段，可由经验公式或查表(如表1-14)来估算土的k值。

表 1-14　**不同土的渗透系数**

土质类别	K(cm/s)	土质类别	K(cm/s)
粗砾	$10^{0}\sim5\times10^{-1}$	黄土(砂质)	$10^{-3}\sim10^{-4}$
砂质砾	$10^{-1}\sim10^{-2}$	黄土(泥质)	$10^{-5}\sim10^{-6}$
粗砂	$5\times10^{-2}\sim10^{-2}$	黏壤土	$10^{-4}\sim10^{-6}$
细砂	$5\times10^{-3}\sim10^{-3}$	淤泥土	$10^{-6}\sim10^{-7}$
黏质砂	$2\times10^{-3}\sim10^{-4}$	黏土	$10^{-6}\sim10^{-8}$
砂壤土	$10^{-3}\sim10^{-4}$	均匀肥黏土	$10^{-8}\sim10^{-10}$

对砂性土,太沙基(K. Terzaghi 1955)提出按土的机械成分和密实度来估算渗透系数:

$$K=2d_{10}^{2}e^{2} \tag{1-42}$$

式中:K 为渗透系数(cm/s);d_{10}为有效粒径(mm);e 为孔隙比。

对于黏性土,田西(Nishda 1971)等人通过大量试验,认定渗透系数 K(cm/s)与孔隙比 e 和塑性指数 I_P 之间存在以下关系。

$$\log K=\frac{e}{0.01I_P+0.05}-10 \tag{1-43}$$

黏性土沉积层的渗透性往往是各向异性的。一般黏性土水平向渗透系数 K_x 与竖直向渗透系数K_z 之比为1～1.5,含有粉土絮状结构时常超过3,含水平微层理粉土的交错层时,K_x 与 K_z 之比可达10。

四、土的渗透变形

1. 渗流力与渗透变形

水在土体中流动时,沿渗径方向水头逐渐减小。这是因为部分水头消耗在试图拖曳土粒,渗透水流施加给单位土体内土粒上的拖曳力称为渗流力。可以证明,渗流力的大小与渗流坡降成正比,即

$$f_s=-\gamma_w\frac{\mathrm{d}h}{\mathrm{d}s}=\gamma_w J \tag{1-44}$$

式中:J 为渗流坡降;γ_w 为水的容重,9.81kN/m^3;f_s 为渗流力(kN/m^3)。

当渗流力大到一定程度,土体表面局部上浮隆起或渗透水流拖曳土粒移动,造成地基或堤、坝等土工建筑物中土的流失,从而威胁到工程的安全性,这类现象称为土的渗透变形。

2. 渗透变形的形式

渗透变形的表现形式有很多种,比如流土、管涌、接触流土和接触冲刷等。对于单一土层来说,则主要是流土和管涌。

(1) 流土

流土是指在向上渗流作用下,局部土体上浮隆起或土颗粒群同时起动而流失的现象。它主要发生在地基渗流逸出处或土坝下游渗流逸出处,或基坑开挖渗流出口处。流土的形式与土的类型及土层构造有关。

图1-9所示为建造在双层地基上的堤坝，地基表层为弱透水的黏土层，下卧强透水的砂土层。水流从上游渗入至从下游渗出的过程中，通过砂层部分的渗流水头损失很小，水头损失主要集中在渗流出口处，所以渗流出口处水力坡降较大，此时流土表现的形式先是表土层隆起，然后砂粒涌出。

(2) 管涌

砂卵石地基中的细粒土在渗流力的拖曳下发生移动流失，细粒土流失后，稍粗土粒开始松动流失，于是渗流通道逐渐增大，更多砂粒被带走，在渗流出口表现为集中剧烈的翻砂鼓水现象，这就是所谓的管涌。管涌是一种严重的险情，如不及时抢护排险，管涌通道会越来越大，并最终塌陷，引起堤坝溃口。

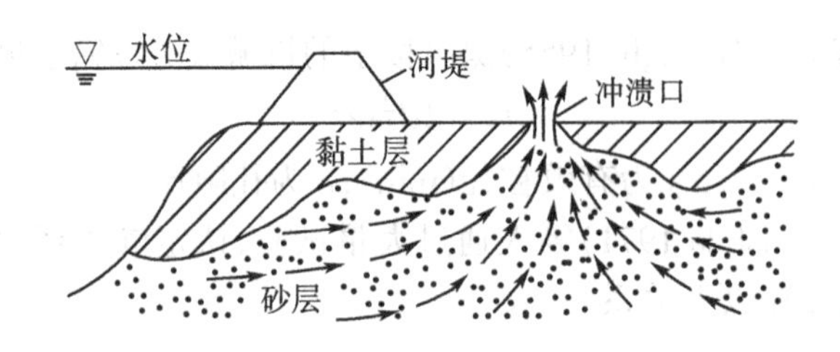

图1-9 堤坝下游渗流破坏

3. 渗透变形判别

通常管涌只可能发生在砂卵石(砾石)土，流土则既可能发生在黏性土也可能发生在无黏性土。换言之，黏性土中可能发生流土，而无黏性土既可能发生流土也可能发生管涌，故需要进行判别。

根据国内外最新研究成果，无黏性土按其细粒含量及孔隙率判别可能发生的渗透变形形式比较合适，即按下式(1-45)来判别

$$\begin{cases} 4p_f(1-n)>1.0 & \text{流土破坏} \\ 4p_f(1-n)<1.0 & \text{管涌破坏} \end{cases} \tag{1-45}$$

式中：n 为孔隙率；p_f 为小于无黏性土中粗细颗粒分界粒径 d_f 的土粒百分比含量(%)，d_f 由式(1-46)确定

$$d_f=1.3\sqrt{d_{15}d_{85}} \tag{1-46}$$

式中：d_f 为粗细颗粒分界粒径(mm)；d_{15}、d_{85}分别为土颗粒级配曲线上小于含量15%、85%的颗粒的粒径(mm)。

4. 土的抗渗强度

上面叙述了渗透变形的形式及各种渗透变形可能发生在何种土体的条件，至于是否会发生渗透变形，还要看土体是否具备足够的抗渗强度。土的抗渗强度包括抗渗临界坡降 J_{cr} 和允许坡降 J_B，J_B 由 J_{cr}除以安全系数 F_s 得到。

(1) 发生流土的临界坡降

流土既可能发生在无黏性土，也可能发生在黏性土，这两类土的流土临界坡降是不一样的。对于无黏性土，流土临界坡降多由太沙基公式或王韦公式计算，对于黏性土，流土临界

坡降可由中国水利水电科学研究院公式估算。

a) 太沙基流土临界坡降公式

太沙基认为，在流土即将发生的瞬间，单位体积土体的有效重量 $\gamma'(1-n)=(\gamma_s-\gamma_w)(1-n)$与作用在该土体上的渗流力 $\gamma_w J$ 处于极限平衡状态，由此导出流土的临界坡降为

$$J_{cr}=\left(\frac{\gamma_s}{\gamma_w}-1\right)(1-n) \tag{1-47}$$

式中：γ_w、γ_s 分别为水的容重和土粒容重；n 为土体的孔隙率。

b) 王韦流土临界坡降公式

南京水利科学研究院王韦 1960 年对太沙基流土临界坡降公式作了改进，他认为发生流土时，渗流力不仅要克服土的有效重量，还要克服土的有效重力引起的侧压力所产生的摩阻力，由此得到下面的流土临界坡降公式

$$J_{cr}=\left(\frac{\gamma_s}{\gamma_w}-1\right)(1-n)(1+\xi\tan\varphi) \tag{1-48}$$

式中：φ 为内摩擦角；ξ 为侧压力系数(对砂性土可取为 0.5)。其他符号意义同前。

c)中国水科院流土临界坡降公式

黏性土发生流土的机理与无黏性土不完全相同，黏性土发生流土破坏不仅仅是渗流力作用的结果，而且还与土体表面的水化崩解程度(即水稳定性)以及渗流出口临空面的孔径等因素有关。中国水利水电科学研究院综合大量试验资料，提出对黏性土的流土临界坡降按下式估算

$$J_{cr}=\frac{24(1-n)}{[(1-n_L)-0.79(1-n)](1+CD_0^2)} \tag{1-49}$$

式中：n_L 为土处于液限时的孔隙率；D_0 为黏性土渗流出口临空面的平均孔径，可按 $D_0=0.63nd_{20}$(mm)估算；C 为反映土体水化能力及水化程度的系数，取值范围为 0.06～0.15，含蒙脱石为主的黏性土取较大值，含高岭石为主的南方红黏土取较小值。

(2) 发生管涌的临界坡降

流土是土的整体遭受破坏，而管涌则是单个土粒在土体中移动和带出。中国水利水电科学研究院根据单个土粒受到渗流力、浮力以及自重作用时的极限平衡条件，并结合试验资料分析的结果，提出了管涌临界坡降的经验估算公式

$$J_{cr}=2.2\left(\frac{\gamma_s}{\gamma_w}-1\right)(1-n)^2\frac{d_5}{d_{20}} \tag{1-50}$$

应当说按照上述公式算出的各种临界坡降都难免与具体土的临界坡降存在一定偏差。因此，对于重要工程，土的渗透临界坡降尤其是管涌临界坡降需通过试验确定。

渗透变形总是从渗流逸出口开始的，因此只要求出渗流逸出口的渗透坡降，就能判别是否会发生渗透变形。但是，求出渗流逸出点的坡降是比较困难的，通常根据渗流逸出点附近的流网，求出局部的平均渗透坡降来代替逸出点渗透坡降，即 $J_e=\Delta h/\Delta L$。为了保证渗透稳定，工程设计中应控制逸出坡降 J_e 不得超过允许坡降J_B，即

$$J_e\leqslant J_B=J_{cr}/F_s \tag{1-51}$$

上式中安全系数 F_s 的取值与工程的重要性有关，也与 J_{cr}的计算公式有关。按式

(1-47)确定 J_{cr} 时，F_s 取 1.5～2.5；按式(1-48)、(1-49)或(1-50)确定 J_{cr} 时，取 2.0～3.5。

若式(1-51)得不到满足，那么就必须采取措施防止渗透变形的产生，一般有三条途径：一是采取防渗措施（如建垂直防渗墙或水平防渗铺盖）减小渗透坡降；二是在渗流出口附近采取排水措施，提前降低局部水头；三是在渗流出口处加盖压重或设反滤层。在渗流出口处设反滤层是非常必要的，它可使土的允许坡降提高 30%～50%，有人甚至认为，只要渗流出口处的反滤排水设施设置得当，对于无黏土即使不满足式(1-51)也不会发生渗透变形。

第二章 垫层处理

第一节 垫层的作用及适用范围

垫层处理又称换填法，它是将建筑物基础下的软弱土层或缺陷土层的一部分或全部挖去，然后换填密度大、压缩性低、强度高、水稳性好的天然或人工材料，并分层夯(振、压)实至要求的密实度，达到改善地基应力分布、提高地基稳定性和减少地基沉降的目的。

换填法的处理对象主要是：淤泥、淤泥质土、湿陷性土、膨胀土、冻胀土、杂填土地基。水利工程中常用的垫层材料有：砂砾土、碎(卵)石土、灰土、素土(主要指壤土)、中砂、粗砂、矿渣等，近年来，土工合成材料加筋垫层因其良好的处理效果而受到重视和广泛应用。

换土垫层与原土相比，具有承载力高，刚度大、变形小的优点。砂石垫层还可提高地基排水固结速度，防止季节性冻土的冻胀，清除膨胀土地基的胀缩性及湿陷性土层的湿陷性。灰土垫层还可以促使其下土层含水量均衡转移，从而减小土层的差异性。

根据换填材料的不同，将垫层分为砂石(砂砾、碎卵石)垫层、土垫层(素土、灰土、二灰土垫层)、粉煤灰垫层、矿渣垫层、加筋砂石垫层等，其适用范围见表2-1。

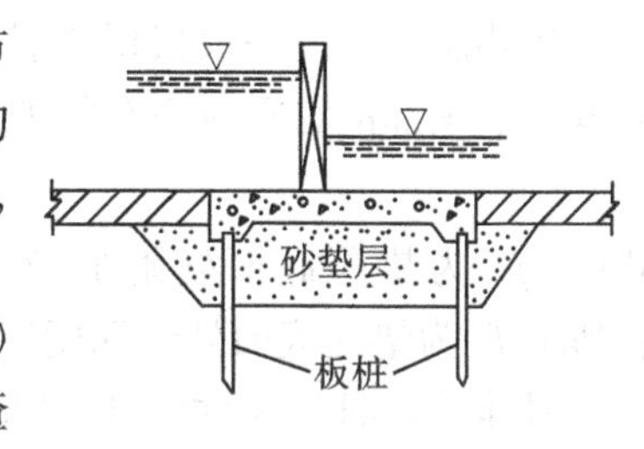

图2-1 垫层示意图

表2-1 **垫层的适用范围**

垫层种类		适用范围
砂(砂砾、碎石)垫层		多用于中小型工程的暗河、塘、沟等的局部处理。适用于一般饱和、非饱和的软弱土和水下黄土地基处理，不宜用于湿陷性黄土地基，也不适宜用于大面积堆载、密集基础和动力基础的软土地基处理，可有条件地用于膨胀土基，砂垫层不宜用于有地下水，且流速快、流量大的地基处理。不宜采用粉细砂做垫层。
土垫层	素土垫层	适用于中小型工程及大面积回填、湿陷性黄土地基的处理。
	灰土或二灰土垫层	适用于中小型工程，尤其适用于湿陷性黄土地基的处理，也可用于膨胀土地基处理。
粉煤灰垫层		多用于大面积地基工程的填筑。粉煤灰垫层在地下水位以下时，其强度降低幅度在30%左右。
干渣垫层		用于中小型工程，尤其适用于地坪、堆场等工程大面积的地基处理和场地平整等。对于受酸性或碱性废水影响的地基不得用干渣做垫层。

在不同的工程中，垫层所起的作用也不同。如：换土垫层和排水垫层。一般水闸、泵房

基础下的砂垫层主要起换土作用，而在路堤和土坝等工程中，砂垫层主要起排水固结作用。换土垫层视工程具体情况而异，软弱土层较薄时，采用全部换土；若软弱土层较厚，可采用部分换土。

换填法是一种施工最简单、应用最广泛的地基处理方法。在水利工程中，换填法多用于上部荷载不大、基础埋深较浅的水闸、泵房、涵闸、渡槽及堤坝工程。换填开挖厚度一般为1.5～3.0m，垫层厚度过小，往往起不到作用；垫层厚度过大，基坑开挖有一定困难。对于上部荷载较大的建筑物地基处理，换填法必须结合其他地基加固措施（如桩基等）方能满足工程要求。

第二节 垫层设计

一、砂石垫层的设计

对于起换土作用的砂石垫层，既要求垫层有足够的厚度以置换可能被剪切破坏的软弱土层，又要求垫层有足够的宽度以防止垫层向两侧挤出；而对于排水垫层，除要求有一定的厚度和宽度满足上述要求外，还要形成一个排水面，以促进土层的固结，提高其强度。

1. 垫层厚度设计

砂垫层的厚度一般根据垫层底面处软弱土层的承载力而确定，要求作用在砂垫层底面软弱土层顶部的自重应力与附加应力之和不大于该高程处软弱土层的承载力标准值。即

$$p_z + p_{cz} \leqslant f_z \tag{2-1}$$

式中：p_z 为垫层底面处附加应力设计值(kPa)；p_{cz} 为垫层底面处土的自重压力标准值(kPa)；f_z 为垫层底面处经深度修正后软弱土层的地基承载力设计值(kPa)。

具体计算时，一般可根据砂垫层的地基承载力标准值确定出基础宽度，再根据下卧层的承载力确定出砂层的厚度。在实际工程中，通常是先初步拟定砂垫层厚度 h_s，再根据式(2-1)复核。

垫层底面处的附加应力 p_z，除了可用弹性理论的土中应力公式求得外，也可按应力扩散角 θ 进行简化计算。假定基底应力 p 按 θ 角通过砂层向下扩散到软弱下卧层顶面；该处由此产生的压力呈均匀分布如图 2-2。

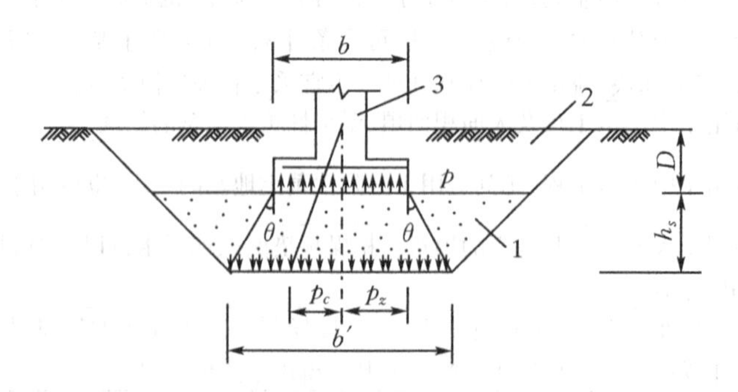

图 2-2 砂石垫层内均匀应力分布

1-砂垫层 2-回填土 3-基础

对于矩形基础：

$$p_z = \frac{(p - p_{cz})lb}{(b + 2h_s\tan\theta)(l + 2h_s\tan\theta)} \tag{2-2}$$

式中：b 为基础底面宽度（m）；l 为基础底面的长度（m）；p 为基础底面压力的设计值（kPa）；p_{cz} 为基础底面处土的自重应力标准值（kPa）；h_s 为垫层的厚度（m）；θ 为垫层的压力扩散角（°），可按表 2-2 或表 2-3 取值。

在矩形基础中，若 $l/b>10$，则矩形基础可简化为条形基础，p_z 则按下式计算

$$p_z = \frac{(p - p_{cz})b}{b + 2h_s\tan\theta} \tag{2-3}$$

表 2-2　**垫层压力扩散角 θ(°)**

h_s/b ＼ 换填材料	中砂、粗砂、砾砂、圆砾、角砾、卵石、碎石	黏性土和粉土 ($8<I_p<14$)	灰土
0.25	20	6	30
≥0.50	30	23	

注：(1)当 $h_s/b<0.25$ 时，除灰土仍取 $\theta=30°$外，其余材料均取 $\theta=0°$；
(2)当 $0.25<h_s/b<0.50$ 时，θ 值可由内插求得。

表 2-3　**垫层压力扩散角 θ(°)**

E_{a1}/E_{a2}	h_s/b	
	0.25	0.50
3	6	23
5	10	25
10	20	30

注：(1)E_{a1}为垫层的压缩模量；E_{a2}为垫层下土的压缩模量。
(2)$h_s<0.25b$ 时，一般取 $\theta=0°$，必要时宜由试验确定；$h_s>0.50b$ 时，θ 值不变。
(3)此表引自《建筑地基基础设计规范》(GBJ7-89)。

2. 垫层宽度的设计

砂垫层的宽度一方面要满足应力扩散的要求，另一方面应根据垫层侧面的容许承载力来确定。当其侧面土质较好时，垫层宽度略大于基底宽度即可，当其侧面土质较差时，如果垫层宽度不足，垫层就有可能被挤入四周软弱土层中，促使侧面软土的变形和地基沉降的增大。目前常用的方法有应力扩散角法及根据侧面土的承载力计算。

a) 应力扩散角法

以条形基础为例，砂垫层的底面宽度按下式计算

$$b' = b + 2h_s\tan\theta \tag{2-4}$$

式中：b'为垫层底面宽度（m）。其他符号意义同前。

各种材料的应力扩散角见表 2-2 或表 2-3。当 $h_s/b<0.25$ 时，按表中 $h_s/b=0.25$ 取值。

底面宽度确定后，再根据开挖基坑要求的坡度延伸至地面，即可得到砂垫层的设计断

面，并应满足垫层顶面每边宜超出基础底面且不小于 30cm。

b）根据侧面土的承载力标准值确定垫层底面宽度 b'

$$f_k \geqslant 200\text{kPa} \qquad b' = b + (0 \sim 0.36)h_s \tag{2-5}$$

$$120\text{kPa} \leqslant f_k < 200\text{kPa} \qquad b' = b + (0.6 \sim 1.0)h_s \tag{2-6}$$

$$f_k < 120\text{kPa} \qquad b' = b + (1.6 \sim 2.0)h_s \tag{2-7}$$

c）湿陷性黄土地基下的垫层底面宽度

当垫层厚度小于 2m 时，每边加宽不小于土垫层厚度的 1/3，且不小于 30cm；当垫层厚度大于 2m 时，应考虑基础宽度的影响，适当加宽，每边按（0.2～0.3）b 加宽，但是，不应小于 30cm，且不大于 70cm。

整片垫层的平面处理范围，每边超出建筑物外墙基础外缘的宽度不应小于垫层的厚度，且不小于 2m。

3. 垫层承载力的确定

垫层的承载力宜通过现场试验确定。如直接用静载荷试验确定或用取土分析法、标准贯入、动力触探等多种测试方法综合确定。对于一般不太重要的、小型的、轻型的或对沉降要求不高的工程，可根据表 2-4 确定。

表 2-4 **各种垫层的承载力**

施工方法	换填材料类别	压实系数 λ_c	承载力标准值 f_k(kPa)
碾压或振密	碎石、卵石	0.94～0.97	200～300
	砂夹石（其中碎石、卵石占全重的 30%～50%）		200～250
	土夹石（其中碎石、卵石占全重的 30%～50%）		150～200
	中砂、粗砂、砾砂		150～200
	黏性土和粉土（$8 < I_p < 14$）		130～180
	灰土	0.93～0.95	200～250
重锤夯实	土或灰土	0.93～0.95	150～200

注：（1）压实系数小的垫层，承载力标准值取低值，反之取高值；

（2）重锤夯实土的承载力标准值取低值，灰土取高值；

（3）压实系数 λ_c 为土的控制干密度 γ_d 与最大干密度 $\gamma_{d\max}$ 的比值，土的最大干密度宜采用击实试验确定，碎石或卵石的最大干密度可取 20～22kN/m^3。

当采用按压实系数确定垫层的承载力时，根据地区经验，当粗砂垫层的干密度达到 16～17kN/m^3 时，砂垫层本身的承载力可达到 200～300kPa。但是，当砂垫层下有软弱下卧层时，压实条件较差，砂垫层本身的承载力标准值不宜大于 200kPa。当下卧软弱土承载力标准值为 60～80kPa，压缩模量约为 3MPa 左右时，而换土厚度又为基础宽度的 0.5～1.0 倍时，砂垫层的地基承载力标准值约为 100～200kPa。

4. 沉降量计算

垫层的断面确定以后，对于比较重要的建筑物或垫层下存在软弱下卧层的建筑物，还应验算基础的沉降量,以便使建筑物基础的最终沉降量小于容许沉降量。

建筑物基础沉降量等于垫层自身的变形量与软弱下卧层的变形量之和,即

$$S = S_c + S_p \tag{2-8}$$

式中:S 为基础沉降量(cm);S_c 为垫层自身变形量(cm);S_p 为压缩层厚度范围内,自垫层底面算起的各土层压缩变形量之和(cm)。垫层自身的变形量 S_c 可按下式进行计算

$$S_c = \frac{(p + \alpha p)h_s}{2E_s} \tag{2-9}$$

式中:p 为基础底面压力(kPa);h_s 为垫层厚度(cm);E_s 为垫层压缩模量,宜通过静载荷试验确定。当无试验资料时,可选用15~25(MPa);α 为压力扩散系数,可按式(2-10)或式(2-11)计算。

条形基础:

$$\alpha = \frac{b}{b + 2h_s\tan\theta} \tag{2-10}$$

矩形基础:

$$\alpha = \frac{lb}{(b + 2h_s\tan\theta)(l + 2h_s\tan\theta)} \tag{2-11}$$

下卧土层的变形量 S_p 可用分层总和法按下式计算

$$S_p = \psi p_z b' \sum_{i=1}^{n} \frac{\delta_i - \delta_{i-1}}{E_{si,1-2}} \tag{2-12}$$

式中:ψ 为沉降计算经验系数,按表2-5确定;p_z 为垫层底面处的附加压力(kPa),可按式(2-2)或式(2-3)计算;b' 为垫层宽度(cm);δ_i,δ_{i-1} 为垫层底面的计算点分别至第 i 层土和第 $i-1$ 层土底面的沉降系数;$E_{si,1-2}$ 为垫层底面下第 i 层土在100～200kPa压力作用时的压缩模量(kPa)。

表2-5　**沉降量计算经验系数 ψ**

$\overline{E_s}$(MPa) / 附加应力	2.5	4.0	7.0	15.0	20.0
$p_z \geqslant f_k$	1.4	1.3	1.0	0.4	0.2
$p_z \leqslant 0.75f_k$	1.1	1.0	0.7	0.4	0.2

注:$\overline{E_s}$ 为沉降计算深度范围内压缩模量当量值;$\overline{E_s} = \frac{\sum A_i}{\sum A_i/E_{si}}$,其中 A_i 为第 i 层土附加应力系数沿土层厚度的积分值。

二、素土和灰土垫层设计

素土和灰土垫层也和砂石垫层类似,适用于处理基底下1~3m厚的软弱土层,尤其适用于处理湿陷性黄土地基的加固。素土和灰土垫层也是将基础底面以下一定范围内的软弱土层挖去,用素土或按一定体积比配合的灰土在最优含水量情况下分层回填夯(压)实。

素土垫层和灰土垫层可分为局部垫层和整片垫层。当仅要求消除基底下处理土层的湿陷性时,宜采用素土垫层;除需消除基底下处理土层的湿陷性外,还需提高土的承载力或水稳性时,宜采用灰土垫层。

灰土垫层的材料为石灰和土,石灰和土的体积比一般为2:8或3:7。一般灰土垫层的强

度是随用灰量的增大而提高，当用灰量超过一定值时，其强度增加很小。

1．素土和灰土垫层承载力的确定

素土垫层和灰土垫层的承载力可通过现场荷载试验确定，对于一般的建筑物也可用标准贯入、静力触探试验、取土试验等方法综合确定。当无实测数据时，可参照表 2-4 取值。

2．垫层厚度的确定

一般素土和灰土垫层厚度可按砂垫层的方法来确定。素土垫层和灰土垫层常用于处理湿陷性黄土地基。非自重湿陷性黄土地基垫层厚度按式(2-13)确定

$$p_z + p_{cz} \leqslant p_{sh} \tag{2-13}$$

式中：p_z 为垫层底面处的附加应力设计值(kPa)；p_{cz} 为垫层底面处的自重应力标准值(kPa)；p_{sh} 为垫层底面处下卧层湿陷性的湿陷起始压力(kPa)。

根据试验资料，地基所产生的湿陷量主要在 1.5 倍的基础深度范围内。当矩形基础的垫层厚度为基底宽度的 0.8～1.0 倍，条形基础的垫层厚度为基底宽度的 1.0～1.5 倍时，能消除部分甚至大部分非自重湿陷性黄土地基的湿陷性。在自重湿陷性黄土地基上，垫层厚度应大于非自重湿陷性黄土地基垫层厚度，要想使自重湿陷性黄土地基浸水后不出现湿陷变形，则需处理全部湿陷土层。

3．素土或灰土垫层宽度的确定

灰土垫层的宽度一般取 $b' = b + 2.5h_s$。对于整片垫层一般设置在整个建筑物的平面范围内，每边超出建筑物基础外缘的宽度不应小于垫层的厚度，且不得小于 2m。

土垫层的宽度可按下列方法之一确定：

(a) 当素土垫层厚度小于 2m 时，基础外缘至垫层边缘之距不小于厚度的 1/3，且不小于 30cm，即 $b' = b + 2h_s/3$ 且 $b' \geqslant b + 0.6$(m)；当素土垫层厚度大于 2m 时，应考虑基础宽度的影响，可适当加宽，且基础外缘至垫层边缘之距不小于 70cm，即 $b' = b + 1.4$(m)；

(b) 每边按大于基础 $0.2 \sim 0.3b$，但是，不能小于 30cm、不能大于 70cm；

(c) 对湿陷性黄土地基，对局部垫层的平面处理范围，垫层的宽度可按式(2-14)确定

$$b' = b + 2h_s\tan\theta + c \text{ 且 } b' \geqslant b + h_s \tag{2-14}$$

式中：c 为考虑施工机具影响而增设的附加宽度，一般为 20cm。其他符合意义同前。

4．沉降量计算

素土垫层或灰土垫层的沉降计算与砂石垫层一样。

三、粉煤灰垫层设计

粉煤灰是燃煤发电厂的工业废料，其排放量与日俱增，其堆放不仅占用了大量的土地资源，而且还会对周围环境构成不同程度的污染。建造储灰场地又要耗费大量的基本建设投资费用。因此，如能合理利用粉煤灰，是一举两得的好事。

由于粉煤灰和天然土中的化学成分具有很大的相似性，主要成分有硅、铝、铁等氧化物，其中，硅、铝氧化物含量超过 70% 以上。并据有关资料表明：粉煤灰具有火山灰的特点，在潮湿条件下呈凝硬性。

粉煤灰的压实曲线与黏性土相似，但其曲线峰区范围比黏性土平缓，亦即，有相对较宽的最优含水量范围。因此，粉煤灰在填土工程中达到最大干密度状态时，所对应的最优含水量易于控制。施工前应根据现行的《土工试验方法标准》击实试验法确定粉煤灰的最大干密

度和最优含水量。

粉煤灰垫层厚度的计算法可参照砂垫层厚度的计算。粉煤灰的压力扩散角 $\theta = 22°$。

粉煤灰的强度指标和压缩性指标如：内摩擦角 φ、黏聚力 c、压缩模量 E_s、渗透系数 k 随粉煤灰的材质和压实密度而变化，应通过室内土工试验确定。当无实测资料时，可参阅上海地区提出的数值：$\lambda_c = 0.90 \sim 0.95$ 时，$\varphi = 23° \sim 30°$，$c = 5 \sim 30\text{kPa}$，$E_s = 8 \sim 20\text{MPa}$，$k = 2 \times 10^{-4} \sim 9 \times 10^{-5}\text{cm/s}$。

粉煤灰垫层具有遇水后强度降低的特点，应通过现场试验确定，无试验资料时，经人工夯实的粉煤灰垫层，当压实系数控制为 0.9，干密度控制为 9kN/m^3 时，其承载力可达到 120 ~ 150kPa；当压实系数控制在 0.95 及干密度 9.5kN/m^3 时，其承载力可达 200 ~ 300kPa。上海地区数值为：对压实系数 $\lambda_c = 0.90 \sim 0.95$ 的浸水粉煤灰垫层，其承载力标准值为120 ~ 200kPa，但仍应进行下卧层强度和变形验算，使其满足要求；当 $\lambda_c > 0.90$ 时，可按 7 度地震验算。

四、加筋碎石垫层设计

所谓加筋碎石垫层就是在碎石垫层中水平铺设一层或多层由土工织物所构成的复合垫层。在建筑物荷载作用下，加筋碎石垫层中的土工织物与碎石颗粒接触面的摩擦力将限制碎石颗粒的侧向移动，颗粒之间的联络得到加强，从而使复合垫层具有了"黏聚力"，因而砂石垫层的整体性得到加强，通过垫层向下卧软弱层传递的应力将扩散到更大的范围，结果是减小了地基的沉陷量和沉陷差，而且抗剪强度的增加将提高基础的抗滑稳定性。此外，土工织物将砂石料与下卧淤泥质软土隔离开来，或防止砂石料沉入淤泥中。土工织物对砂石料侧向移动的限制作用，还可防止砂石料从侧向挤入软弱地基。

对于大板基础(筏片基础、箱形基础或宽大的独立基础)，基底设计压力介于 200～300kPa 之间的重型建筑物，加筋垫层本身的强度可满足设计荷载要求，地基强度计算主要考虑应力扩散后下卧层的承载力问题，即满足强度验算公式(2-15)：

$$p_z + p_{cz} \leqslant f_{kz} \tag{2-15}$$

式中：p_z 为垫层底面处的附加压力(kPa)；p_{cz} 为垫层底面处的垫层自重压力(kPa)；f_{kz} 为垫层底面处土层的承载力设计值(kPa)。

垫层底面处的附加压力 P_z 可根据拱膜理论按地区经验公式(2-16) 计算：

$$p_z = 2\gamma b(1 - e^{-0.5\frac{z}{b}})k + pe^{-0.5\frac{z}{b}} \tag{2-16}$$

式中：γ 为加筋碎石垫层重度(kN/m^3)；b 为大板(筏片) 基础的宽度(m)；z 为加筋垫层的厚度(m)；k 为拱膜作用系数；p 为基础底面设计压力(kPa)。

拱膜作用系数 k 值可根据土工织物综合影响系数 m 按图 2-3 确定，m 按式(2-17) 计算

$$m = \left(\sum_{i=1}^{n} l_i d_i + \sum_{j=1}^{n} l_j d_j\right)\frac{N}{F} \tag{2-17}$$

式中：l_i、d_i 分别为基础宽度方向上土工织物的长度与宽度(m)；l_j、d_j 分别为基础长度方向上土工织物的长度与宽度(m)；n、N 为垫层中土工织物的层数；F 为基础底面积(m^2)。

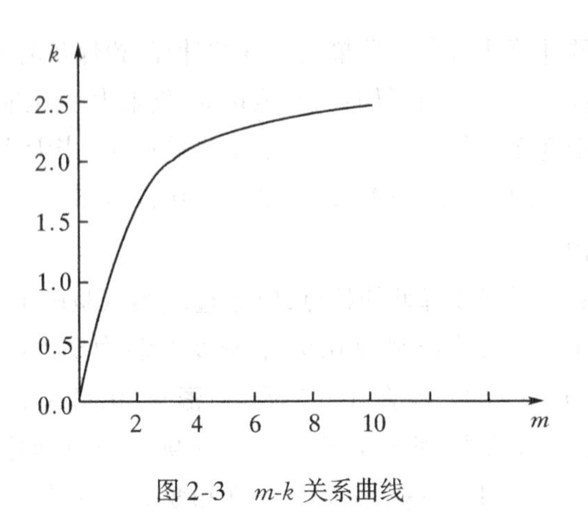

图2-3 m-k关系曲线

第三节 垫层施工

一、砂石垫层的施工

1. 垫层材料要求

砂石垫层材料,宜采用级配良好、质地坚硬的中砂、粗砂、砾砂、圆砾、卵石、碎石等材料,要求其颗粒的不均匀系数 $d_{60}/d_{10}\geqslant 5$,最好为 $d_{60}/d_{10}\geqslant 10$,不含植物残体、垃圾等杂质,且含泥量不应超过5%。若用做排水固结的垫层,其含泥量不应超过3%。若用粉细砂作为换填材料时,不容易压实,而且强度也不高,使用时应掺入25%~30%的碎石或卵石,使其分布均匀,最大粒径不得超过5cm。碾压或夯、振功能较大时,最大粒径不得超过8cm。对于湿陷性黄土地基的垫层,不得选用砂石等渗水材料作为换填材料。

2. 施工参数、机具及方法选择

砂石垫层选用的砂石料应进行室内击实试验,根据 γ_d-ω_{op} 曲线确定最大干密度 $\gamma_{d\max}$ 和最优含水量 ω_{op},然后根据设计要求的压实系数 λ_c 确定设计要求的 γ_d、λ_c,依次作为检验砂石垫层质量控制的技术指标。在无击实试验数据时,砂石垫层的中密状态可作为设计要求的干密度:中砂16kN/m^3,粗砂17kN/m^3,碎石、卵石20~22kN/m^{3}即可。

砂和砂石垫层采用的施工机具和方法对垫层的施工质量至关重要。下卧层是高灵敏度的软土时,在铺设第一层时要注意不能采用振动能量大的机具振动下卧层,除此之外,一般情况下,砂及砂石垫层首先用振动法。因为,振动法更能有效地使砂和砂石密实。

3. 施工要点

a) 砂石垫层首先要选择振动碾和振动压实机,其施工技术参数应根据具体的施工方法及施工机械现场试验确定。如无试验资料,可参照表2-6。

b) 砂及砂石料可根据施工方法不同控制最优含水量,最优含水量由工地试验确定,也可用表2-7选择。

c) 开挖基坑铺设垫层时应避免扰动下卧的软弱土层,防止被践踏、浸泡或暴晒过久。

d) 一般不宜采用细砂、粉砂作为垫层填料。

表 2-6　**垫层的每层铺填厚度及压实遍数**

碾压设备	每层虚铺厚度(mm)	每层压实遍数	土质环境
平碾(8～12t)	200～300	6～8	软弱土、素填土
羊足碾(5～6t)	200～350	8～16	软弱土
蛙式夯(碾)(200kg)	200～250	3～4	狭窄场地
振动碾(8～15t)	600～1500	6～8	砂土、湿陷性黄土、碎石土等
振动压实机	1200～1500	10	
插入式振动器	200～500		
平板振动器	150～250		

表 2-7　**砂和砂石垫层的每层铺筑厚度及最优含水量**

振捣方法	平振法	插振法	水撼法	夯实法	碾压法
铺筑层厚(mm)	200～250	振捣器插入深度	250	150～200	250～350
施工时最优含水量(%)	15～20	饱和	饱和	8～12	8～12

注:水撼法即每铺一层料后即注水,并用四齿钢叉插入摇撼捣实。

二、素土和灰土垫层的施工

1. 材料要求

素土垫层的土料应采用基坑开挖出的土,并予以过筛,粒径≤15mm,有机质含量≤5%,当含有碎石时,其粒径不宜大于50mm。

灰土垫层中的灰料宜用新鲜的消石灰,应予以过筛,其粒径不得大于5mm。灰土垫层中的土料中,黏粒含量越高其灰土强度也越高,土料粒径不得大于15mm,宜用不含松软杂质的黏土,若采用粉土则其塑性指数 I_P 必须大于4。

2. 施工参数及施工要点

a) 素土和灰土垫层应选用平碾和羊足碾或轻型夯实机及6~10t的压路机。灰土的最大虚铺厚度为200~250mm。素土的铺土厚度及压实遍数可参照表2-8采用。

b) 灰土料的施工含水量一般控制在16%左右;素土的施工含水量控制在最优含水量附近(允许±2%的偏差)。最优含水量可按式(2-18)确定,也可参考表2-9确定。

$$\begin{cases} \omega_{op}=0.4\omega_L+6 & \text{粉质黏土} \\ \omega_{op}=0.6\omega_L-3 & \text{粉土} \end{cases} \tag{2-18}$$

式中:ω_L 为液限含水量。

c) 分段施工时,不得在墙角、柱基等地基压力突变处接缝。上下两层的接缝距离不得小于500mm。接缝处应夯压密实。灰土拌和后须在当日铺垫压实,压实后3d内不能受水浸泡。

表 2-8 **各种压实机械铺土厚度及压实遍数**

压实机械	黏 土		粉 质 黏 土	
	铺土厚度(cm)	压实次数	铺土厚度(cm)	压实次数
重型平碾(12t)	25～30	4～6	30～40	4～6
中型平碾(8～12t)	20～25	8～10	20～30	4～6
轻型平碾(8t)	15	8～12	20	6～10
铲运机			30～50	8～16
轻型羊足碾(5t)	25～30	12～22		
双联羊足碾(12t)	30～35	8～12		
羊足碾(13～16t)	30～40	18～24		
蛙式夯(200kg)	25	3～4	30～40	8～10
人工夯(50～60kg,落距 50cm)	18～22	4～5		
重锤夯(1000kg,落距 3～4m)	120～150	7～12		

注:一般控制最后一击下沉 1～2cm(重锤夯实)

表 2-9 **土的最优含水量和最大干密度参考值**

土 的 种 类	变形范围	
	最优含水量(%)	最大干密度(kN/m^3)
砂 土	8～12	18.0～18.8
黏 土	19～23	15.8～17.0
粉质黏土	12～15	18.5～19.5
粉 土	16～22	16.1～18.0

三、粉煤灰垫层的施工

(1) 材料要求

粉煤灰不得含垃圾、有机质等杂物。粉煤灰运输时含水量要适中,既要避免含水量过大造成途中滴水,又要避免含水量过小造成扬尘。

(2) 粉煤灰施工时的含水量应为 $\omega_{op} \pm 4$。

(3) 在软弱地基上填筑粉煤灰垫层时,应先铺约 20cm 厚的中、粗砂或高炉干渣,以免下卧软土层表面受到扰动,同时有利于下卧软土层的排水固结。

(4) 其他施工要点可参照砂石垫层的相关内容。

第四节 垫层处理工程实例

一、砂垫层在泵房地基处理中的应用

某泵房为砖混结构,承重墙下采用钢筋混凝土条形基础,基础宽 $b=1.2$m,埋深 $d=$

1.1m,上部结构作用于基础的荷载为116kN/m。勘探资料显示,有一条深度为2.4m的废弃河道(已淤积填满)从泵房基础下穿过,地下水位埋深为0.9m。地基第一层土为洪积土,层厚2.4m,容重18.8kN/m^3;第二层为淤泥质粉质黏土,层厚6.3m,容重18.0kN/m^3,地基承载力标准值f_k为68kPa;第三层为淤泥质黏土,层厚8.6m,容重17.3kN/m^3;第四层为粉质黏土。

设计步骤:

由于泵房基础将坐落在河沟故道,有必要对地基进行处理。经多方案技术经济综合比较分析,决定采用砂垫层处理方案。

(1) 砂垫层厚度确定

河沟故道的洪积土层厚2.4m,其中基础埋深占据1.1m,故砂垫层厚度可先设定为$h_s=1.3$m,其干密度要求大于1.6t/m^3。

a) 基础底面的平均压力p

$$p=\frac{F+G}{A}=\frac{F+\gamma_G bd}{b}=\frac{116}{1.2}+20\times0.9+(20-9.8)\times0.2=116.7(\text{kPa})$$

上式中的γ_G为基础及回填土的平均容重,可取为20kN/m^3,地下水位以下部分应扣除浮力。

b) 基础底面处土的自重压力p_c

$$p_c=18.8\times0.9+(18.8-9.8)\times0.2=18.7(\text{kPa})$$

c) 垫层底面处土的自重压力p_{cz}

$$p_{cz}=18.8\times0.9+(18.8-9.8)\times1.5=30.4(\text{kPa})$$

d) 垫层底面处的附加压力p_z

由于是条形基础,p_z按式(2-3)计算,其中垫层的压力扩散角θ由$h_s/b=1.3/1.2=1.08>0.5$查表2-3得$\theta=30°$,于是

$$p_z=\frac{b(p-p_c)}{b+2h_s\tan\theta}=\frac{1.2(116.7-18.7)}{1.2+2\times1.3\tan30°}=43.5(\text{kPa})$$

e) 下卧层地基承载力设计值f

砂垫层底面处淤泥质粉质黏土的地基承载力标准值$f_k=68$kPa,再经深度修正可得到下卧层地基承载力设计值为(修正系数η_d取1.0)

$$\begin{aligned}f&=f_k+\eta_d\cdot\gamma_0(d+h_s-0.5)\\&=68+1.0\times\frac{18.8\times0.9+(18.8-9.8)\times1.5}{2.4}\times(1.1+1.3-0.5)\\&=92.1(\text{kPa})\end{aligned}$$

f) 下卧层承载力验算

砂垫层的厚度h_s应保证垫层底面处的自重压力与附加压力之和不大于下卧层地基承载力设计值,即

$$p_z+p_{cz}=43.5+30.4=73.9\text{kPa}<f=92.1(\text{kPa})$$

满足设计要求,故砂垫层厚度确定为1.3m。

(2) 确定砂垫层宽度

垫层的宽度按压力扩散角的方法确定，即

$$b' = b + 2h_s\tan\theta = 1.2 + 2\times1.3\tan30° = 2.7(\mathrm{m})$$

取垫层宽为2.7m。

(3) 沉降计算(略)

二、加筋砂石垫层在房屋地基处理中的应用

某住宅楼为6层砖混结构，总高18.2m，东西长71.06m，南北宽13.6m，基础为钢筋混凝土筏式基础，7度抗震设防。由工程地质勘察报告知，拟建工程场地地层条件较复杂，人工填土层厚度分布不均，填土以下地层属洪积、冲积地层，粗砂、粉土、粉细砂层交错分布，厚度不一，且有地下渗流通过。

综合考虑本工程的基础形式、上部荷载及地基条件，拟采用加筋碎石垫层进行地基处理。碎石垫层厚1.0m，每边超出基底范围1m，在垫层顶面以下70cm处设置1层TG复合加筋带，加筋带纵横向间距均为30cm(见图2-4)。

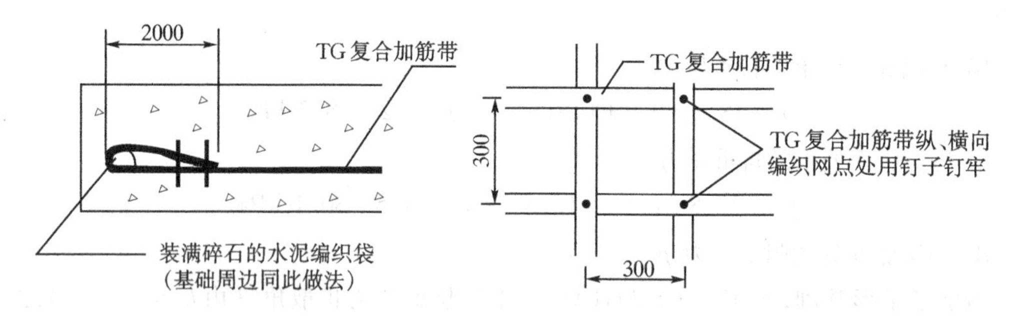

图2-4 筏式基础加筋砂石垫层示意图

碎石垫层材料采用2～4cm粒径碎石，含泥量不得超过5%，石料不得含有草根、垃圾等杂物。本工程所用TG复合加筋带的断裂荷载>15kN，断裂伸长<2%，1%应变荷载>8kN，公斤延伸长9±0.5m。施工时挖到碎石垫层的底部的设计高程后，把基坑底部的土碾压加密，然后分层填筑碎石，逐层用10～12t压路机碾压3次。第一次铺筑厚度为30cm，待其被压之后，按图2-4所示的方法铺设TG复合加筋带，之后，再在TG加筋带之上铺设碎石垫层。

三、加筋砂石垫层在涵闸地基处理中的应用

湖北黄石市拟在长江干堤某废弃涵闸旁重新建一座钢筋混凝土箱形穿堤涵闸。涵闸全长109m，每节12m，箱涵内孔尺寸为2m×2m，外轮廓尺寸为3.2m×3.2m(见图2-5)。闸址位于淤泥质粉质黏土地基，闸底以下软弱土层厚10～18m，地基承载力[R]=100kPa。

考虑到地基承载力不足，经方案比较和设计计算，决定采用加筋砂垫层作地基处理。垫层厚1.6m，由垫层底面开始每隔50cm厚度铺设一层土工格栅(见图2-6)。

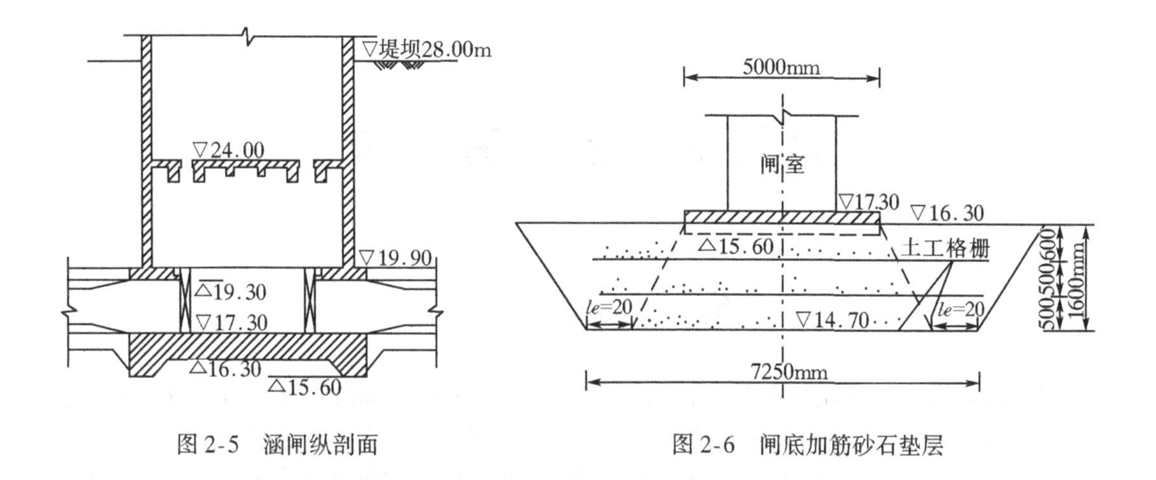

图 2-5　涵闸纵剖面　　　图 2-6　闸底加筋砂石垫层

四、加筋砂石垫层在涵闸地基处理中的应用

浙江舟山东港海堤全长 2235m，堤高 6.0m，地基分为 4 个土层，即淤泥质黏土（$w=44.3\%$），淤泥（$w=54.3\%$），淤泥质亚黏土（$w=35.6\%$）和亚黏土（$w=26.4\%$），总厚度达 20m。为使工程顺利进行，在大规模施工前做了一段试验堤。堤身材料为堆石，在与软基接触部位有一层砂石垫层。选用的筋材为织造型土工织物，抗拉强度为 60kN/m。第一层织物在横断面上的长度为 55m，其上抛填 0.7m 的砂石垫层；再在垫层上铺第二层织物，长度 40m，见图 2-7。试验堤工程于 1994 年底完成，并进行了观测，效果良好。

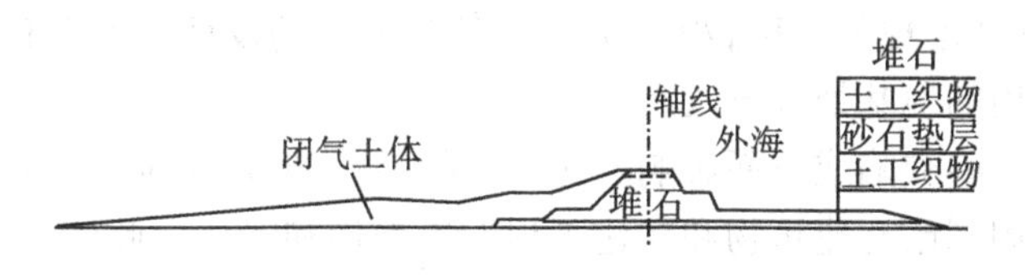

图 2-7　浙江舟山东港海堤断面

第三章　强　夯　法

第一节　概　　述

强夯法又称动力固结法或动力加密法，是由法国 Louis Ménard 技术公司在 1969 年首创的。这种方法是使用吊升设备将重锤(一般为 10～25t，最重达 45t)起吊至较大高度(一般为 10～20m，最高达 26.6m)后，让其自由落下，产生巨大的冲击能量(一般为 1 100～4 000kJ，最大可达 8 000kJ)，对地基产生强大的冲击和振动，通过加密(使空气或气体排出)、固结(使水或流体排出)和预加变形(使各种颗粒成分在结构上重新排列)的作用，从而改善地基土的工程性质，使地基土的渗透性、压缩性降低，密实度、承载力和稳定性得到提高，湿陷性和液化可能性得以消除。

强夯法应用初期仅适用于加固砂土、碎石土地基。随着施工方法的改进和排水条件的改善，强夯法已发展到用于处理碎石土、砂土及低饱和度的粉土、黏性土、杂填土、湿陷性黄土等各类地基。此外还发展了夯扩桩加填渣强夯法、强夯填渣挤淤法、碎石桩强夯法等。

强夯法具有设备简单、施工速度快、不添加特殊材料、造价低、适应处理的土质类别多等特点，自 1978 年引入我国后得到了很大的发展和广泛的应用。1991 年强夯法纳入国家现行的《建筑地基处理技术规范》(JGJ79-91)，从而使强夯法的设计和施工有章可循，目前强夯法已成为我国最常用的地基处理方法之一。

强夯法也存在一些缺陷或负面影响。比如，强夯施工时产生强烈的噪音公害和振动，有时强烈的振动导致周围已有建筑物和在建工程发生损伤和毁坏。此外，对于饱和软黏土，如淤泥和淤泥质地基，强夯处理效果不显著，目前一般谨慎采用。

第二节　强夯法加固的一般机理

由于各类地基的性质差别很大，强夯影响的因素也很多，很难建立适用于各类土的强夯加固理论，到目前为止尚未有一套成熟的理论和设计计算方法。

根据工程实践和试验成果，随地基类型和加固特点的不同，其加固机理也有所不同，目前有人试图对强夯加固的机理从宏观和微观上分别加以分析，对饱和土和非饱和土加以区别。本书拟对强夯加固的一般机理作介绍。

一、夯击能传递机理

由强夯产生的冲击波按其在土中传播和对土作用的特性可分为体波和面波。体波包括纵波(P 波)和横波(S 波)，从夯击点沿着一个半球波阵面径向向地基深入传播，对地基土可起压缩和剪切作用,可能引起地基土的压密固结。面波(R 波)从夯击点沿地表传播,其随距离的增加衰减比体波慢得多,对地基土不起加固作用,其竖向分量反而对表层土起松动作用。因此,强夯在地基中沿深度常形成性质不同的三个区:地基表层形成松动区;松动区下面某一深度,受到体波的作用,使土层产生沉降和土体的压密,形成加固区;加固区下面冲击波逐渐衰减,不足以使土产生塑性变形,对地基不起加固作用,故称之为弹性区。

二、强夯法的加固机理

目前,强夯法加固地基的机理,从加固原理与作用来看,可分为动力夯实、动力固结、动力转换三种情况,其共同特点是:破坏土的天然结构,达到新的稳定状态。

1. *动力夯实*

在非饱和土,特别是孔隙多、颗粒粗大的土中,高能量的夯击对土的作用不同于机械碾压、振动压实和重锤夯实。由于巨大夯击能量所产生的冲击波和动应力在土中传播,使颗粒破碎或使颗粒产生瞬间的相对运动,从而使孔隙中气体迅速排出或压缩,孔隙体积减小,形成较密实的结构。实际工程表明,在冲击动能作用下,地面会立即产生沉降,一般夯击一遍后,其夯坑深度可达 0.6～1.3m,夯坑底部可形成一层超压密硬壳层,承载力可比夯前提高 2～3 倍以上,在中等夯击能量 1 000～3 000kJ 的作用下,主要产生冲切变形。在加固范围内的气体体积将大大减小,从而可使非饱和土变成饱和土,至少使土的饱和度提高。

对湿陷性黄土这样的特殊性土,其湿陷是由于其内部架空孔隙多,胶结强度差,遇水微结构强度迅速降低而突变失稳,造成孔隙崩塌,因而引起附加的沉降,所以强夯法处理湿陷性黄土就应该着眼于破坏其结构,使微结构在遇水前崩塌,减少其孔隙。从这个角度看,此时强夯法应是动力夯实。

2. *动力固结*

强夯法处理饱和黏性土时,巨大的冲击能量在土中产生很大的应力波,破坏了土体原有的结构,使土体局部发生液化,产生许多裂隙,使孔隙水顺利逸出,待超孔隙水压力消散后,土体发生固结。由于软土的触变性,强度得到提高,这就是动力固结。

在强夯过程中,根据土体中的孔隙水压力、动应力和应变的关系,加固区内冲击波对土体的作用可分为三个阶段。

(1)加载阶段

在夯击的瞬间,巨大的冲击波使地基土产生强烈振动和动应力。在波动的影响带内,动应力和超孔隙水压力往往大于孔隙水压力,有效动应力使土产生塑性变形,破坏土的结构,对砂土,迫使土的颗粒重新排列而密实,因而对饱和土应是动力夯实;对于细颗粒土,Ménard 教授认为大约 1%～4%的以气泡形式出现的气体体积压缩,同时,由于土体中的水和土颗粒的两种介质引起不同的振动效应,两者的动应力差大于土颗粒的吸附能时,土颗粒周围的部分结合水从颗粒间析出,产生动力水聚结,形成排水通道,制造动力排水条件。

(2)卸荷阶段

夯击能卸去后,总的动应力瞬间即逝,然而土中孔隙水压力仍保持较高水平,此时孔隙水压力大于有效应力,因而将引起砂土、粉土的液化。在黏性土中,当孔隙水压力大于小主应力、静止侧压及土的抗拉强度之和时,即土中存在较大的负有效应力,土体开裂,渗透系数骤增,形成良好的排水通道。宏观上看,在夯击点周围产生了垂直破裂面,夯坑周围出现冒气、冒水现象,这样孔隙水压力迅速下降。

(3)动力固结阶段

在卸荷之后,土体中保持一定的孔隙水压力,土体在此压力下排水固结。砂土中,孔隙水压力可在大约3～5min内消散,使砂土进一步密实。在黏性土中孔隙水压力的消散则可能要延续2～4周,如果有条件排水,土颗粒进一步靠近,重新形成新的结合水膜和结构连接,土的强度恢复和提高,从而达到加固地基的目的。但是如果在加荷和卸载阶段所形成的最大孔隙水压力不能使土体开裂,也不能使土颗粒的水膜和毛细水析出,动荷载卸去后,孔隙水未能迅速排出,则孔隙水压力很大,土的结构被扰动破坏,又没有条件排水固结,土颗粒间的触变恢复又较慢,在这种条件下,不但不能使黏性土加固,反而使土扰动,降低了地基土的抗剪强度,增大土的压缩性,形成橡皮土。这样的教训也不乏其例,如河南省焦作热电厂地基加固由于工期紧迫,在雨天实行强夯,表层土由于雨水而接近饱和,夯击能量为3000kN·m,结果形成橡皮土,未达到预期目的,地基承载力仅70kPa。因此对饱和黏性土进行强夯,应根据波在土中传播的特性,按照地基土的性质,选择适当的强夯能量,同时又要注意设置排水条件和触变恢复条件,才能使强夯法获得良好的加固效果。

3.动力置换

对于透水性极低的饱和软土,强夯使土的结构破坏,但难以使孔隙水压力迅速消散,夯坑周围土体隆起,土的体积没有明显减小,因而这种土的强夯效果不佳,甚至会形成橡皮土。单击能量大小和土的透水性高低,可能是影响饱和软土强夯加固效果的主要因素。有人认为可在土中设置袋装砂井等来改善土的透水性,然后进行强夯,此时机理应类似于动力固结,也可以采用动力置换,它分为整式转换和桩式置换。前者是采用强夯法将碎石整体挤淤,其作用机理类似于换土垫层;后者则是通过强夯将碎石填筑土体中,形成桩式(或墩式)的碎石墩(或桩),其作用机理类似于碎石桩,主要靠碎石内摩擦角和墩间土的侧限来维持桩体的平衡,并与墩间土共同作用(见图3-1)。

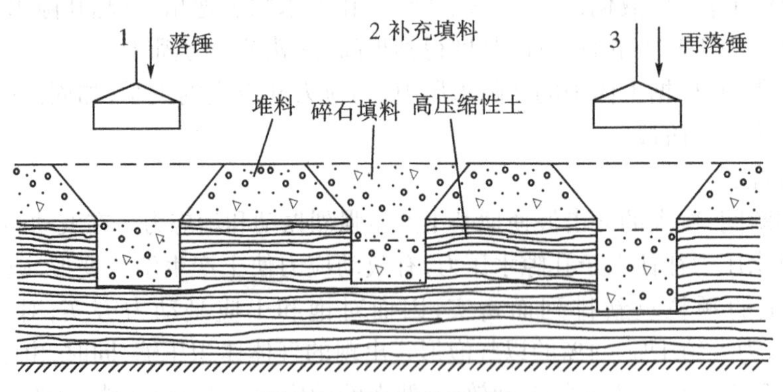

图3-1 动力置换碎石桩

第三节 强夯法加固设计

强夯法加固设计的任务就是确定下述参数:加固深度和加固范围,单位面积夯击能,夯击次数,夯点间距及布置,夯击遍数和间隙时间等。

一、加固深度及范围的估算

加固深度是指从起夯面算起的强夯有效影响地基深度，在该深度范围内，土的物理力学特性指标已达到或超过设计值。

1. 修正的 Ménard 公式

强夯法创始人 Ménard 根据主要影响因素——单点夯击能，提出影响深度用下式表示

$$H=\sqrt{Mh} \tag{3-1}$$

式中：H 为强夯加固影响深度（m）；M 为锤重（t）；h 为落距（m）。

大量的试验研究和工程实测发现，采用上式估算的有效加固深度与工程实践不符。主要原因在于该公式没有考虑地基土性质、不同土层的厚度及埋藏顺序、地下水位及夯击次数、锤底单位压力等因素对强夯加固深度的影响。近年来，国内外相继提出了对 Ménard 公式的修正意见，其中以我国太原理工大学的修正方法考虑比较全面，其修正公式为

$$H=k\sqrt{Mh} \tag{3-2}$$

式中：k 为有效加固深度修正系数。一般黏性土、砂土为 0.45～0.6，高填土为 0.6～0.8，湿陷性黄土为 0.34～0.5。

2. 由规范估定加固深度 H

《建筑地基处理技术规范》(JGJ79-91)列出了不同类型土在不同单点夯击能作用时的加固深度经验值（见表 3-1），供缺少试验资料时参考。

表 3-1　**强夯法的有效加固深度（m）**

单点夯击能（kN·m）	碎石土、砂土等	粉土、黏性土、湿陷性黄土等
1000	5.0～6.0	4.0～5.0
2000	6.0～7.0	5.0～6.0
3000	7.0～8.0	6.0～7.0
4000	8.0～9.0	7.0～8.0
5000	9.0～9.5	8.0～8.5
6000	9.5～10.0	8.5～9.0

3. 统计经验公式法

考虑到单位面积夯击能及多遍夯的加固影响，可得出下面统计经验公式：

$$H=5.102+0.000\,86Mh+0.000\,94E \tag{3-3}$$

式中：E 为单位面积夯击能（kJ/m^2），不计满夯。

二、夯击能量的确定

夯击能量可分为单击夯击能、最佳夯击能、平均夯击能（或单位夯击能）。

1. 单击夯击能

单击夯击能是表征每击能量大小的参数，其值等于锤重和落距的乘积。单击夯击能一般应根据加固土层的厚度、地基状况和土质成分由下列公式综合确定：

$$E=Mgh \tag{3-4}$$

$$E=\left(\frac{H}{\alpha}\right)^2 g \tag{3-5}$$

式中:E 为单击夯击能(kJ);M 为锤重(kN);g 为重力加速度,$g=9.8\mathrm{m/s^2}$;h 为落距(m);H 为加固深度(m);α 为修正系数,其变化范围为 0.35~0.70(一般黏性土、粉土取 0.5;砂土取 0.7;黄土取 0.35~0.50)。

单击夯击能有时也取决于现有起重机的起重能力和臂杆的长度。我国初期采用的单击夯击能为 1 000kN·m,随着起重工业的发展,起重机性能的改进,目前采用的最大单击夯击能为 8 000kN·m,国际上曾经用过的最大单击夯击能为 5 000kN·m,加固深度达 40m。

2. 最佳夯击能

最佳夯击能,从理论上讲能使地基中出现的孔隙水压力达到土的覆盖压力时的夯击能为最佳夯击能。

对于黏性土地基,由于孔隙水压力消散慢,随着夯击能的增加,孔隙水压力可以叠加,因而可根据有效加固深度孔隙水压力的叠加值来选定最佳夯击能。对于砂性土地基,由于孔隙水压力的增加和消散过程很快,孔隙水压力不能随夯击能增加而叠加,当孔隙水压力增量随夯击次数的增加而趋于稳定时,可认为砂土能够接受的能量已达到饱和状态。为此,可用最大孔隙水压力增量与夯击次数的关系曲线或有效压缩率与夯击能的关系曲线来确定最佳夯击能,见图 3-2 和图 3-3。

图中曲线 1、2、3、4 分别为不同锤重和落距组合时所测得的有效压缩率与夯击能关系曲线。显然,曲线 1 最好,曲线最低处的有效压缩率最高,此时的夯击能即为最佳夯击能,超过最低点,曲线回升,说明地基土侧向变形增大,土体开始破坏。

3. 平均夯击能(即单位面积夯击能)

平均夯击能也称单位面积夯击能,等于加固面积范围内单位面积上所施加的总夯击能(单击夯击能乘总夯击次数)。单位面积夯击能的大小与地基土的类别有关,在相同的条件下,细颗粒土的单位面积夯击能比粗颗粒土适当大一些。此外,结构类型、荷载大小和要求处理的深度,也是选择单位面积夯击能的重要因素。单位面积夯击能过小,难以达到预期的加固效果,单位面积夯击能过大,不仅浪费能源,而且对饱和黏性土来说,强度反而会降低。

平均夯击能即单位面积夯击能又分总单位面积夯击能和每遍单位面积夯击能。

总单位面积夯击能与诸多因素有关。日本的土谷尚根据日本现有的工程实例,提出了单位面积夯击能参考值,见表 3-2,我国目前在工程实践中所采用的单位面积夯击能见表 3-2。

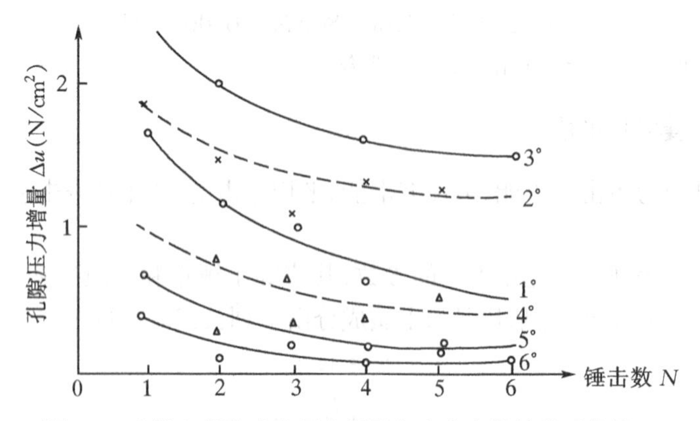

图 3-2 砂性土的孔隙水压力增量与夯击次数的关系曲线

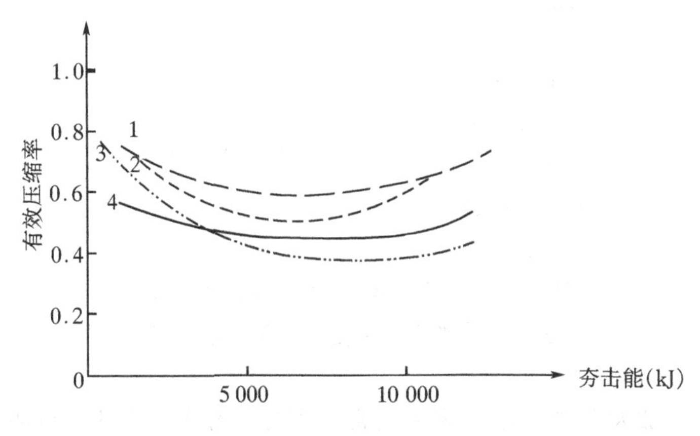

图 3-3 有效压缩率与夯击能的关系曲线

每遍单位面积夯击能:对饱和土来说,需要分遍夯击,这样对每一遍也存在一个极限夯击能。根据 Ménard 饱和土夯击时土液化,孔隙水压力升高的观点,从理论上讲,每遍极限夯击能为地基中孔隙水压力达到土的自重应力时的夯击能,此时土已液化,故称之为每遍最佳夯击能或饱和夯击能。但在实际工程中,实测的孔隙水压力值多数达不到上覆土的自重应力。其最大值与被测土的类型、孔压测量仪表位置(深度、距夯点之距)、夯点数量及夯击顺序等有关,因此在工程实践中,应根据以下三条原则之一通过试夯确定。

表 3-2 **单位面积夯击能参考值**

<table>
<tr><td rowspan="5">单位面积夯击能
(kN·m/m²)</td><td colspan="10">日 本</td></tr>
<tr><td colspan="2">碎石、砾砂</td><td colspan="2">砂质土</td><td colspan="2">黏性土</td><td colspan="2">泥炭</td><td colspan="2">垃圾土</td></tr>
<tr><td colspan="2">2 000～4 000</td><td colspan="2">1 000～3 000</td><td colspan="2">5 000 左右</td><td colspan="2">3 000～5 000</td><td colspan="2">2 000～4 000</td></tr>
<tr><td colspan="10">中 国</td></tr>
<tr><td colspan="5">粗 颗 粒 土</td><td colspan="5">细 颗 粒 土</td></tr>
<tr><td></td><td colspan="5">1 000～3 000</td><td colspan="5">1 500～4 000</td></tr>
</table>

(a)坑底土不隆起,包括不向夯坑内挤出,或每击隆起量小于每击夯沉量。

(b)夯坑不得过深,以免造成提锤困难。为增大加固深度,必要时可在夯坑内填加粗颗粒料,形成土塞,以增加锤击数。

(c)每击夯沉量不宜过小,过小无加固作用。

三、夯点布置

夯点的平面布置应根据建筑物的结构类型,地基土情况和要求的加固深度确定。夯点平面布置的合理与否与夯实效果和施工费用有直接关系。

对大面积基础,宜采用正方形插档法布置;对条形基础,可采用点线插档法布置;对柱基可采用点夯法夯击,也可沿柱列线布置,每个基础或纵横墙交叉点至少布 1 个夯点,并应对称。故常采用等边三角形或等腰三角形布置。对砂土和抛石挤淤强夯,可用排夯法加固(锤印彼此搭接 200～300mm)；当要求加固深度较大时，可在较低标高上夯完后，再将土垫到设计标高，进行第二次夯击，见图 3-4。

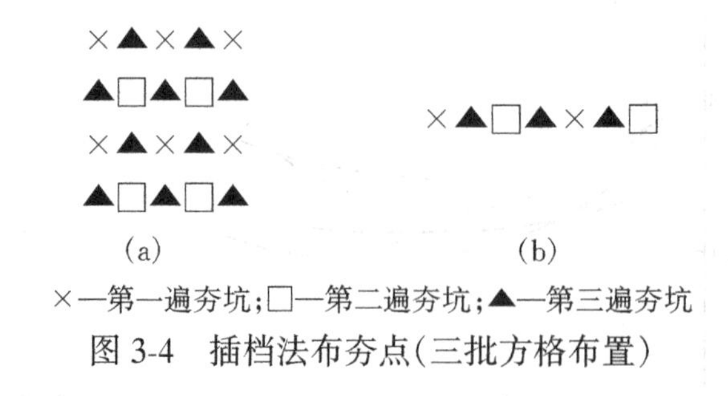

×—第一遍夯坑；□—第二遍夯坑；▲—第三遍夯坑

图 3-4　插档法布夯点(三批方格布置)

为有效加固深层土，加大土的密实度，强夯通常采用分遍夯击。为便于说明，将不同时夯击的夯点称为批，将同一批夯点间隔一定时间夯击称为遍，如图 3-5 所示。

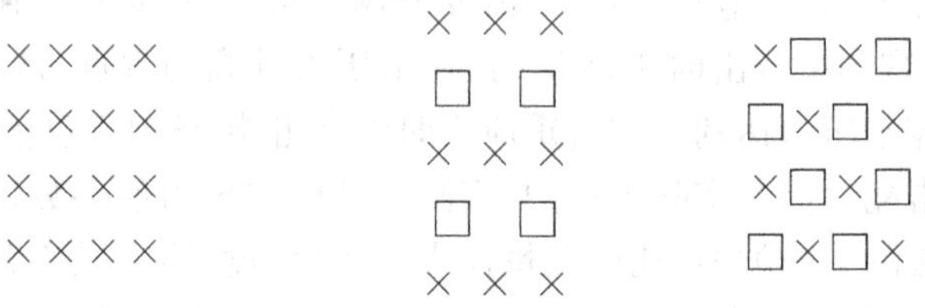

(a)　　(b)　　(c)

(a) 一批方格布置；(b) 二批梅花布置；(c) 二批方格布置

图 3-5　夯点布置

图 3-5(a)为一批布置夯点，适用于地下水位深，含水量低，场地不易隆起的土。图 3-5(b)、(c)为二批布置，适用于加固一般的饱和土，夯击时场地较易隆起及夯坑易涌土；图 3-5(b)为梅花形布点，多用于要求加固土干密度大时，例如消除液化。图 3-4 所示插档法布点为三批布置，适用于大面积地基的强夯处理，且地基为软弱的淤泥、泥炭土，场地易隆起土。

四、夯点间距

夯点间距的选择宜根据建筑物结构类型、加固土层厚度及土质条件通过试夯确定，对细颗粒土来说，为便于超静孔隙水压力的消散，夯击点间距不宜过小。当加固深度要求较大时，第一遍的夯点间距更不宜过小，以免在夯击时在浅层形成密实层而影响夯击能往下传递。另外，还必须指出，若各夯点间距太小，在夯击时上部土体易向旁侧已夯成的夯坑内挤出，从而造成坑壁坍塌，夯锤歪斜或倾倒，而影响夯实效果。反之，如间距过大，也会影响夯实效果。

根据国内工程实践有以下确定方法可供选择，第一遍夯击点间距宜选 5～9m，对土层较薄的砂土或回填土，第一遍夯击点间距最大，以后各遍夯击点间距可与第一遍相同，也可适当减小，对加固深度要求大的工程或单点夯击能较大的工程，第一遍夯击点的间距应适当增大。另外也可用下列方法进行确定：主要压实区是夯坑底下 1.5～2.5D，侧面自坑心计起

1.3～1.7D(D为锤底直径),考虑加固区的搭接,夯点间距一般取1.7～2.5D,密实要求高时,取小值,反之取大值。

五、夯击次数

夯击次数是强夯设计中的一个重要参数。夯击次数一般通过现场试夯得到的夯击次数和夯沉量关系曲线确定。常以夯坑的压缩量最大,夯坑周围隆起量最小为确定夯击次数的原则,除按上述两种方法确定夯击次数外,还应满足下列条件:

(1)最后两击的平均沉降量不大于50mm,当单击夯击能量较大时,不大于100mm;

(2)夯坑周围地面不应发生过大的隆起;

(3)不因夯坑过深发生起锤困难。

对于粗颗粒土,如碎石、砂土、低饱和度的湿陷性黄土和填土地基,夯击时夯坑周围往往没有隆起或虽有隆起但其量很小,在这种情况下,应尽量增加夯击次数,以减少夯击遍数。但对于饱和度较高的黏性土地基,随着夯击次数的增多,土的孔隙体积因压缩而逐渐减小,但因这类土的渗透性较差,故孔隙水压力将逐渐增加,并使夯坑下的地基土产生较大的侧向挤出,而引起夯坑周围地面的明显隆起,此时如继续夯击,则不能使地基土得到有效的夯实,反而造成能量的浪费。

另外,夯击次数也可通过上述的最佳夯击能和单击夯击能的比值来确定。

六、夯击遍数

夯点需要有一定的间距,使夯击时夯坑产生冲剪,在夯坑底形成一个挤压加固区,为使所产生的挤压力受周围土约束,侧面应不隆起,因此,侧面应有一定间距的不扰动土。不能像重锤夯实一样,一夯挨一夯,夯击时侧面为扰动土,易隆起,减小锤底土的挤密作用。由于夯点间距大,夯点间需增设夯点以加固未挤密土,故需增加夯击遍数,这种分遍夯击实际上就是夯点分批夯击。对饱和细粒土,由于存在单遍饱和夯击能,每遍夯击后需孔压消散,气泡回弹,方可二次压密挤密,因此,对夯点也需分遍夯击。对饱和粗粒土,当需要夯坑深度大时,或积水或涌土需填粒料,为便于操作也要采用分遍夯击。

当需要逐遍加密饱和土和高含水量土以加大土的密实度,或夯坑要求较深起锤困难需加填料时,对每一夯点需分遍夯击,以使孔隙水压力消散,各批夯点的遍数累计加上满夯组成总的夯击遍数。一般情况下,在日本对碎石、砂砾、砂质土或垃圾土,夯击遍数为2～3遍;黏性土为3～8遍,泥炭为3～5遍;在我国大多数工程为2～4遍,对压缩层厚度大、土颗粒细、含水量高,用上限,反之用下限。常用夯击期间的沉降量达到计算最终沉降量的60%～90%来选择夯击遍数,或根据设计要求以夯到预定标高来控制夯击遍数。

根据有关实验资料,第二、第三批夯点,特别是梅花点的夯击遍数可比第一批夯点遍数减少,这时可增大或不增大其每遍的击数。对软弱土,每批夯点需分遍时的第一遍击数,常以能否控制场地隆起,起锤困难等要求来设定击数,一般选用5～10击,无须控制夯沉量。对每一批夯点的最后一遍,为使场地均匀有效加密,可以用控制最后二击的平均贯入度来确定夯击次数。其控制贯入度值可经试夯,根据检验的加固效果,确定适当值,以控制大面积施工。

最后以低能量满夯一遍。满夯的作用是加固表层土,即加固单夯点间未压密土,深层加固时的坑侧松动土及整平夯坑填土。故满夯单击能可选用500～1 000kJ或更大,布点选用一夯挨一夯交错相切或一夯压半夯，每点夯数可选 5～10 击，控制最后二击夯沉量宜小于 3～5cm。

七、加固范围

由于建筑物基础的应力扩散作用，强夯处理的范围应大于建筑物基础范围，具体扩大范围可根据建筑结构类型和重要性等因素综合考虑确定。一般情况下，每边超出基础外缘的宽度宜为设计处理深度的 1/2～2/3，并不宜小于 3m。

八、间歇时间

两遍夯击之间应有一定的间歇时间，以利于强夯时土中超静孔隙水压压力的消散。所以间歇时间取决于超静孔隙水压力的消散时间。土中超静孔隙水压力的消散速率与土的类别、夯点间距等因素有关。对砂性土其渗透系数大，一般在数分钟 2～3h 即可消散完。但对渗透性差的黏性土地基，一般需要数周才能消散完。夯点间距对孔压消散速率也有很大的影响，夯点间距小，孔压消散得慢，反之，夯点间距大时，孔压消散得快。另外，孔压的消散还与周围排水条件有关，单点夯和群夯情况如上所述。如在夯坑中填砂，夯点间加打砂井，排水纸板可缩短排水时间。根据塘沽新港淤泥质黏性土中的试验，不加排水通道，孔压间歇 4 周只能消散 80%；加排水纸板，一周消散 95% 以上。当缺少实测孔压资料时，可根据地基土的渗透性确定间歇时间，对于渗透性较差的黏性土地基的间隔时间，一般不少于3～4 周，一般渗透性较好的黏性土 1～2 周，对渗透性好的地基可连续夯击。

九、起夯面

起夯面可高于或低于基底。高于基底是预留压实高度，使夯实后表面与基底为同一标高；低于基底是当要求加固深度加大，能量级达不到所需加固深度时，降低起夯面，在满夯时再回填至基底以上，使满夯后与基底标高一致，这时满夯的加固深度加大，需增大满夯的单击夯击能量。

十、垫层

对软弱饱和土或地下水位浅时，常在地面预铺设一碎石垫层或砂砾石垫层，厚度一般为 50～150cm。预铺垫层可形成覆盖压力，减小坑侧土隆起，使坑侧土得到加固。预铺垫层的另一作用就是在夯击后形成坑底透水土塞，一方面使较深的土层得到挤压密实，另一方面便于坑底孔隙水压力的消散，并防坑底涌土。此外，垫层还有利于施工机械的行走。

第四节 强夯的施工

一、强夯的施工机具和设备

1. 夯锤

夯锤的设计或选用应考虑夯锤质量、夯锤材料、夯锤形状、锤底面积及夯锤气孔等因素。

国内常用的夯锤质量有 8t、10t、12t、16t、20t、25t、30t、40t 等多档，国外大都采用大吨位起重机，夯锤质量一般大于 15t。

夯锤材料可用铸钢(铁),也可用钢板壳内填混凝土。混凝土锤重心高,冲击后晃动大,夯坑易坍土,但夯坑开口较大,起锤容易,而且可就地制作,成本较低。铸钢(铁)锤则相反,它的稳定性好,且可按需要拼装成不同质量的夯锤,故夯击效果优于混凝土锤。

夯锤形状分圆形、方形两类,但方锤落地方位易改变,与夯坑形状不一致,影响夯击效果,故近年来工程中多用圆形锤,具体有锥底圆柱形、球底圆台形、平底圆柱形三种结构形状。加固深层土体多采用锥底锤和球底锤,以便较好地发挥夯击能的作用,增加对夯坑侧向的挤压。加固浅层和表层土体时,多采用平底锤,以求充分夯实且不破坏地基表层。

锤底面积一般根据锤重和土质而定,锤重为100～250kN时,可取锤底静压力25～40kPa。对砂质和碎石土、黄土,所需单击能较高时,锤底面积宜取较大值,一般则只取2～4m^2。对黏性土,一般取3～4m^2,淤泥质土取4～6m^2。对饱和细粒土,单击能低,宜取静压力的下限。

锤底面积对加固深度有一定影响,加固土层小于5m时,锤底面积为2～5m^2;加固土层厚度大于5m时,锤底面积在4.5m^{2}以上。

强夯作业时,由于夯坑对夯锤有气垫作用,消耗的功约为夯击能的30%左右,并对夯锤有拔起吸着作用(起拔阻力常大于夯锤自重,而发生起锤困难),因此,夯锤上需设排气孔,排气孔数量为4～6个,对称均匀分布,孔的中心线与锤的铅直轴线平行,直径为250～300mm,孔径不易堵塞。

2. 起重设备

作为起吊夯锤设备,国内外大都采用自行式、全回转履带式起重机。目前国内主要采用吨位较小(15～50t)的起重机。

3. 脱钩装置

我国缺少大吨位的起重机,另外也考虑到大吨位的起重机用于强夯,会大大增加施工台班费,因此,常采用小吨位起重机配上滑轮组来吊重锤,并用脱钩装置来起落夯锤。施工时将夯锤挂在脱钩装置上,为了便于夯锤脱钩,将系在脱钩装置手柄上的钢丝绳的另一端,直接固定在起重机臂杆根部的横轴上,当夯锤起吊至预定高度时,钢丝绳随即拉紧而使脱钩装置开启,这样既保证了每次夯击的落距相同,又做到了自动脱钩。

二、正式强夯前的试夯

强夯法的许多设计参数还是经验性的,为了验证这些参数的拟定是否符合预定加固目标,常在正式施工前作强夯的试验即试夯,以校正各设计、施工参数,考核施工机具的能力,为正式施工提供依据。

试夯时要选取一个或几个有代表性的区段作为试夯区,试夯面积不能小于10m×10m,每层的虚铺厚度应通过试验确定,试夯层数不能少于2层。试夯前要在试夯区内进行详细原位测试,采用原状土样进行室内试验,测定土的动力性能指标。试夯时应有不同单击夯击能的对比,以提供合理的选择,记录每击夯沉量,测定夯坑深度及口径体积,记录每遍夯击的夯击次数、时间间隔、夯沉量、夯点间距等。在夯击结束一周至数周后(即孔隙水压力消散后),对试夯场地进行测试,测试项目与夯前相同。如取土试验(抗剪强度指标c、ϕ,压缩模量E_s,密度γ,含水量ω,孔隙比e,渗透系数k等),十字板剪切试验、动力触探、标准贯入试验、静力触探试验、旁压试验、波速试验、载荷试验等。试验孔布置应包括坑心、坑侧。

根据夯前、夯后的测试资料,经对比分析,修改或调整夯击参数,然后编制正式施工方案。

第五节 强夯法处理地基工程实例

山东省莱城电厂拟建储灰场,一期工程灰坝的最大坝高40m,二期工程灰坝加高47m,相应最大坝高87m,该灰场可满足电厂储灰22年。由地质勘测知,在黑山沟谷底上覆盖第四系全新统和上更新统坡积洪积地层,系黄土状粉质黏土,黄棕——棕黄色,可塑——硬塑状态,夹黄土状黏土及粉土团块,混碎石,约10%~20%,粒径一般为2~5cm;并夹有厚度不等的碎石透镜体,碎石层厚度为0.3~3.5m,碎石粒径一般为2~5cm,最大为10~30cm,混黏性土30%~45%,稍密。黄土状粉质黏土承载力标准值147kPa,碎石混黏土层承载力标准值250kPa。其中4个钻孔(2#、4#、11#与13#孔)的6个土样湿陷性系数为0.018~0.027,说明黄土状粉质黏土局部有湿陷性。经研究分析,设计单位提出用强夯法加固坝基,并建议进行强夯试验,试验方案如下:

(1)试夯选定及布置

试夯区选在黄土状粉质黏土层厚度最大的8号钻孔附近,试夯面积20m×20m,夯点间距5.0m,呈等边三角形布置(见图3-6)。

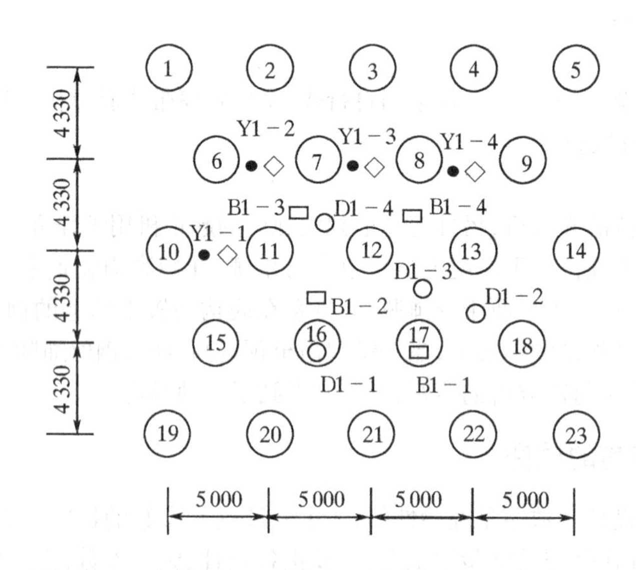

●—原状土样钻孔;▭—标准贯入试验点;○—动力触探试验点;◇—孔隙水压测点

图3-6 试夯区夯点与原位测试点布置图

(2)夯击能:6 250kN·m,即夯锤重284kN,夯锤落距22m。

(3)强夯机具:50t履带式吊车、龙门架与定高度自动脱钩器,圆柱形组合式铸钢锤,夯锤重284kN,夯锤直径2.5m,锤底面积4.9m²,有4个排气孔,孔径20cm。

(4)试夯施工参数:试夯采用最大夯击能强夯三遍与满夯两遍,具体安排如下:

a)最大夯击能强夯三遍:

夯击能6 250kN·m,夯点间距5m。

第一、第二遍为隔点跳打,即第二遍后才将试夯区23个夯点各夯一遍,原拟夯击数为18击,试夯时通过最佳夯击能测试,改为12击。第三遍在场地平整后复打主夯点,原拟夯击数为

8击,后改为14击。即各主夯点总的夯击能不变,仍为16 250~6 250kN·m/击(26击)。

b)满夯两遍:

第四遍夯击能2 000kN·m,夯击数为8击,夯点间距2.5m,即各夯点之间相切满夯。

第五遍夯击能1 000kN·m,夯击数为4击,夯点间距1.9m,即各击之间搭击1/4夯锤直径(0.6m)。

(5)夯前坝基土特性测定:在试夯区布置原状土样取土钻孔4个、标准贯入试验孔4个和动力触探试验孔4个,钻孔与试验孔位置如图3-6所示。

(6)试夯情况检测:在试夯过程中用水准仪、经纬仪观测每夯点每击的夯沉量、累计夯沉量(坑深)、夯坑体积、地面隆起量与夯后地面沉降量。

在夯4个测点不同深度埋设了8个孔隙水压力计,观测在强夯时,距夯点不同距离、不同深度土层孔隙水压力增长与消散情况。孔隙水压力测点位置也如图3-6所示。

(7)试夯效果检测:在试夯区布置原状土样取土钻孔4个、标准贯入试验孔4个、动力触探试验孔4个和静载荷试验点2个。夯后钻孔与试验孔位置均布设在夯前坝基土特性测点附近,以便进行夯前、夯后对比。一个静载荷试验点在主夯点,另一个静载荷试验点在主夯点之间。夯后效果检测点布置如图3-7所示。

试夯时首先进行最佳夯击能试验,第一遍最大夯击能强夯试验点为S11、S17和S22三个主夯点,夯击数分别为12击、15击和18击。用水准仪测出每击夯沉量与累计夯沉量及地面隆起量,根据《火力发电厂地基处理技术规范》(DL5024-93),应采用夯击数N与单点累计夯沉量S曲线趋于平缓来确定最佳夯击能。

绘制累计夯沉量与夯击数的关系曲线知,夯击数16击以后,累计夯沉量增加得相当缓慢,而且夯击仅超过16击时,夯坑深度已达4m以上,夯锤下落时碰撞坑壁,夯锤陷入土层过深,起吊相当困难,增加施工难度,影响强夯加固效果,因而第一遍最大夯击能强夯的夯击数宜为16击,即第一遍单点最佳夯击能为10 000kJ。

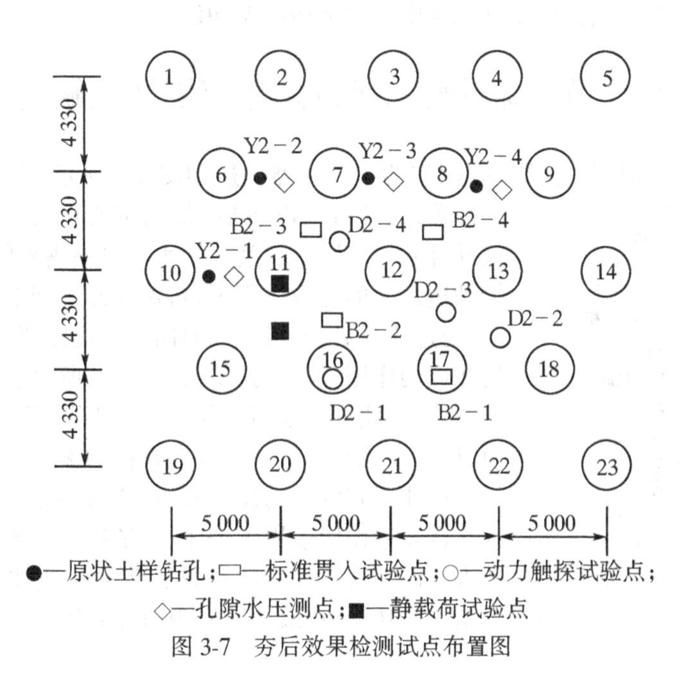

●—原状土样钻孔;□—标准贯入试验点;○—动力触探试验点;
◇—孔隙水压测点;■—静载荷试验点

图3-7 夯后效果检测试点布置图

第四章　碎　石　桩

第一节　概　　述

碎石桩是以碎石(卵石)为主要材料制成的复合地基加固桩。在国外,碎石桩和砂桩、砂石桩、渣土桩等统称为散体桩。即无黏结强度的桩。按制桩工艺区分,碎石桩有振冲(湿法)碎石桩和干法碎石桩两大类。采用振动加水冲的制桩工艺制成的碎石桩称为振冲碎石桩或湿法碎石桩。采用各种无水冲工艺(如干振、振挤、锤击等)制成的碎石桩统称为干法碎石桩。

振动水冲法成桩工艺由德国凯勒公司于 1937 年首创,用于挤密砂土地基,20 世纪 60 年代初,德国开始采用振冲法加固黏性土地基。我国应用振冲法始于 1977 年,现已广泛用于水利工程的坝基、涵闸地基及工业与民用建筑地基的加固处理。江苏省江阴市振冲器厂已经正式投产系列振冲器产品供应市场。但是采用振冲法施工时有泥水漫溢地面造成环境污染的缺点,故在城市和已有建筑物地段限制应用。从 1980 年开始,各种不同的碎石桩施工工艺相应产生,如锤击法、振挤法、干振法、沉管法、振动气冲法、袋装碎石法、强夯碎石桩置换法(第二章已有介绍)等。虽然这些方法的施工不同于振冲法,但是同样可以形成密实的碎石桩,所以碎石桩的内涵扩大了,从制桩工艺和桩体材料方面也进行了改进,如在碎石桩中添加适量的水泥和粉煤灰,形成水泥粉煤灰碎石桩(即 CFG 桩)。因学时及篇幅的限制,本教材主要介绍目前国内水利工程中最为常用的振冲法。

第二节　振冲碎石桩的适用范围及优缺点

振冲碎石桩是利用振冲器成孔制作的。振冲器构造如图 4-1 所示,它是以起重机吊起振冲器,启动潜水电机后,带动偏心体,使振冲器产生高频振动,同时开动水泵,使高压水通过喷嘴喷射高压水流,在边振动边水冲的综合作用下,将振冲器沉到土中的设计预定深度,经过清孔后,就可从地面向孔中逐段填入碎石,每段填料均在振动作用下逐渐振挤密实,达到所要求的密实度后提升振冲器,如此重复填料和振密,直到设计预定的桩顶或至地面,从而在地基中形成一根大直径的很密实的碎石桩体。

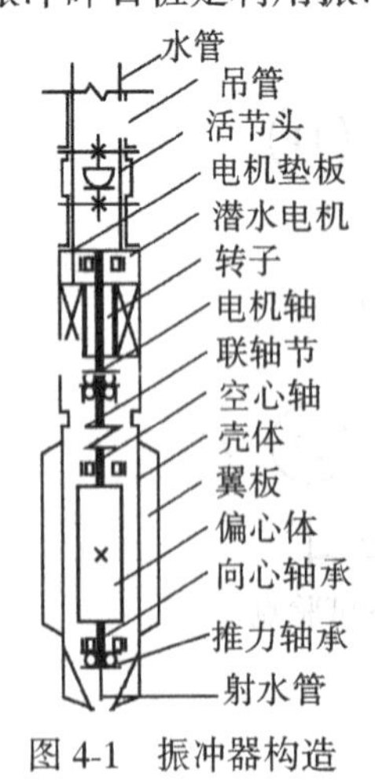

图 4-1　振冲器构造

振冲器有两大功能,一是产生强烈的水平振动力(几十到几百 kN)作用于周围土体,二是从底端部及侧面进行高压射水。振动力是加固地基的主要因素,射水协助振动力在土中钻进成功,并在成功后实现清孔和护壁。

一、振冲法的适用范围

振冲法按加固机理可分为两大分支，一是适用于砂基的“振冲密实法”，二是主要适用于黏性土地基的“振冲置换法”。

振冲置换法常指振冲碎石桩(或振冲砂桩)的适用范围为饱和松散粉细砂、中粗砂和砾砂、饱和黄土、杂填土、人工填土、粉土和不排水抗剪强度 c_u 不小于 20kPa 的黏性土和软土，但有资料表明，振冲置换法也适用于 $c_u=15\sim50$kPa 的地基土和高地下水位的情况以及 $c_u<20$kPa 的一些成功的工程实例。但值得注意的是在软土地区使用时还应慎重对待，要经过现场试验研究后，再予以确定为妥。

振冲密实法适用于处理砂土和粉土地基，不加填料的振冲密实法仅适用于处理黏粒含量小于 10％的粗砂、中砂地基。

二、振冲法的优缺点

1.振冲法加固松软地基的优点

振冲法加固松软地基具有以下几方面的优点：

(1)利用振冲加固地基，施工机具简单、操作方便、施工速度较快，加固质量容易控制，并能适用于不同的土类，目前的施工技术最深可达 30m。

(2)加固时不需钢材、水泥，仅用碎石、卵石、角砾、圆砾等当地硬质粗粒径材料即可，因而地基加固造价较低，与钢筋混凝土桩相比，一般可节约投资 1/3，具有明显的经济效益。

(3)在对砂基的加固过程中，通过挤密作用，排水减压并且振动水冲能对松散砂基产生预震作用，对砂基抗震、防止液化具有独到的优越性。在填入软弱地基中，经振冲填以碎石或卵石等粗粒材料，成桩后改变了地基的排水条件，可加速地震时超静孔隙水压力的消散，有利于地基抗震并防止液化，同时能加速桩间土的固结、提高其强度。

(4)在加固不均匀的天然地基时，在平面和深度范围内，由于地基的振密程度可随地基软硬程度用不同的填料进行调整，同样可取得相同的密实电流，使加固后的地基成为均匀地基，以满足工程对地基不均匀变形的要求。

(5)振冲器的振动力能直接作用在地基深层软弱土的部位，对软弱土层施加的侧向挤压力大，因而促进地基土密实的效果与其他地基处理方法相比效果更好。

2.振冲法的缺点

振冲法在施工时，尤其是在黏性土中施工时，排放的污水、污泥量较大，在人口稠密的地区或没有排污泥条件时，使用上要受到一定的限制。

第三节　振冲碎石桩的加固机理

无论从施工的角度，还是从加固的原理来看，振冲法均可分为两大分支，因此，其加固原理、设计、施工参数的选择等多方面应分别按“振冲密实”和“振冲置换”两方面来进行讨论。

一、振冲密实的加固机理

振冲密实(亦称振冲加密或振冲挤密)其加固机理如下：

振冲密实加固砂层的机理简单地来讲，一方面振冲器的强力振动使松砂在振动荷载作用下，颗粒重新排列，体积缩小，变成密砂，或使饱和砂层发生液化，松散的单粒结构的砂土颗粒重新排列，孔隙减小；另一方面，依靠振冲器的重复水平振动力，在加回填料的情况下，还通过填料使砂层挤压加密，所以这一方法被称为振冲密实法。

二、振冲置换的加固机理

利用一个产生水平向振动的管状设备在高压水流冲击作用下，边振边冲在黏性土地基中成孔，再在孔内分批填入碎石等粗粒径的硬质材料，制成一根一根的桩体，桩体和原来的地基土构成复合地基，和原地基相比，复合地基的承载力高、压缩性小。这种加固技术被称为振冲置换法。

振冲碎石桩加固黏性土地基主要作用是置换作用(或称桩柱作用)、垫层作用、排水固结作用以及加筋作用。

1. 置换作用(或称桩柱作用)

按照一定的间距和分布打设了许多桩体的土层叫做“复合土层”。如果软弱土层不太厚，桩体可以贯穿整个软弱土层，直达相对硬层。亦即复合土层和相对硬层接触，复合土层中的碎石桩在外荷载作用下，其压缩性比桩周黏性土明显小，桩体的压缩模量远比桩间土大，从而使基础传递给复合地基的附加应力随着桩土的等量变形会逐渐集中到桩上来，从而使桩周软土负担的应力相应减小。结果与原地基相比，复合地基的承载力提高，压缩性减小，这就是碎石桩体的应力集中作用(碎石桩在复合地基中即置换了一部分桩间土，又在复合地基中起到桩柱作用)，就这一点来说，复合地基有如钢筋混凝土，而复合地基的桩有如混凝土中的钢筋。

2. 垫层作用

对于软弱土层较厚的情况，桩体有可能不贯穿整个软弱土层，这样，软弱土层只有部分厚度的土层转换为复合土层，其余部分仍处于天然状态。对这种桩体不打到相对硬层，亦即复合土层与相对硬层不接触的情况，复合土层主要起垫层的作用。

碎石桩是依赖桩周土体的侧向压力保持形状并承受荷重的，承重时桩体产生侧向变形，同时，通过侧向变形将应力传递给周围土体。这样，碎石桩和周围土体一起组成一个刚度较大的人工垫层，该垫层能将基础荷载引起的附加应力向周围横向扩散，使应力分布趋于均匀，从而可提高复合地基的整体承载力。另外，整个碎石桩复合土层对于未经加固的下卧层也起到了垫层的作用，垫层的扩散作用使作用到下卧层上的附加应力减小并趋于均匀，从而使下卧层的附加应力在允许范围之内，这样就提高了地基的整体抵抗力，并减小了地基沉降。这就是垫层的应力扩散和均布的作用。

3. 排水固结作用

振冲置换法形成的复合土层之所以能改善原地基土的力学性质，主要是因为在地基中打设了很多粗粒径材料桩体，如振冲碎石桩。过去有人担心在软弱土中用振冲法制作碎石桩会使原地基土强度降低。诚然，在制桩过程中，由于振动水冲、挤压扰动等作用，地基土中会出现较大的超静孔隙水压力，从而使原地基土的强度降低，但在复合地基完成后，一方面随着时间的推移原地基土的结构强度有所恢复，另一方面，孔隙水压力向桩体转移消散。结果是有效应力增加，强度提高。同时在施加建筑物荷载后，地基土内的超静孔隙水压力能较快地通过碎石桩消散，固结沉降能较快地完成。

对粉质黏土和粉土结构在振冲制桩前后的微观变化进行电镜扫描摄片观察，结果发现振冲前这些土的集粒或颗粒连接以点—点接触为主，振冲后不稳定的点—点接触遭到破坏，形成比较稳定的点—面接触和面—面接触，孔隙减小，孔洞明显变小或消散，颗粒变细，级配变佳，并且，新形成的孔隙条有明显的规律性和方向性。由于这些原因，土的结构趋于密实，稳定性增大，这从微观结构角度证实了黏性土的强度在制桩后会恢复并明显增大。

目前，对振冲法加固黏性土地基(特别是软黏土地基)有不同的认识，焦点在振冲对黏性土强度的影响和碎石桩的排水作用上。对碎石桩的排水性能看法不一，而且，专门性的研究资料较少。

4. 加筋作用

振冲置换桩有时也用来提高土坡的抗滑能力，这时桩体就像一般阻滑桩那样是用来提高土体的抗剪强度，迫使滑动面远离坡面、向深处转移，这种作用就是类似于干振碎石桩和砂桩的加筋作用。

第四节 振冲碎石桩的设计计算

振冲法从加固原理上分为两大类，则它的设计计算也分别进行。到目前为止，振冲法还没有成熟的设计计算理论，这里提到的只是在现有的工程实践和现有的实测资料上来进行设计计算的。

一、振冲密实法的设计计算

1. 加固范围

砂基振冲密实法的加固范围，一般情况下，如果没有抗液化要求，一般不超出或稍超出基底覆盖的面积；但在地震区有抗液化要求时，应在基础轮廓线外加 2～3 排保护桩，或在基础外缘四周每边放宽不得少于 5m。

2. 加固深度

振冲密实法的加固深度应根据松散土层的性能、厚度及工程要求等综合确定，通常遵循以下原则：

(1)如果松软土层厚度不大，则桩体可穿透松软土层，直达相对硬层一定深度。

(2)如果松软土层厚度较大，对于按变形控制的工程，加固深度应满足碎石桩复合地基加固后的变形值不超过建筑物地基变形允许值的要求；对按稳定性控制的工程，加固深度应不小于最危险滑动面的深度；对于可能液化的砂基，桩长必须大于液化土层的埋藏深度。

(3)一般桩长不宜短于 4m。

3. 孔位布置和间距

对于大面积的地基加固宜采用正方形或正三角形布桩；对于独立、条形基础宜采用矩形、正方形或等腰三角形布桩；对于圆形或环形基础宜用放射状布桩(即径向等间距，环向则应内环密外环稀)。振冲密实法的孔距视砂土的颗粒组成、密实要求、振动器功率、地下水位等因素而定。砂基的粒径越小，密实要求越高，则间距越小。

(1)由现场试验确定:由于确定孔距的影响因素较多,在没有可靠的设计依据的情况下,最好通过现场试验确定。特别是对于大型的或重要工程,应通过现场试验确定孔距、填料数量及施工工艺等参数。

(2)根据振冲器功率确定:从工程统计资料和加固机理的分析来看,用30kW的振冲器,孔距一般为1.8~2.5m;若使用75kW大型振冲器,孔距可加大到2.5~3.5m。从工程实践经验可知,对大面积处理,75kW振冲器的挤密影响范围大,单孔控制面积较大,因而具有较高的经济效益。

(3)根据填料量估算:振冲法加密砂土地基,可根据地基单位土体回填料数量估算加密以后地基的相对密度。按下面两式计算

$$V_i=\frac{(1+e_p)(e_0-e_1)}{(1+e_0)(1+e_1)} \tag{4-1}$$

$$e_1=\frac{\beta l^2(H\pm h)}{\dfrac{\beta l^2 H}{1+e_0}+\dfrac{V}{1+e_1}}-1 \tag{4-2}$$

式中:V_i 为地基单位体积填料量(m^3/m^3);e_0 为原地基的天然孔隙比;e_p 为所用砂或填料振冲密实后桩身的孔隙比;e_1 为地基加密后要求达到的孔隙比;β 为面积系数,正方形布孔时,为1.0,正三角形布孔时,为0.866;l 为振冲孔的间距(m);H 为加固土层的厚度,即桩长(m);h 为地表隆起(+)或沉降(-)量(m);V 为每个振冲孔的填料量(m^3)。

设计大面积砂层挤密处理时,振冲孔间距也可按下式计算

$$l=\alpha\sqrt{V_p/V_i} \tag{4-3}$$

式中:l 为振冲孔的间距(m);α 为系数,正方形布孔时为1.0,等边三角形布孔时为1.075;V_p 为单位桩长的填料量(m^3/m);V_i 为原地基为达到规定的密实度,单位体积所需的填料量(m^3/m^3),可按式(4-1)计算。

需要指出的是,采用上述方法时要考虑振冲过程中随返水带出的泥沙量。这个数量是难以准确测定的。实用上可将计算的填料量乘以扩大系数(一般为1.1~1.3),中粗砂地基取低值,粉细砂地基取高值。

4.承载力和变形计算

(1)承载力计算

复合地基承载力标准值应按现场复合地基静荷载试验确定,如无静载荷试验资料时,也可以按照单桩和桩间土的静载荷试验按下式确定

$$f_{sp,k}=mf_{p,k}+(1-m)f_{s,k} \tag{4-4}$$

式中:$f_{sp,k}$为复合地基承载力标准值(kPa);$f_{p,k}$为桩体单位面积承载力标准值(kPa);$f_{s,k}$为桩间土承载力标准值(kPa);m 为面积置换率,由式(4-5)计算

$$m=d^2/{d_e}^2 \tag{4-5}$$

式中:d 为碎石桩的直径(m);d_e 为等效影响圆的直径(m),等边三角形布桩时取 $d_e=1.05l$,正方形布桩时取 $d_e=1.13l$,矩形布桩时取 $d_e=1.13\sqrt{l_1 l_2}$,其中 l_1、l_2 分别为桩的纵向间距和横向间距(m)。

(2)变形计算

振冲密实法处理后地基的变形计算,应按国家标准《建筑地基基础设计规范》(GBJ7-89)的有

关规定执行(即分层总和法计算变形)。复合土层的压缩模量可按下式计算

$$E_{sp}=[1+m(n-1)]E_s \tag{4-6}$$

式中:E_{sp}为复合土层的压缩模量(MPa);E_s 为桩间土的压缩模量(MPa);n 为桩土应力比,在无实测资料时,砂土地基取 $n=1.5\sim3$,原地基强度高时取小值,原土强度低时,取大值。

5.振冲挤密法适用的土类

振冲挤密法适用的土质主要为砂土类,从粉砂到含砾粗砂,只要小于 0.007 4mm 的细粒含量小于 10%都可得到显著的加密效果,当黏粒含量超过 20%,几乎没有加密效果。

6.填料的选择

填料多用粗粒料,如粗(砾)砂、角(圆)砾、碎(卵)石、矿渣等硬质无黏性材料,粒径为 0.5~5cm,一般没有严格要求,理论上讲填料粒径越粗,加密效果越好。但不宜用单级配料(对碎石和卵石可用自然级配)。使用 30kW 的振冲器时,填料的最大粒径宜在 5cm 以内,因为,如果填料的多数颗粒粒径大于 5cm,容易在孔中发生长料现象,影响施工进度。使用 75kW 大功率的振冲器时,最大粒径可放宽到 10cm。填料中含泥量不宜超过 10%。

二、振冲置换法的设计计算

黏性地基土中用的振冲置换法的设计原则与砂类土上用的振冲挤密法的设计原则基本相同,但前者比后者要复杂一些。振冲密实法使砂土地基加密以后,桩间土一般就可以满足上部建筑荷载的要求,同时砂类土地基沉降变形小,因此只需考虑基础内砂土加密效果即可。而在黏性土、软土地基进行振冲置换法,主要依靠制成的碎石桩提高地基强度,不但要考虑碎石桩的承载力,还要考虑置换率使复合地基满足要求。软黏土地基经振冲置换后,仍有较大的沉降量,设计计算时还要考虑建筑物沉降的要求等,特别要考虑相邻建筑物引起的不均匀沉降要满足规范和设计要求。

振冲置换加固设计,目前还处在半理论半经验状态,这是因为一些设计计算都不成熟,某些参数也只能凭经验确定。因此对重要工程或地层条件复杂的工程,应在现场进行试验,根据现场试验获取的资料修改设计,制定施工工艺及要求等。

1.加固范围

加固范围一般要根据建筑物的重要性、现场条件和基础形式综合确定。通常均要超出基础地面范围。对于一般地基(不液化地基),在基础外边缘之外宜布置 1~2 排护桩,对可液化地,基础外边缘应扩大 2~4 排护桩。对于小型工程或建筑物荷载不大又无抗震要求的工程可按表 4-1 确定。

表 4-1　**小型工程加固范围的确定**

基础形式	碎石桩加固范围
条形基础	不超出或适当超出基底范围
单独基础	不超出基底面积
板式、十字交叉、浮筏、柔性基础	基底范围内满堂布桩,基底轮廓线外 2~3 排护桩

2. 加固深度

对于软土厚度不大的情况，加固深度应达到强度较高的下卧层一定深度；如软弱土层厚度较大，加固深度不可能穿透软弱土层，这时加固深度应大于附加应力小于土的承载力标准值的位置。考虑到碎石桩的应力集中现象，加固深度可达到土的承载力标准值大于附加应力2～3倍深度处，并且碎石桩复合地基加固以后的变形值不得超过建筑物的允许变形范围。一般桩长不宜短于4.0m，也不宜大于18m。

在有抗震要求的地基中，桩底按抗震要求的处理深度确定；在用于加固抗滑稳定的地基中，桩底应深入到最低滑动面1.0m以下。

由于桩顶部分约1m以内上覆土压力较小，桩顶部分密实度很难保证，设计桩顶标高时应考虑这个因素，通常的做法是在桩全部完成后，将桩体顶部1m左右一段挖去，铺30～50cm厚的碎石垫层，然后在上面做基础。

3. 桩位布置和间距

桩位的布置形式应根据碎石桩和桩间土的承载力标准值、桩径和最小桩距，在基础范围内布桩，调整置换率，使加固后复合地基的承载力达到设计要求后，再在基础外缘按前述加固范围布设护桩（《建筑地基处理技术规范》(JGJ-79-91)的要求）。下面讨论各种常用的基础形式下的布桩原则和方法。

(1)条形基础

先考虑布一排桩。若按最小孔距布桩仍不能满足承载力要求时，可布2排桩、3排桩。此时，如果条形基础设计宽度不能满足布桩要求，应与设计人员协商扩大基础宽度，或调整施工机具和施工工艺，以提高单桩承载力。

(2)桩基

在桩基范围内布桩，布桩数量应使加固后的复合地基承载力满足设计要求。如果按最小孔距布桩仍不能满足设计要求时，可按条形基础中所述办法处理。柱基内布桩形式根据所需的置换率按三角形、矩形或三角形和矩形的混合形式布桩。单独桩基内最少不少于3根。

条基、柱基布桩时，要考虑保证施工后所用计算承载力的桩都在基础范围之内。如计算承载力的碎石桩，一部分在基础内，一部分在基础外，则受力条件较差，不能充分发挥碎石桩的作用。另外，对条形基和柱形基设护桩工程量太大，一般难以接受。可以从稍扩大基础面积增加基础内布桩数，提高安全系数加以解决。

(3)箱形基础和筏形基础

一般在基础范围内按正三角形、正方形或矩形布桩。调整置换率使加固后复合地基承载力满足设计要求。由于基础外缘部分的碎石桩受力条件差以及应力扩散需要在周围设置1～2排护桩，有抗震要求的地基，布设2～4排护桩。

桩中心间距的确定应考虑荷载的大小、原土的抗剪强度，荷载大，间距应小一些；原土强度低时，桩间距也应小。特别是在深厚软基中打不到相对硬层的桩，其间距应更小，但还必须保证施工能正常进行，即最小孔距不应在施工中造成“串桩”。另外，确定桩间距还必须使加固后复合地基承载力达到设计要求。一般情况下，对选用30kW振冲器施工的桩，其间距在1.5～2.0m之间；用75kW的振冲器施工时，其间距一般可在1.5～2.5m之间。

4. 桩径

桩的直径与土类及强度、桩身材料粒径、桩的填料量、振冲器类型及施工质量关系密切。

如果是不均匀地层，在强度软弱的土层中，桩径较大；反之，在强度较高的土层中，桩体直径较小。另外，振冲器的功率越大，其振动力就越大，桩体直径越大。如果施工质量控制不好，很容易形成上粗下细的"胡萝卜"形。所以，桩体远不是规则的圆柱体。所谓桩的直径是指按每根桩的填料量估算的平均理论直径，用 d 表示，一般 $d=0.8\sim1.2$m。对一般软黏土地基，采用 30kW 振冲器制桩，每米桩长约需 0.6～0.8m^3 碎石。

5. 承载力计算

(1)复合地基承载力

复合地基的承载力标准值可按下列几种方法确定：

(a)有复合地基静载试验条件时，或对甲级和重要建筑物以及土质情况复杂的工程，应按现场复合地基静载荷试验确定。

(b)当有碎石桩和桩间土载荷试验资料时，复合地基的承载力标准值可利用碎石桩和桩间土的载荷试验成果按式(4-4)计算。

(c)对于乙级及其乙级以下的具有黏性土地基的建筑工程，无现场荷载试验资料时，复合地基的承载力标准值可按下式计算

$$f_{sp,k}=[1+m(1-n)]f_{s,k} \tag{4-7}$$

或

$$f_{sp,k}=[1+m(1-n)]3S_v \tag{4-8}$$

式中：n 为桩土应力比，《建筑地基处理技术规范》(JGJ-79-91)建议无实测资料时，可取 $n=2\sim4$。林宗元主编的《岩土工程治理手册》中建议，对于碎石桩处理砂土、粉土时，n 取 2～3；处理填土时 n 取 3～5；处理软塑黏性土时，n 取 3～4 或 4～6。原土强度高时，取小者，原土强度低时取大者。S_v 为桩间土的十字板抗剪强度，也可用处理前地基土的十字板抗剪强度代替。

(2)碎石桩单桩承载力

如果作用于碎石桩桩顶的荷载足够大，桩体发生破坏。碎石桩的破坏大都以鼓胀破坏形式为主，鼓胀破坏深度通常大约为桩径的 2 倍。

碎石桩单桩承载力的确定，到目前为止，还没有一套完整的计算方法，有理论公式、有经验公式还有根据工程实践提出的工程应用公式：侧向极限应力法、剪体剪切破坏法、球穴扩张法等。

这里介绍几种理论公式和工程经验公式，供参考。如无成熟的经验，要想得到碎石桩单桩承载力，最好用现场试验方法。

(a) Hughes-Withers 计算法

$$f_{pu}=(p_0+u_0+4c_u)K_p \tag{4-9}$$

$$f_{pu}=6c_uK_p \tag{4-10a}$$

$$f_{pu}=25.2c_u \tag{4-10b}$$

式中：f_{pu}为碎石桩单桩的极限承载力(kPa)；u_0 为桩间土的初始孔隙压力(kPa)；p_0 为桩间土的初始有效应力(kPa)；c_u 为桩间土的不排水抗剪强度(kPa)；K_p 为桩体的被动土压力系数，$K_p=\tan^2(45°+\varphi_p/2)$，$\varphi_p$ 为桩体的内摩擦角(°)，对于碎石桩 $\varphi_p=35°\sim45°$，多数采用 38°；求单桩的承载力标准值时，安全系数 $k=2.5\sim3.0$。

(b)综合单桩极限承载力计算法

由于碎石桩的破坏形式大多是鼓胀破坏，所以目前碎石桩单桩极限承载力的方法是侧向极限应力方法，即假设单根碎石桩的破坏是空间轴对称问题，桩间土体是被动破坏，为此碎石桩的单桩极限承载力可按下式计算

$$f_{pu}=K_p\sigma_{rl} \tag{4-11}$$

式中：K_p 为桩体的被动土压力系数，$K_p=\tan^2(45°+\varphi_p/2)$；$\sigma_{rl}$为桩体侧向极限应力。

有关 σ_{rl}的算法有好多种，它们可写成一个通用式

$$\sigma_{rl}=\sigma_h+Kc_u \tag{4-12}$$

式中：K 为常量，不同的方法有不同的取值；σ_h 为某深度处的初始总侧向应力。

为统一起见，将 σ_h 的影响包含在参数 K'中，于是，式(4-11)可改写为

$$f_{pu}=K_pK'c_u \tag{4-13}$$

不同方法的 K_p、K'值见表 4-2。

表 4-2 **不排水抗剪强度及单桩极限承载力**

c_u(kPa)	土类	K'值	$K_p\cdot K'$值	文献
19.4	黏土	4.0	25.2	Hughes 和 Withers(1974)
19.0		3.0	15.8～18.8	Mokashi 等(1976)
—		6.4	20.8	Brauns(1978)
20.0		5.0	20.0	Mori(1979)
—		5.0	25.0	Broms(1979)
15.0～40.0		—	14.0～24.0	韩杰(1992)
—		—	12.2～15.2	郭蔚东、钱鸿缙(1990)

(c)经验法

当没有做载荷试验的条件时，对中小型工程可以根据地基天然地质条件，结合施工工艺、振冲器功率并根据在同类土质中的工程实例，以及当地的经验确定碎石桩的单桩承载力。根据国内工程实践，振冲法制成的质量良好的碎石桩的单桩承载力标准值可参考表 4-3。

表 4-3 **不同土质碎石桩单桩承载力标准值的经验值(kPa)**

振冲器功率 / 地质	30kW	75kW
软黏土	300～400	400～500
一般黏土	400～450	500～600
可加密的粉质黏土	500～700	600～900

6. 复合地基沉降计算

碎石桩复合地基的变形计算主要包括复合地基加固区的变形量和加固区下卧层的变形量。这两部分变形量(沉降量)都可采用分层总法计算，其中复合地基加固区(即基础底面至碎石桩底面之间范围)的沉降变形量按下式计算

$$S_{sp}=\frac{p_0}{E_{sp}}\sum_{i=1}^{n}(Z_i\alpha_i-Z_{i-1}\alpha_{i-1}) \tag{4-14}$$

式中：S_{sp}为复合土层(即加固区)的平均最终沉降量(cm)；p_0 为对应于荷载标准值时的基础底面的附加应力(kPa)；Z_i、Z_{i-1}为加固区内第 i 层的底面和顶面至基础底面的距离(cm)；α_i、α_{i-1}为基础底面的中心点至加固区内第 i 层底面范围内的平均附加应力系数；n 为加固区内的土层数；E_{sp}为复合土层的变形模量(MPa)，E_{sp}可用以下方法求得：

(1)对进行过单桩和多桩复合地基载荷试验时，E_{sp}可根据试验成果按下式求得

$$E_{sp}=\frac{\Delta p\cdot H}{\Delta s} \tag{4-15}$$

式中：H 为相当于一定埋深、宽度、附加应力和地质条件的地基等值层厚度：

$$H=\sum_{i=1}^{n}\alpha_i h_i$$

n 为从受压面到受压层下限所划分的层数；α_i 为受压面下第 i 层中的应力扩散系数；h_i 为第 i 层的厚度(cm)；Δp 为垂直附加平均应力；Δs 为由 Δp 引起的地基沉降。

一般在实践中可采用方形板宽度作为等值层的厚度来作简化计算。

(2)没有大型复合地基载荷试验资料时，可按碎石桩和桩间土载荷试验资料确定的桩和桩间土的沉降模量 E_p 和 E_s 及置换率 m 计算复合地基的变形模量。即

$$E_{sp}=E_p m+(1-m)E_s \tag{4-16}$$

(3)在缺乏载荷试验成果时，则可按土的变形模量 E_s 取合适的应力比进行计算

$$E_{sp}=[1+m(n-1)]E_s \tag{4-17}$$

式中的桩、土应力集中比无实测资料时，对黏性土 n 取 2～4，对砂土、粉土取 1.5～3.0，对填土取 3～5，对软塑黏性土取 3～4 或 4～6。原土强度高时，取小者；原土强度低时，取大者。

7.抗滑稳定计算

振冲置换桩有时也用来提高黏性土坡的抗滑稳定性。在这种情况下进行稳定分析需采用复合地基的抗剪强度，用圆弧滑动法来进行计算。

假定在复合地基中某深度处剪切面与水平面的交角为 θ，如果考虑碎石桩和桩间土两者都发挥抗剪强度，则可得出复合地基的抗剪强度 τ_{sp}：

$$\tau_{sp}=(1-m)c+m(\rho_p p+\gamma_p z)\tan\varphi_p\cos^2\theta \tag{4-18}$$

式中：c 为桩间土的黏聚力(kPa)；z 为自地表面起的计算滑动深度(m)；γ_p 为碎石料的容重(kN/m^3)，地下水位以下取浮容重；φ_p 为碎石料的内摩擦角(°)；ρ_p 为应力集中系数，$\rho_p=n/[1+m(n-1)]$，n 为应力集中比；m 为面积置换率，$m=A_p/A$，A_p 为桩的截面积，A 为加固地基的面积。

8.振冲置换法的适宜土类

(1)粉土

即 $I_p\leqslant10$ 的土。它的性质介于黏性土和砂土之间，土颗粒较细，振冲时液化区较大，制成的碎石桩不仅直径大(大的甚至可达 110cm 以上)，强度亦高，可达 700～900kPa 或更高。加固以后的复合地基承载力标准值一般可达 300kPa。

(2)一般黏性土

即 $I_p>10$，且天然地基承载力标准值 $f_k\geqslant100$kPa 的土。采用振冲法加固的效果主要来自碎石桩的强度和置换率，而对桩间土的挤密作用较小。工程实践中，30kW 振冲器在这

类土中质量良好的碎石桩，质量好的碎石桩的桩体容重大于 19kN/m^3 时，碎石桩单桩承载力标准值可达 400～500kPa；75kW 振冲器成桩碎石桩的单桩承载力标准值可达 500～600kPa，加固后复合地基的承载力标准值可达 200～300kPa。

(3)软黏土

即 f_k<100kPa 的黏性土，强度低、含水量高、孔隙比大、饱和度高，常属中、高灵敏度的土。在振冲施工的振动作用下，土的强度会出现暂时的降低，特别是对于土的不排水抗剪强度 c_u<20kPa 时，在振动力作用下，这种土会出现明显的结构性，采用振冲法时应当慎重考虑，但只要精心设计、精心施工、精心监理亦能取得良好的加固效果。

采用振冲法加固软黏土地基需慎重考虑的是：沉降量比较大。这主要是因为软塑黏土含水量大、饱和度高、土中水分通过碎石桩排水固结的结果。但只要上部建筑物所施加给基础的应力是均匀的，建筑物之间留有足够的沉降缝，其平面形式比较简单，使用和安全均不会有问题。而对那些沉降量要求较严格的建(构)筑物，采用振冲法就要慎重。

(4)杂填土、粉煤灰、自重湿陷性黄土

对杂填土、粉煤灰地基，自重湿陷性黄土地基，采用振冲法加固也会取得不同的加固效果。对自重湿陷性黄土地基，施工中使湿陷性黄土预先经受水浸泡，可消除或部分消除以及减轻其湿陷性，加上碎石桩承担大部分建筑物荷载，可以减轻湿陷对建筑的影响。但如果施工中不预先浸泡，是不适合采用振冲碎石桩加固自重湿陷性黄土的。

对杂填土基，当采用振冲法加固时，应采用统一密实电流标准值，这样做可以使地基强度变得相对均匀，防止产生不均匀沉降，通过回填料所形成桩体的置换作用和振动作用对桩间土的加密，复合地基的强度会得到提高。

对粉煤灰地基，采用振冲法加固，可以减小其孔隙比，提高其强度，加上碎石桩的作用可形成较高的复合地基承载力。

9.设计计算中的几个重要参数

(1)桩身材料的内摩擦角

用碎石桩做桩身材料，碎石的内摩擦角 φ_p 目前一般采用 35°～45°。对粒径较小(≤50mm)的碎石，并且原土为黏性土，φ_p 可取 38°；对粒径较大(最大粒径为 100mm)的碎石材料，且原地基土为粉性土时，φ_p 可取 42°；对卵石或砂卵石可取 38°。桩身材料一般不计黏聚力。

(2)原地基土的不排水抗剪强度

不排水抗剪强度 c_u 不仅可用来判断振冲法是否适用，还可以用来初步选定桩距(即原土抗剪强度低时，桩间距应小一些，反之亦然)，可预估施工的难易程度以及加固后计算碎石桩的单桩承载力值。有条件时宜用十字板剪切试验测定不排水抗剪强度，其值用 S_v 表示；无条件时用室内三轴试验。

(3)原地基土的沉降模量

原地基土沉降模量在无现场复合地基静载试验资料时，常用来计算加固后复合地基的最终沉降量，对于重要工程，尽可能通过载荷试验，确定地基土的变形模量。根据弹性理论，位于各向同性半无限均质弹性体面上的刚性圆板在荷载作用下的沉降量为

$$s=\frac{P(1-\upsilon^2)}{dE} \tag{4-19}$$

式中：s 为圆板的沉降量(cm)，通过试验量测；P 为作用于圆板上的总荷载(kN)；d 为圆板的直径(cm)；E 为土的弹性模量(MPa)；υ 为土的泊松比。

一般情况下，载荷试验常用方形板。对方形板，需引入一个形状系数 ω，于是上式就变成为

$$s=\frac{P(1-\gamma^2)}{E\omega b} \tag{4-20}$$

式中：b 为方板的宽度(m)；$P=pb^2$(p 为载荷板上单位面积所承受的荷载)代入上式，经整理得

$$\frac{\omega E}{P(1-\upsilon^2)}=\frac{p}{s/b} \tag{4-21}$$

将等式左侧的比值定义为原地基的变形模量，用 E_s 代替，桩与原土的变形模量分别用 E_p、E_s 表示。比值 s/b 为沉降比，用 s_b 表示，于是

$$E_s=p/s_b \tag{4-22}$$

将载荷试验资料整理成 p-s_b 曲线，从中确定 E_s，由于土不是真正的弹性材料，因而沉降模量不是一个常量，它与应力或应变有关。

10.表层处理垫层的设置

振冲置换碎石桩施工结束后，桩顶部约 0.5～1.0m 范围内，由于该处地基土的覆盖压力小，施工时桩体的密实度很难达到要求，必须进行处理。处理的办法有两种：一种是将该段桩体挖去；另一种办法是用振动碾使之压实。如果采用挖除的办法，施工前的地面高程和桩顶高程要事先计划准确。一般在基础底面和桩顶设计标高(去掉施工桩顶 0.5～1.0m 左右的松软桩头)之间设置 30～50cm 的碎石垫层，该垫层本身也要压实。该垫层和碎石桩组成一个连续的排水通道，可加速桩间土的排水固结，垫层起外接盾沟的作用以及可以改善基础和碎石桩之间的接触条件，使基础范围内的碎石桩受力更趋均匀。

11.桩体材料选择

桩体材料可以就地取材，凡含泥量不大的碎石、卵石、含石砾砂、角砾、圆砾、优质矿渣、碎砖等硬质无黏性材料均可利用。桩体材料的最大粒径与振冲的外径和功率有关。一般最大粒径不宜大于 8cm，对碎石常用的粒径为 2～5cm。关于级配没有特别严格的要求。

整个工程需要的总填料量为

$$V=\mu NV_pL \tag{4-23}$$

式中：L 为桩长(m)；V_p 为每米桩体所需的填料量(m^3/m)；μ 为充盈系数，一般 $\mu=1.1$～1.2；N 为整个工程的总桩数。

V_p 与地基土的抗剪强度和振冲器的振动力大小有关，桩的直径与 V_p 密切相关(见设计参数中桩径的确定部分)。对软黏土地基，用 30kW 振冲器制桩，$V_p=0.6$～$0.8m^3$，这里指的是虚方。

第五节　振冲碎石桩的施工

一、施工机具

振冲法施工的主要机具包括：振冲器、起重设备(用来操作振冲器)、供水泵、填料设备、

电控系统以及配套使用的排浆泵电缆、胶管和修理机具。

1.振冲器及其组成部件

国内常用振冲器型号及技术参数见表4-4,施工时应根据地质条件和设计要求选用。振冲器的工作原理是利用电机旋转一组偏心块产生一定频率和振幅的水平向振动力,压力水通过竖心空轴从振冲器下端的喷水口喷出。振冲器的构造见图4-1。

表4-4 **国产振冲器的主要技术参数**

项目 \ 型号		ZCQ-13	ZCQ-30	ZCQ-55	BL-75
潜水电机	功率(kW)	13	30	55	75
	转数(r/min)	1 450	1 450	1 450	1 450
振动体	偏心距(cm)	5.2	5.7	7.0	7.2
	激振力(kN)	35	90	200	160
	振幅(mm)	4.2	5.0	6.0	3.5
	加速度, g	4.3	12	14	10
振冲器外径(mm)		274	351	450	427
全长(mm)		1 600	1 935	2 500	3 000
总重(kg)		780	940	1 600	2 050

(1)电动机(驱动器)

振冲器常在地下水位以下使用,多采用潜水电机,如果桩长较短(一般小于8m),振冲器的贯入深度也浅,这时可将普通电机装在顶端使用。

(2)振动器

内部装有偏心块和转动轴,用弹性联轴器与电动机连接。

(3)通水管

国内30kW和55kW振冲器通水管穿过潜水电机转轴及振动器偏心轴。75kW振冲器水道通过电机和振动器侧壁到达下端。

2.振冲器的振动参数

(1)振动频率

振冲器迫使桩间土颗粒振动,使土颗粒产生相对位移,达到最佳密实效果。最佳密实效果发生在土颗粒振动和强迫振动处于共振状态的情况下,一些土的振动频率见表4-5。目前国产振冲器所选用的电机转速为1 450r/min,接近最佳密实效果频率。

表4-5 **部分土的自振频率(r/min)**

土质	砂土	疏松填土	紧密良好级配砂	极密良好级配砂	紧密矿渣	紧密角砾
自振频率	1 040	1 146	1 446	1 602	1 278	1 686

(2)加速度

只有当振动加速度达到一定值时，振冲器才开始加密土。功率为 13kW、30 kW、55 kW 和 75 kW 的国产振冲器的加速度分别为 4.3g、12 g、14 g 和 10 g。

(3)振幅

在相同的振动时间内，振幅越大，加密效果越好。但振幅过大或过小，均不利于加密土体，国产振冲器的振幅在 10mm 以内。

(4)振冲器和电机的匹配

振冲器和电机匹配得好，振冲器的使用效率就高，适用性就强。

3. 起吊设备

起吊设备是用来操作振冲器的，起吊设备可用汽车吊、履带吊、或自行井架式专用平车。起吊 30kW 振冲器的吊机的起吊力应大于 100kN，75kW 振冲器所需起吊力应大于 100～200kN，即振冲器的总重量乘以一个 5 左右的扩大系数，即可确定起吊设备的起吊力。起吊高度必须大于加固深度。

4. 供水泵

供水泵要求压力为 0.5～1.0MPa，供水量达 $20m^3/h$ 左右。

5. 填料设备

填料设备常用装载机、柴油小翻斗车和人力车。30kW 振冲器应配以 $0.5m^3$ 以上的装载机；75kW 振冲器应配以 $1.0m^3$ 以上的装载机为宜。如填料采用柴油小翻斗车或人力车，可根据填料情况确定其数量。

6. 电控系统

施工现场应配有 380V 的工业电源。若用发电机供电，发电机的输出功率要大于振冲器电机额定功率的 1.5～2 倍，例如，一台 30kW 振冲器需配 48～60kW 柴油发电机一台。

7. 排浆泵

排浆泵应根据排浆量和排浆距离选用合适的排污泵。

二、施工顺序

振冲碎石桩的施工顺序取决于地基条件和碎石桩的设计布置情况，主要有以下几种：

1. 由里向外法

这种施工顺序适用于原地基较好的情况，可避免在由外向内施工顺序时造成中心区成孔困难。

2. 排桩法

根据布桩平面从一端轴线开始，依照相邻桩位顺序成桩到另一端结束。此种施工顺序对各种布桩均可采用，施工时不易错漏桩位，但桩位较密的桩体容易产生倾斜，对这种情况也可采用隔行或隔桩跳打的办法施工。

3. 由外向里法

这种施工顺序也称帷幕法，特别适合于地基强度较低的大面积满堂布桩的工程。施工时先将布桩区四周的外围 2～3 排桩完成，内层采用隔一圈成一圈的跳打办法，逐渐向中心区收缩。外围完成的桩可限制内圈成桩时土的挤出，加固效果良好，并且节省填料。采用此施工法可使桩布置的稀疏一些。

三、施工方法与工艺

振冲施工法按填料方法的不同,可分为以下几种:

1.间接填料法

成孔后把振冲器提出孔口,直接往孔内倒入一批填料,然后再下降振冲器使填料振密,每次填料都这样反复进行,直到全孔结束。间接填料法的施工步骤是:

(1)振冲器对准桩位;

(2)振冲成孔;

(3)将振冲器提出孔口,向桩孔内填料(每次填料的高度限制在0.8~1.0m);

(4)将振冲器再次放入孔内,将填料振实;

(5)重复步骤(3)、(4),直到整根桩制作完毕。

2.连续填料法

连续填料法是将间断填料法中的填料和振密合并为一步来做,即一边缓慢提升振冲器(不提出孔口),一边向孔中填料。连续填料法的成桩步骤是:

(1)振冲器对准桩位;

(2)振冲成孔;

(3)振冲器在孔底留振;

(4)从孔口不断填料,边填边振,直至密实;

(5)上提振冲器(上提距离约为振冲器锥头的长度,即约为0.3~0.5m)继续振密、填料,直至密实;

(6)重复步骤(5),直到整根桩制作完毕。

3.综合填料法

综合填料法相当于前两种填料施工法的组合。该种施工方法是第一次填料、振密过程采用的是间断填料法,即成孔后将振冲器提出孔口,填一次料后,然后下降振冲器,使填料振密,之后,就采用连续填料法,即第一批填料后,振冲器不提出孔口,只是边填边振。综合填料法的施工步骤为:

(1)振冲器对准桩位;

(2)振冲成孔;

(3)将振冲器提出孔口,向桩孔内填料(填料高度在0.8~1.0m);

(4)将振冲器再次放入孔内,将石料压入桩底振密;

(5)连续不断地向孔内填料,边填边振,达到密实后,将振冲器缓慢上提,继续振冲,达到密实后,再向上提。如此反复操作,直到整根桩制作完毕。

4.先护壁后制桩法

这种制桩法适用于软土层施工。在成孔时,不要一下子到达深度,而是先到达软土层上部范围内,将振冲器提出孔口,加一批填料,然后下沉振冲器,将这批填料挤入孔壁,这样就可把这段软土层的孔壁加强,以防塌孔。然后使振冲器下降到下一段软土层中,用同样的方法填料护壁。如此反复进行,直到设计深度。孔壁护好后,就可按前述三种方法中的任意一种进行填料制桩了。

5.不加填料法

对于疏松的中粗砂地基，由于振冲器提升后孔壁极易坍塌，可利用中粗砂本身的塌落代替外加填料，自由填满下面的孔洞，从而可以不加填料就可以振密。这种施工方法特别适用于处理人工回填或吹填的大面积砂层。该法的施工步骤如下：

(1)振冲器对准桩位；

(2)振冲成孔；

(3)振冲器达到设计深度后，在孔底不停振冲；

(4)利用振冲器的强力振动和喷水，使孔内振冲器周围和上部砂土逐步塌陷，并被振密；

(5)上提一次振冲器(每次上提高度0.3～0.5m)，保持连续不停地振冲；

(6)按上述步骤(4)、(5)反复，由下而上逐段振密，直至桩顶设计高程。

四、施工步骤及其注意事项

(1)振冲定位

吊机起吊振冲器对准桩位(误差应小于10cm)，开启供水泵，水压可用400～600kPa、水量可用200～400L/min，待振冲器下端喷水口出水后，开通电源，启动振冲器，检查水压、电压和振冲器的空载电流是否正常。

(2)振冲成孔

启动施工车或吊车的卷扬机下放振冲器，使其以1～2m/min的速度徐徐贯入土中。造孔的过程应保持振冲器呈悬垂状态，以保证垂直成孔。注意在振冲器下沉过程中的电流值不得超过电机的额定电流值，万一超过，需减速下沉或暂停下沉或向上提升一段距离，借助于高压水松动土层后，电流值下降到电机的额定电流以内时再进行下沉。在开孔过程中，要记录振冲器各深度的电流值和时间。电流值的变化能定性地反映出土的强度变化，若孔口不返水，应加大供水量，并记录造孔的电流值、造孔的速度及返水的情况。

(3)留振时间和上拔速度

当振冲达到设计深度后，对振冲密实法，可在这一深度上留振30s，将水压和水量降至孔口有一定量回水但无大量细小颗粒带走的程度。如遇中部硬夹层，应适当通孔，每深入1m应停留扩孔5～10s，达到深度后，振冲器再往返1～2次进行扩孔。对连续填料法振冲器留在孔底以上30～50cm处准备填料；间断填料法可将振冲器提出孔口，提升速度可在5～6m/min。对振冲置换法，成孔后要留有一定的时间清孔。

(4)清孔

成孔后，若返水中含泥量较高或孔口被泥淤堵以及孔中有强度较高的黏性土，导致成孔直径小时，一般需清孔。即把振冲器提出孔口，然后重复步骤(2)、(3)1～2遍，借助于循环水使孔内泥浆变稀，清除孔内泥土，保证填料畅通，最后，将振冲器停留在加固深度以上30～50cm处准备填料。

(5)填料

采用连续填料法施工时，振冲器成孔后应停留在设计加固深度以上30～50cm处，向孔内不断填料，并在整个制桩过程中石料均处于满孔状态；采用间断填料时，应将振冲器提出孔口，每往孔内倒0.15～0.50m^{3}石料，振冲器下降至填料中振捣一次。如此反复，直到制桩完成。

(6)制桩结束

制桩加固至桩顶设计高程以上 0.5～1.0m 时,先停止振冲器运转,再停止供水泵,这样一根桩就完成了。

五、表层处理

在全部桩施工完毕后,由于桩顶约 1.0m 范围内的桩身质量不易保证,一般情况下对振冲密实法加固砂土地基,进行表层处理即可做基础。对振冲置换法加固黏性土地基,除需进行表层处理外,常在桩顶和基础之间做 30～50cm 厚的碎石垫层。

第六节　碎石桩加固地基的工程实例

一、振冲碎石桩加固城市防洪堤地基

浙江省临海市城市防洪一期工程灵江江北防洪堤一桥至二桥段地基土层较复杂,以粉质黏土、粉土为主,有一深度不均的淤泥层,天然土体孔隙比大,强度低,地基承载力不高,在此地基上建筑抵御五十年一遇洪水标准的防洪堤,必须对地基进行处理。

1.工程地质

灵江一桥至二桥段土体成分较复杂,主要由以下土层组成:

Ⅰ层:杂填土(rQ)。以碎石和建筑垃圾为主,除局部地段外,沿线均有分布,厚度 0～2.4m。

$Ⅱ_1$ 层:粉质黏土($al-mQ_4$):灰黄色～灰色,饱和,软塑,中等压缩性,该层主要分布于桩号(3+420～4+510),顶板高程 3.3～4.0m,厚度 0～2.1m。

$Ⅱ_2$ 层:粉质黏土、粉土互层($al-mQ_4$)。灰黄色～灰色,饱和。粉质黏土,软塑～可塑;粉土,稍密,中等压缩性。该层主要分布于桩号(2+480～3+640),顶板高程 2.3～5.0,厚度 0～3.4m。

$Ⅲ_2$ 层:淤泥质黏土、粉土互层(mQ_4)。青灰色,饱和。淤泥质黏土,软塑～流塑,粉土,稍密,高压缩性,局部粉土含量较高。该层主要分布于桩号(2+880～4+510),顶板高程 0.9～2.0m,厚度 0～6.5m。

$Ⅲ_3$ 层:淤泥夹砂、砾石($al-mQ_4$)。青灰色,饱和。淤泥,流塑。高压缩性。该层土性混杂,砂、砾石含量及分布极为不均,局部含量较高,砾石直径一般为 2～8cm,个别可达 15～20cm 以上,顶板高程 -4.7～2.3m,厚度 0～7.65m。

$Ⅲ_{sil}$层:淤泥(mQ_4)。青灰色,饱和,流塑,高压缩性,含有机质。该层沿堤基从上游至下游厚度增大,顶板高程 -9.4～4.4m,厚度 0.7～9.4m。

$Ⅲ_{sgr}$层:含砾砂($al-mQ_4$)。灰黄色～灰色,稍密～中密,中等压缩性,该层呈透镜体状分布于 $Ⅲ_3$ 和 $Ⅲ_{sil}$层中,厚度 0～5.35m。

Ⅴ层砂砾卵石($al-mQ_4$)。灰黄色～灰色,稍密～中密,中等压缩性～低压缩性。顶板高程 -15.9～-10.55m。

各土层的物理力学指标见表 4-6。

表 4-6 **土层物理力学参数**

土层名称	w (%)	γ (kN/m³)	e	w_L (%)	w_P (%)	α_v (MPa⁻¹)	E_s (MPa)	C_{cu} (kPa)	φ_{cu} (°)	f_k (kPa)
杂填土										110
粉质黏土	26.8	19.7	0.76	29.0	18.2	0.29	6.0	20	22	140
粉质黏土、粉土互层	36.3	18.3	1.02			0.39	5.3	20	22	90～100
淤泥	57.6	16.7	1.60	51.2	27.1	1.36	1.9	6	12	55
含砾砂		19.5								130～140
淤泥质黏土粉土互层	39.4	18.0	1.10			0.73	3.3	7	20	80～90
淤泥夹砂、砾石		18.5						10	31	90～100
砂砾卵石层		20.5								250～300

2. 地基处理方案研究

根据防洪堤地基土体特性，工程设计单位拟出了三种地基处理方案。A 方案上部结构均为框架式，堤顶宽度为 6m，防洪堤基础底板宽 9m，需做地基处理；B 方案底板宽 10m，不做地基处理；C 方案上部结构为框架式，堤顶宽度为 6m，底板宽 11m，不做桩基处理。A 方案的底板(厚 0.8m)下设长 16m 的钢筋(ϕ600)混凝土(C25)钻孔灌注桩。在地形较狭窄的局部区段采用 A 方案，可以达到减少征地，确保防洪堤安全稳定的目的，但此方案所需费用较高。

为了论证地基处理方案的可行性，设计方运用改进毕肖普计算方法对上述处理方案的防洪堤稳定性做了计算分析。为了使计算结果符合实际情况，设计方研究了不同浸泡时间下土体强度的变化情况，以及波浪和潮汐作用对土体强度的影响，并将这些研究成果应用于防洪堤稳定分析及地基处理设计研究中。

计算时考虑设计洪水位为 10m，选用三轴固结不排水强度，高程 6m 以上的土体按不同浸泡时间相应折减土体强度。考虑波浪和潮汐作用，土体的强度的变化可以按式(4-24)计算：

$$\frac{(C_u)_{cyclic}}{(C_u)_{NC}}=\frac{1}{\alpha+(1-\alpha)OCR_{eq}} \tag{4-24}$$

式中：$(C_u)_{NC}$为土体的三轴不排水强度；$(C_u)_{cyclic}$为土体经受循环荷载作用后的三轴不排水强度；OCR_{eq}为土体的等效超固结比(经受循环荷载作用的土体呈现出类似超固结土体的一些性质，通常用等效超固结比来描述)；α 为土体参数，参照上海地区取值情况，临海城市防洪工程中的 II_2 土层取 0.72。

综合考虑洪水浸泡和波浪(潮汐)动水荷载作用下防洪堤的稳定情况如表 4-7 所示，滑动面情况见图 4-2。

表 4-7 **不同方案情况下防洪堤稳定情况**

设计方案	浸泡时间(h)	滑弧圆心坐标(m)	滑弧半径(m)	安全系数(F_s)
A	0	9.611, −5.631	14.231	1.215
	120	9.425, −5.693	14.291	1.201
B	0	7.308, −4.118	12.252	1.262
	120	7.198, −4.067	12.264	1.251
C	0	8.083, −5.081	13.640	1.330
	120	8.749, −6.011	14.562	1.315

由表 4-7 可知，综合考虑洪水浸泡、波浪和潮汐作用后防洪堤的安全系数不高，不能满足规范要求，故应采取加固措施。

通过对防洪堤地基特点的分析研究，决定采用振冲碎石桩加固地基，以加速土体的固结，提高地基承载力，减小沉降。同时利用提高土体的抗剪强度，从而增强防洪堤抗滑稳定性。

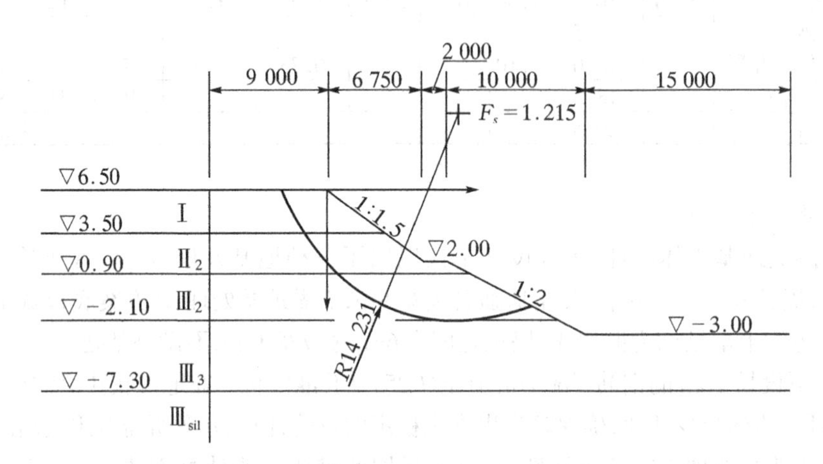

图 4-2　A 方案抗滑稳定计算示意图(长度单位：mm)

3. 地基处理设计

(1)桩径

根据复合地基承载力计算，若采用 600mm 桩径，置换率为 0.125 6，复合地基承载力为 117kPa，较低；改用 800mm 桩径，置换率达到 0.223 3，复合地基承载力为 160kPa，能满足要求，故地基处理设计中应采用 800mm 桩径的碎石桩。

(2)桩长设计

根据设计原则，当地基中软土层厚度不大时，桩的长度根据软土层的厚度确定，应穿透软土层至较好土层；当软土层厚度较大时，对于按稳定性控制的建筑物来说，桩的长度应不小于最危险滑动面的深度。根据防洪堤的稳定分析结果(见图 4-2)，最危险滑动面深度不超过Ⅲ$_2$层，原设计桩长为 10m，但此时下卧层沉降较大，为 15.9cm，总沉降量为 23.46cm，数值较大。考虑到 16m 以下即为砂砾石层(持力层)，故设计桩长为 16m，这样地基总的沉降为 14.35cm，为原总沉降的 80%。

(3)桩间距设计

桩间距 d 为：$d=(1.5\sim3)D$，D 为桩直径。对于桩径为 800mm 的碎石桩，取桩间距为 1.5m。

(4)桩平面布置

桩平面布置形状有三角形和正方形，本设计中碎石桩布置为正三角形。

(5)复合地基稳定分析

进行复合地基稳定计算时，复合土体综合强度指标可采用面积比法计算。复合土体凝聚力和内摩擦角可用下式表示：

$$C_c = C_s(1-m) + mC_p \tag{4-25}$$

$$\tan\varphi_c = \tan\varphi_s(1-m) + m\tan\varphi_p \tag{4-26}$$

式中：下标 c 表示复合土体，s 表示桩间土，p 表示桩体；m 为置换率。

运用复合地基土体的强度指标对方案 A、B、C 分别进行稳定计算，计算结果见表 4-8。由表 4-8 可知，地基处理后的防洪堤稳定安全系数能满足设计要求，需要说明的是表 4-8 中安全系数计算时运用了三轴固结不排水强度指标，并考虑了土体浸泡后强度的降低及波浪（潮汐）动水荷载引起土体强度的降低。

表 4-8 **振冲碎石桩加固地基后防洪堤稳定计算情况**

设计方案	浸泡时间(h)	滑弧圆心(m)	滑弧半径(m)	安全系数(F_s)
A	0	9.280, −5.180	13.774	1.355
	120	9.127, −4.971	13.516	1.345
B	0	7.668, −3.840	11.838	1.403
	120	7.508, −3.914	12.040	1.388
C	0	8.469, −4.656	13.124	1.484
	120	8.309, −4.582	12.985	1.469

(6)复合地基承载力计算

碎石桩长 16m，正三角形布置，桩径 800mm。

桩截面积：$A = \frac{\pi}{4}(0.8)^2 = 0.5(\mathrm{m}^2)$

置换率：$m = \frac{0.5}{1.5\times1.5} = 0.223\,3$

$\lambda = \sqrt{\frac{1}{m}} = 2.116\,2$

碎石桩内摩擦角 φ_p 取 38°，则 $\tan\delta_p = \tan(45° + \varphi_p/2) = \tan64° = 2.05°$

设复合地基的极限承载力为 P_f，桩的极限承载力为 P_{pf}，以下分别采用两种方法计算复合地基的极限承载力。

①按《复合地基》中盛崇文(1980)提出的满堂碎石桩情况下复合地基极限承载力计算公式，则有

$$\frac{P_{pf}}{C_u} = \frac{(\lambda+1)}{2}\left(\frac{\delta_s}{C_u} + \frac{\lambda-1}{2\tan\delta_p} + \frac{2\tan\delta_p}{\lambda-1}\right)\tan^2\delta_p$$

$$= 1.558\,1(3 + 0.272\,2 + 3.673\,2)2.05^2 = 45.48$$

$$\frac{P_f}{C_u} = \frac{P_{pf}}{C_u}m + \frac{\delta_s}{C_u}(1-m) = 45.48\times0.223\,3 + 3(1-0.223\,3) = 12.49$$

$$P_f = 12.49\times14 = 175(\mathrm{kPa})$$

式中：δ_s 为桩间土上作用荷载密度；δ_s/C_u 一般取 2～3，视容许变形而定，变形要求高时取 3。

②以面积为权重，按加权平均法计算复合地基承载力，则

$$P_f = mP_{pf} + (1-m)P_{sf} = 0.223\,3\times350 + (1-0.223\,3)\times105 = 160(\mathrm{kPa})$$

综合上述研究，复合地基承载力在 160～175kPa 之间，满足要求。

二、振冲碎石桩用于穿堤涵闸地基处理

1. 工程概况

引黄入卫工程临清立交穿卫枢纽由右堤外明渠、穿右堤涵闸、右滩明渠、主槽倒虹吸、左滩明渠和穿左滩明渠共六部分组成，工程沿线总长 1 613.00m。枢纽设计输水量为 75m^3/s。

穿左、右堤涵闸由进、出口半重力式八字翼墙、三孔一联的整体箱涵洞身和闸室组成，沿线全长均为 105.00m。穿左、右堤涵闸在枢纽中的布置、结构设计及工程地质情况基本相同，因此，仅以穿右堤涵闸为例说明地基处理设计。穿右堤涵闸的布置简图见图 4-3。

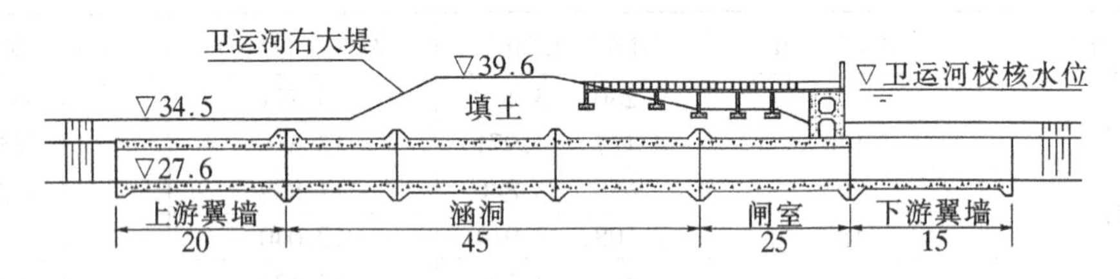

图 4-3 穿右堤涵闸布置简图(图中长度单位:m)

根据穿右堤涵闸的结构布置，进出口八字翼墙和闸室段在各种荷载组合情况下的平均基底压力为 120～140kPa，最大基底压力为 173kPa，最大基底压力不均匀系数为 2.7。

2. 工程地质条件

穿右堤涵闸位于卫运河右大堤上，堤顶高程为 39.60m，堤顶宽度为 8.0m，大堤内侧边坡为 1∶1.5，外侧边坡为 1∶2.0，堤底宽度约为 50.0m。高程 31.9m 以上为填筑土，由壤土、砂壤土混杂而成，较密实，校正后标贯击数为 16～25 击。下部为Ⅰ—3 层粉砂，校正后标贯击数为 9.7～11.2 击，该层底板高程约为 23.0m，涵闸即坐落于该层中下部。粉砂以下依次为Ⅱ—1 层黏土，Ⅱ—2 层砂壤土，Ⅱ—3 层黏土，Ⅱ—4 层砂壤土，Ⅱ—5 层壤土等。各土层分布稳定，厚度均一，结构较密实，其物理力学指标见表 4-9。

表 4-9 **穿右堤涵闸地基土物理力学指标**

地层代号	岩性	层底高程(m)	密度(kN/m^3)		抗剪强度		压缩指标		孔隙比	允许承载力(MPa)	渗透系数 K(cm/s)
			天然	干	C(kPa)	φ(°)	α_{1-2}(MPa)	E_{01-2}(MPa)			
Ⅰ—1	砂壤土	29.87～30.84	14.0	13.2			0.18	11	1.00	0.12	$\alpha\times10^{-4}$
Ⅰ—3	粉砂	22.87～23.44	18.4	15.4	0	25	0.15	13	0.72	0.12	$\alpha\times10^{-3}$
Ⅱ—1	黏土	20.34～21.15	19.0	14.3	20	10	0.33	6	0.91	0.12	$\alpha\times10^{-6}$
Ⅱ—2	砂壤土	19.24～20.05	19.6	15.3	0	23	0.18	11	0.73	0.12	$\alpha\times10^{-4}$
Ⅱ—3	黏土	17.99～19.15	19.7	15.8	20	10	0.33	6	0.71	0.14	$\alpha\times10^{-6}$
Ⅱ—4	砂壤土	17.69～18.35	20.0	16.5	0	23	0.18	11	0.63	0.16	$\alpha\times10^{-4}$
Ⅱ—5	壤土	15.94～15.99	19.5	15.2	10	12	0.28	7	0.78	0.18	$\alpha\times10^{-5}$

3. 地基处理设计

从地基土的物理力学指标可以看出,地基土的承载力和压缩性均不能满足建筑物安全运用的要求,为提高地基承载力,减小地基沉降和不均匀沉陷,必须对地基进行处理。根据建筑物基底压力计算成果和各建筑物的运行特点确定地基处理范围为涵闸闸室基础和进出口翼墙基础,参见图 4-4。

根据工程实际情况,地基处理设计中重点比较了换土垫层法和振冲碎石桩法两种地基处理方法。经分析计算,若采用置换粗砂或碎石垫层,垫层厚度至少需 2.0m,所需垫层料较多,因砂或碎石只能从外地购买,且需要大面积的开挖铺填工作量,势必造成施工费用增加和工期延长,因此推荐采用振冲碎石桩加固地基。

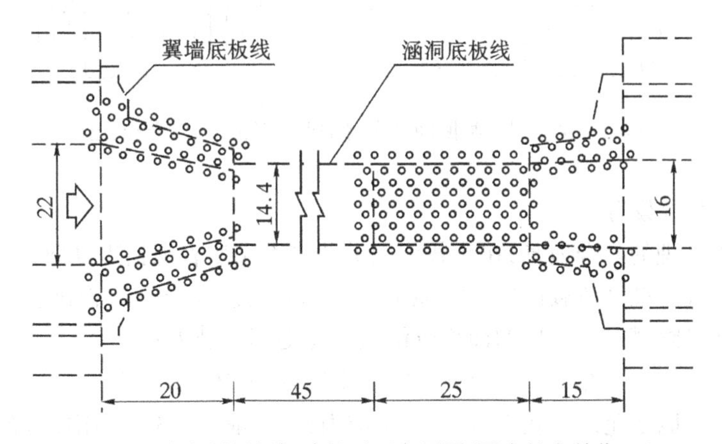

图 4-4　穿右堤涵闸振冲桩平面布置图(图中长度单位:m)

(1) 桩径和桩间距

根据国内常用振冲施工机具和施工经验,假定碎石桩成桩桩径为 0.8m,为获得最大的重叠加密效果,碎石桩按等边三角形布置。

根据设计要求,穿右堤涵闸地基处理按 7 度地震设计,要求地基粉砂孔隙比由 $e_0=0.72$ 降到 $e_1\leqslant 0.6$,相对密度 D_r 由 0.6 提高到 0.75 以上,近似取填料振冲后桩身孔隙比 $e_p=e_0$,则每立方米地基要求填料量 V_i 为:

$$V_i=\frac{(1+e_p)(e_0-e_1)}{(1+e_0)(1+e_1)}=0.075(\mathrm{m}^3/\mathrm{m}^3)$$

参考官厅水库坝基细砂层现场振冲试验成果(孔深 3m,每孔填料且约 $1\mathrm{m}^3$),考虑拟定的桩径和粉砂孔隙比,设单桩单位桩长所需填料量 V_p 为 $0.45\mathrm{m}^3/\mathrm{m}$,则桩间距 d 可按下式求得:

$$d=1.075\sqrt{V_p/V_i}=2.63(\mathrm{m})$$

桩间距 d 实际取为 2.5m,桩孔平面布置见图 4-4。

(2) 桩孔深度

据国内外文献资料介绍,若是为提高承载力,减小沉降量,孔深不需太深,一般不超过 8m,这是因为绝大多数砂土的强度随深度很快增加,压缩性很快减小,国内已施工的工程孔深一般为6～8m。

对于国内常用振冲器如ICQ-Ⅱ型振冲器，当加固深度超过10m时，工效往往大为降低。技术、经济上不合算。

穿右堤涵闸下粉砂层层底高程为22.87～23.44m，其下为黏土层，层底高程为20.34～21.15m，黏土层厚为1.8～3.1m。综合上述各种因素和对地基处理的要求，确定将碎石桩打入粉砂层下的黏土层约1m，因此桩深约为5.1m，见图4-5。

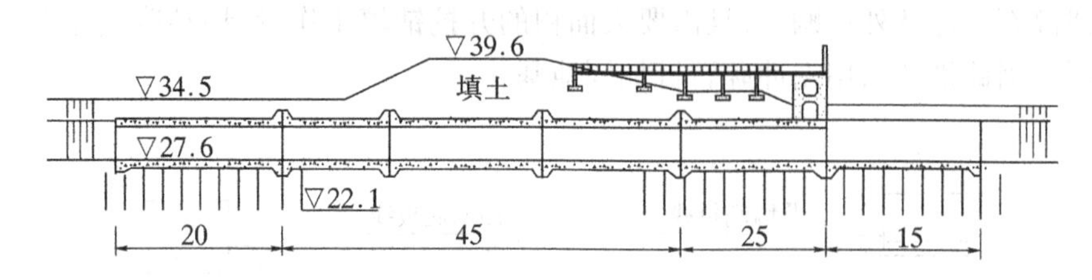

图4-5 穿右堤涵闸振冲桩布置剖面图(图中长度单位:m)

(3) 复合地基承载力

采用碎石桩处理的复合地基，在荷载作用下的应力应变表现相当复杂，一般在加固后的地基土上做大型或小型静荷载试验确定地基允许承载力。在没有取得试验资料前，本工程采用的是南京水科院盛崇文提出的面积分配法估算地基承载力：

$$[R_{sp}]=[1+(n-1)m][R_s]=0.165(\text{MPa})$$

式中：$[R_{sp}]$为复合地基允许承载力；n为桩土应力比，一般$n=3\sim6$，刚度好的基础取大值，刚度差的基础取小值，本工程取$n=5$；m为面积置换率，本工程取$m=0.093$；$[R_s]$为原地基土的允许承载力，本工程取$[R_s]=0.12$MPa。

为进一步验算复合地基承载力，采用Wong.H.Y.公式计算单桩允许承载力$[R_p]$：

$$[R_p]=(K_sR_s+2C_uK_s^{1/2})/K_p=0.101(\text{MPa})$$

式中：R_s为作用于地基土表面的垂直压力，取为建筑物最大基底压力0.173Mpa；K_s为地基土的被动土压力系数，$K_s=\tan^2(45°+\varphi_s/2)$，由表4-9知$\varphi_s=25°$；$C_u$为地基土的内聚力，由表4-9知$C_u=0$；$K_p$为桩体的被动土压力系数，$K_p=\tan^2(45°+\varphi_p/2)$，$\varphi_p$为桩体的内摩擦角(°)，对于碎石桩$\varphi_p=35°\sim45°$，多数采用38°。

则复合地基允许承载力$[R_{sp}]$为

$$[R_{sp}]=[R_p]m+R_s(1-m)=0.166(\text{MPa})$$

两种方法求得的地基承载力非常接近，能够满足设计对承载力的要求。

(4) 复合地基沉降量

穿右堤涵闸下各层土分布比较均匀，属中压缩性土层，在受力比较均匀的情况下，不会发生不均匀沉降和沉降量过大问题，特别对主要压缩层为粉砂时，地基沉降量在施工期间可认为基本完成。为评估振冲处理效果，有必要对沉降量进行估算。

若对地基土不做处理，涵洞闸室在设计荷载作用下，采用分层总和法计算最终沉降量，求得压缩层即为粉砂层，最终沉降量经修正后为15.8mm。地基经过振冲处理后，地基沉降量由复合地基沉降量及其下卧压缩土层沉降量组成，复合地基中碎石桩的变形模量远比其周围土层的变形模量大，所以大部分荷载由碎石桩承担，桩间土面上的压力减小，另外由于荷载经复合地基的扩散传播，使振冲桩底部附加应力降低，从而可有效减小地基沉降量。

复合地基沉降量采用下式计算：

$$S_p = \frac{1-m}{1+(n-1)m} S = 10(\text{mm})$$

式中：S_p 为复合地基沉降量；S 为原地基沉降量。

此值与寿白（Thorburn）总结现场实测沉降经验提出在允许荷载作用下，碎石桩顶部的垂直变形一般为 5～9mm 的值基本相近。因为碎石桩已穿过粉砂层，复合地基沉降量即认为是最终沉降量。

4.主要施工技术要求

为有效控制施工质量，提高振冲桩加固效果，参考国内砂基振冲桩施工经验，制定了以下主要施工技术要求。

（1）填料

每一桩孔的填料量及压实好坏主要取决于填料的颗粒级配、投料入孔的速度以及回水上升速率，其中填料的颗粒级配尤为重要。Brown(1977)提出用“适宜数”判别填料级配的合适程度，填料级配适宜指数 S_n 按下式计算

$$S_n = 1.74\sqrt{\frac{3}{D_{50}^2} + \frac{1}{D_{20}^2} + \frac{1}{D_{10}^2}}$$

式中：D_{50}、D_{20}、D_{10}分别为颗粒级配曲线上对应 50%、20%、10%的颗粒直径（mm）。Brown 建议 S_n 不宜大于 20。

填料选用人工碎石，粒径为 2～5cm，碎屑及含泥量不超过 5%。

（2）施工程序

本工程加密处理范围较大，为更有效地提高处理后地基的密实度，施工程序要求采用推赶法和单元划分法相结合，工作场面由进口段向出口段推进，各段又分成若干单元，每个单元特别是闸室地基单元应先施工外圈振冲桩，然后采用隔一排振冲一排的办法。振冲桩顶部 1m 左右的加密效果一般较差，因此要求基坑挖到设计高程以上 0.6m 时开始施工振冲桩，待振冲桩全部施工完后再开挖至设计高程并压实。

（3）主要技术参数

振冲加密施工首先将振冲器下沉至设计高程，然后上提一定距离，投料并留振一定时间，连续投料，振密直至完成整孔加密，因此需确定诸如造孔水压、贯入速度、成桩水压、密实电流、留振时间、上提高度、填料量等施工技术参数。参考国内同类地基施工经验，为指导试验导桩以确定具体施工技术参数，提出了如下技术控制参数：造孔水压 0.4～0.6MPa；贯入速度 0.5～1.0m/min；成桩水压 0.15～0.3MPa；密实电流 50A；留振时间 30～60s；上提高度 0.3～0.5m；成桩直径≥80cm。

第五章 深层搅拌法

第一节 概 述

一、深层搅拌法的发展概况

深层搅拌法是用于加固饱和软土地基的一种较新的方法。它是利用水泥、石灰等材料作为固化剂,通过特制的深层搅拌机械边钻进边往软土中喷射浆液或雾状粉体,在地基深处就地将软土和固化剂(浆液或粉体)强制搅拌,使喷入软土中的固化剂与软土充分拌合在一起,由固化剂和软土之间所产生的一系列物理—化学作用,形成抗压强度比天然土强度高得多,并具有整体性、水稳性的水泥加固土桩柱体,由若干根这类加固土桩柱体和桩间土构成复合地基。另外根据需要,也可将深层搅拌桩柱体逐根紧密排列构成地下连续墙或作为防水帷幕。

所谓"深层"搅拌法是相对"浅层"搅拌法而言的。20 世纪 20 年代,美国及西欧国家在软土地区修建公路和堤坝时,经常采用一种"水泥土"(或石灰土)作为路基或坝基。这种水泥土(或石灰土)是按照地基加固所需的范围,从地表挖取 0.6～1.0m 深的软土,在附近用机械或人工拌入水泥或石灰,然后放回原处压实,这就是最初的软土的浅层搅拌加固法。这种加固软土的方法深度一般小于 1～3m。后来随着加固技术的发展,浅层搅拌法逐步发展成在含水量高的软土地基中原位进行加固处理,搅拌翼做成复轴,喷嘴一边喷出水泥乳状物等固化材料,一边向下移动,并缓慢向前推进。处理深度一般为 3～4m,对于处理深度小于 2m 的就称为表层处理,是从路基稳定方法中发展而来的,即先在软土中散布石灰或水泥等粉体固结材料,再将其卷入土中混合搅拌,而深层搅拌法用特制的搅拌机械,一般能使加固深度都大于 5m,国外最大加固深度可达 60m,国内最大加固深度已达 30m。根据我国目前搅拌桩机械制造水平,为确保防渗体的连续性,作为防渗用的搅拌桩深度不宜大于 15m。

深层搅拌技术最初是美国在第二次世界大战后研制成功的,当时的水泥土桩桩径为 0.3～0.4m,桩长达 10～12m。20 世纪 50 年代,该项技术传入日本后得到了较快的发展,既有喷水泥浆搅拌法(湿喷法),又有喷石灰粉搅拌法(干喷法)。既有单轴搅拌机,又有多轴搅拌机。到 20 世纪 70 年代的时候,日本的深层搅拌加固深度已达到 32m,单柱直径 1.25m。

20 世纪 70 年代末我国开始深层搅拌技术的引进、消化和开发工作。多家科研、设计、制造单位根据我国国情,开发出价格低、机型轻便的成套深层搅拌施工设备。近 10 年来,深层搅拌加固技术在我国发展迅速,公路、铁路的路基加固,水利、市政、港航建筑物地基加固和房屋建筑地基及深基坑开挖中的支挡防渗工程都广泛采用深层搅拌技术。1998 年发生特大洪水后,全国范围内开展堤防、水库除险加固。深层搅拌法费用低、施工快,因而大规模用于建造堤防、土坝工程防渗墙，深层搅拌技术因此得到了空前的普及。

国内水利工程中多采用双轴搅拌机（如图 5-1）和单轴搅拌机（如图 5-2）建造水泥土搅拌桩。图 5-1 中 SJB-1 型搅拌机加固的水泥土搅拌桩的截面呈“8”字形，其面积为 0.71m²，周长为3.35m。图 5-2 中的 GZB-600 型搅拌机的成桩直径为 ϕ600mm。

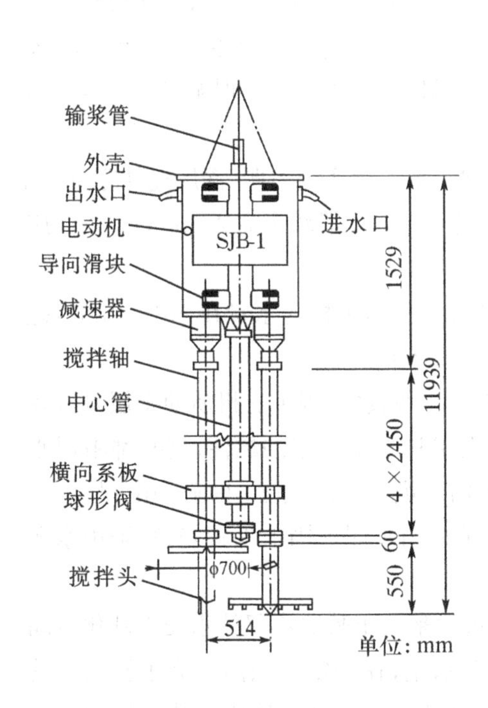

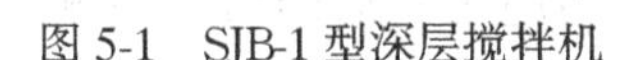

图 5-1　SJB-1 型深层搅拌机

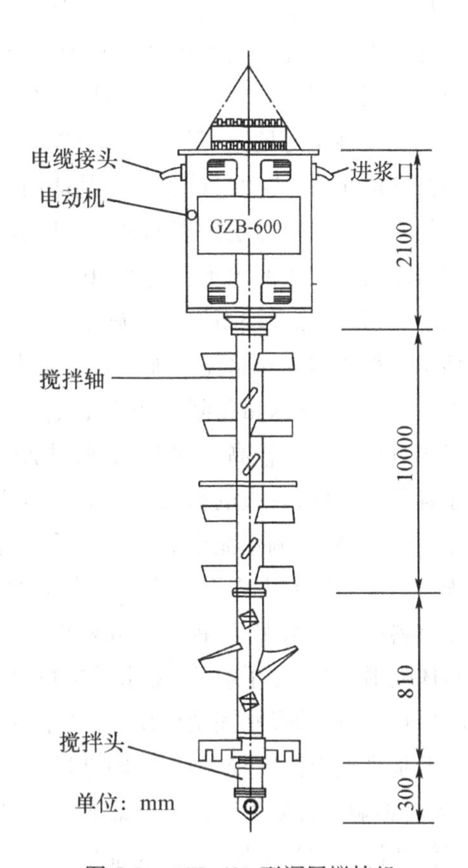

图 5-2　GZB-600 型深层搅拌机

二、深层搅拌法的特点及适用性

深层搅拌法用于地基处理，具有以下特点：

（1）既可用于形成复合地基，提高承载力，减小地基变形；也可用于形成防渗帷幕，减小渗漏、防止渗透变形。

（2）既可采用湿喷法（即喷水泥浆）施工，也可采用干喷法（即喷水泥粉或石灰粉）施工。

（3）深层搅拌法由于将固化剂和原地基软土就地搅拌混合，因而最大限度地利用了原土，无需开采原材料，大量节约资源。

（4）可以自由选择加固材料的喷入量，能适用于多种土质。

（5）除机械挤土的夯实水泥土桩外，其施工工艺震动和噪音很小，减少了对环境和原有建筑物的影响，可在市内密集建筑群中施工。

（6）土体加固后重度基本不变，对软弱下卧层不致产生附加沉降。

(7) 与钢筋混凝土桩基相比，节省了大量的钢材，并降低了造价。

(8) 按上部结构的需要，可灵活地采用桩状、壁状、格栅状和块状等加固形式。

(9) 施工速度快，国产的深层搅拌桩机每台班(8h)可成柱 100～150m。人工成孔夯实水泥土桩速度更快。日本的深层搅拌机每小时可加固土 90m^3 以上。

深层搅拌法最适用于加固各种成因的饱和软黏土。

国外使用深层搅拌法加固的土质有新吹填的超软土、泥炭土和淤泥质土等饱和软土。国内目前采用深层搅拌法加固的土质有淤泥、淤泥质土、地基承载力标准值不大于 120kPa 的黏性土和粉性土等地基(限于当前搅拌机搅拌能力的限制)。当用于处理泥炭土或地下水具有侵蚀性的土时，应通过试验确定其适用性。

大块石(漂石)对深层搅拌的施工速度有很大影响。某工程实测表明，深层搅拌穿过 1m 厚的含大块石的人工回填土层需要 40～60min，而穿过同厚的一般软土需 2～3min。所以应探明大块石，并清除大块石后再行施工。

地基天然含水量对水泥土加固强度有影响。试验证明，当土样含水量在 50%～85% 范围内发生变化时，含水量每降低 10%，强度可提高 30%～50%。

对于有机质含量较高的软土，用水泥加固后的强度一般较低，因为有机质使土层具有较大的水容量和塑性，较大的膨胀性和低渗透性，并使土层具有了一定的酸性，这些都阻碍水泥的水化反应，故影响水泥土的强度增长。对于由生活垃圾组成的填土，不应采用深层搅拌法加固。一般当地基土中有机质含量大于 1% 时，单纯采用水泥加固效果较差，宜采用水泥系固化材料或特种水泥，以提高加固效果。

粉体喷射搅拌(即干喷法)由水泥浆喷射搅拌改进而来。干喷法不仅使水泥土硬化时间短，而且由于干粉的吸水固结作用，降低了桩间土的含水量，在一定范围内提高了桩间土的强度。但是当加固深度较大时，干喷钻进困难，干喷的喷嘴也易堵塞，造成粉喷不均匀或不连续，进而影响成桩质量。例如湖北省嘉鱼县的余码头闸和广东省珠海市的广昌水闸，都建造在淤泥及淤泥质黏土层上，开始都采用干喷法加固地基，但施工完后的质量检测表明，喷粉(水泥粉)均匀性差，成桩质量不满足要求，故该两闸后来都采用湿喷法重新进行地基处理。因此干喷法和湿喷法各有所长、各有其适用范围。一般认为，对于早期强度要求较高、处理深度不太大的工程，譬如桩底为硬土层，建筑物荷载施加较快的工程，比较适合采用干喷法。而对于加固深度大或难以钻进的地基，较适合采用湿喷法。另外，当深层搅拌法用于建造地下防渗墙时，多采用湿喷法，避免采用干喷法，尤其不能采用以石灰为固化剂的干喷法。

第二节　深层搅拌法的加固机理

深层搅拌法是用固化剂(水泥或石灰)和外加剂(石膏或木质素磺酸钙)通过深层搅拌机输入到软土中并加以拌合，固化剂和软土之间产生一系列的物理、化学反应，改变了原状土的结构，使之硬结成具有整体性、水稳性和一定强度的水泥土和石灰土。施工方法不同，采用的固化剂不同，其加固机理也就有所差异。

一、水泥浆喷射深层搅拌加固机理

(1) 水泥的水解和水化反应

普遍硅酸盐水泥的主要成份有氧化钙(CaO)、二氧化硅(SiO_2)、三氧化二铝(Al_2O_3)和三氧化二铁(Fe_2O_3),通常占95%以上,由这些不同的氧化物分别组成了不同的水泥矿物,硅酸二钙、硅酸三钙、铝酸三钙、铁铝酸四钙等。用水泥加固软土时,水泥颗粒表面矿物很快与土中的水发生水解和水化反应,各自反应过程如下:

a) 硅酸三钙($3CaO \cdot SiO_2$):在水泥中含量最高(约占全重的50%),是决定强度的主要因素。

$$2(3CaO \cdot SiO_2) + 6H_2O \longrightarrow 3CaO \cdot 2SiO_2 \cdot 3H_2O + 3Ca(OH)_2$$

b) 硅酸二钙($2CaO \cdot SiO_2$):在水泥中的含量较高(占25%左右),它主要产生后期强度。

$$2(2CaO \cdot SiO_2) + 4H_2O \longrightarrow 3CaO \cdot 2SiO_2 \cdot 3H_2O + Ca(OH)_2$$

c) 铝酸三钙($3CaO \cdot Al_2O_3$):占水泥重量的10%左右,水化速度最快,能促进早凝。

$$3CaO \cdot Al_2O_3 + 6H_2O \longrightarrow 3CaO \cdot Al_2O_3 \cdot 6H_2O$$

d) 铁铝酸四钙($4CaO \cdot Al_2O_3 \cdot Fe_2O_3$):占水泥重量的10%左右,能促进早期强度。

$$4CaO \cdot Al_2O_3 \cdot Fe_2O_3 + 2Ca(OH)_2 + 10H_2O \longrightarrow 3CaO \cdot Al_2O_3 \cdot 6H_2O + 3CaO \cdot Fe_2O_3 \cdot 6H_2O$$

所生成的氢氧化钙、含水硅酸钙能迅速溶于水中,使水泥颗粒表面重新暴露出来,再与水发生反应,这样周围的水溶液就逐渐达到饱和。当溶液达到饱和后,水分子虽然继续深入颗粒内部,但新生成物已不能再溶解,只能以细分散状态的胶体析出,悬浮于溶液中,形成胶体。

(2) 黏土颗粒与水泥水化物的作用

当水泥的各种水化物生成后,有的自身继续硬化,形成水泥石骨架;也有的则与其周围具有一定活性的黏土颗粒发生反应。

a) 离子交换和团粒化作用

黏土中含量最多的二氧化硅(SiO_2)遇水后,形成硅酸胶体微粒,其表面带有钠离子(Na^+)或钾离子(K^+),它们形成的扩散层较厚,土颗粒距离也较大。它们能和水泥水化生成的氢氧化钙($Ca(OH)_2$)中的钙离子(Ca^{++})进行当量吸附交换,这种离子当量交换,使土颗粒表面吸附的钙离子所形成的扩散层减薄,大量较小的土颗粒形成较大的团粒,从而使土体强度提高。

b) 水泥的凝结与硬化

水泥的凝结与硬化是同一过程的不同阶段。凝结标志着水泥浆失去流动性而具有一定的塑性强度;硬化则表示水泥浆固化,使结构建立起一定机械强度的过程。

水泥的水化反应生成了不溶于水的稳定的铝酸钙、硅酸钙及钙黄长石的结晶水化物。这些水化物在水和空气中逐渐硬化,增大了水泥土的强度,而且由于其结构比较致密,水分不易浸入,从而使水泥土有足够的水稳定性。

c) 碳酸化作用

水泥水化物及其游离的氢氧化钙吸收土体中的二氧化碳,反应生成不溶于水的$CaCO_3$,使地基土的分散度降低,而强度及防渗性能增强。

二、水泥粉喷体喷射深层搅拌加固机理

水泥粉体喷射深层搅拌常用的固化剂有水泥粉体、生石灰和消石灰，粉体固化剂与原状土搅拌混合后，使地基土和固化剂发生一系列物理化学反应，生成稳定的水泥土或石灰土。用水泥粉体做固化剂加固软土地基与水泥浆做固化剂加固原理基本相同，只是用水泥粉体做固化剂水化反应热直接在地基土中，使水分蒸发和吸收水分的能力提高。

三、石灰粉体喷射深层加固机理

(1) 石灰的吸水作用

在软弱地基中加入生石灰，它与土中的水分发生化学反应，生成熟石灰：

$$CaO + H_2O = Ca(OH)_2 + 15.6kcal/mol$$

在这一反应中，有相当于生石灰重量的32%的水分被吸收，吸水量越大，桩间土的改善也越好。

(2) 石灰的发热

从上面生石灰吸水生成熟石灰的反应式可看出，伴随该化学反应的是释放大量的反应热，每一摩尔产生15.6kcal的热量。这种热量又促进了水分的蒸发，从而使相当于生石灰重量47%的水蒸发掉。换言之，由生石灰形成熟石灰时，土中总共减少了相当于生石灰重量79%的水分，这有利于降低桩间土的含水量，提高土的强度。

(3) 石灰的吸水膨胀

在生石灰水化消解反应生成熟石灰的过程中，CaO变形$Ca(OH)_2$，在理论上石灰体积增加1～2倍。石灰的膨胀压力使非饱和土挤密，使饱和土排水固结，从而改善土的承载力。

(4) 离子交换作用与土粒的凝聚作用

石灰桩形成后，土中增加了大量的二价阳离子Ca^{++}，它将与黏土颗粒表面吸附着的一价金属阳离子(Na^+、K^+)发生离子交换作用，使土粒表面双电层中的扩散层减薄，降低了土的塑性，增强了地基强度。

(5) 石灰的胶凝作用

由于土的次生矿物质中含有胶质二氧化硅(SiO_2)或氧化铝(Al_2O_3)，它们与石灰发生反应后生成凝胶状的硅酸盐，如硅酸钙水化物($nCaO \cdot SiO_2 \cdot H_2O$)、铝酸钙水化物($4CaO \cdot Al_2O_3 \cdot 13H_2O$)和硅铝酸钙水化物($2CaO \cdot Al_2O_3 \cdot SiO_2 \cdot 6H_2O$)等。这些胶结物均具有较高的强度，可以大大提高桩周土的强度。

第三节　深层搅拌法的桩身材料及物理力学性质

一、桩身材料

如前所述，桩体加固材料主要为固化剂、外加剂和水组成的混合料，固化剂主要为水泥、水泥系固化材料以及石灰。

(1) 水泥

一般情况下可采用普通硅酸盐水泥。但是，对于地下水中存在大量硫酸盐的黏土地区，

应采用大坝水泥或抗硫酸盐水泥。

选用水泥时,除了考虑其抗侵蚀性选用水泥品种以外,还需考虑水泥标号、种类能否满足适应水泥土桩体强度的要求,是否适用于场地的土质。

一般情况下,当水泥土搅拌桩的桩体强度要求大于1.5MPa时,应选用标号在425#以上的水泥;桩体强度要求小于1.5MPa时,可选用325#水泥;当需要水泥土搅拌桩体有较高的早期强度时,宜选用普通硅酸盐水泥和波特兰水泥。

不同种类和标号的水泥用于同一类土中,效果不同;同一种类的标号的水泥用于不同种类的地基土中,加固效果亦不相同。

一般情况下,无论何种土质、何种水泥,水泥土强度均随水泥标号的提高而增大,只是增大的规律有差别。通常水泥标号每提高100号,在同一掺入比时,水泥土强度增大20%～30%。

水泥种类需与被加固土质相适应,在沙类土中不同种类同一标号的水泥其混合体强度变化不大。黏性土中,情况则较为复杂。

核工业部第四勘察院与同济大学在同一种淤泥质粘土($\omega=36.4\%$,$e=1.03$)中选用同一水泥掺入比(21%),对325#矿渣水泥、325#钢渣水泥、425#普通硅酸盐水泥、525#波特兰水泥作为对比试验。结果是325#矿渣水泥和钢渣水泥的水泥土无侧限抗压强度f_{cu}要大于后两者。其原因可能是水泥中的矿渣、钢渣和黏粒水化反应的缘故。

有机质含量较多的土如淤泥等,用上述水泥加固效果不佳;选特种水泥,可以改善加固效果。当使用特种水泥时,因受有机质对土的物理化学性质的影响,其强度发展不同,所以应进行配合比试验以决定采用何种特种水泥及其掺入量。

(2) 水泥系固化材料

水泥系固化材料主要用于采用水泥加固效果不佳的特殊环境下使用,例如腐殖土,孔隙水中CaO、OH^-浓度较小的土,需要抵抗硫酸盐的工程等;有时也为了满足工程使用或施工需要的情况,如促凝、缓凝、早强、提高混合体强度等情况。外加剂的种类繁多,适用的条件也各不相同,必须结合工程实际条件进行室内和现场试验,以确定其各种外加剂的掺入量及其对加固效果的影响。

掺加粉煤灰是公认的措施,粉煤灰可以提高混合体的强度。一般情况下,当掺入与水泥等量的粉煤灰后,强度均比不掺入粉煤灰的提高10%左右,同时也消耗了工业废料,社会效果良好。

在水泥中掺入磷石膏也是很好的措施。水泥磷石膏除了有与水泥相同的胶凝作用外,还能与水泥水化物反应产生大量钙矾石,这些钙矾石一方面因固相体积膨胀填充水泥土部分空隙降低了混合体的孔隙量;另一方面由于其针状或柱状晶体在孔隙中相互交叉,和水泥硅酸钙等一起形成空间结构,因而提高了加固土的强度。试验表明,水泥磷石膏对于大部分软黏土来说是一种经济有效的固化剂,尤其对于单纯用水泥加固效果不好的泥炭土、软黏土效果更佳。它一般可以节省水泥11%～37%。

二、水泥土的物理力学特征

水泥土的许多物理力学特性都与水泥的品种、水泥掺入比(掺入量)和养护龄期有关。其中的水泥掺入比(掺入量)是深层搅拌法中的重要技术参数。

a) 水泥掺入比 α_w(%)

$$\alpha_w = \frac{\text{掺加的水泥重量}}{\text{被加固的软土湿重量}} \times 100\% \tag{5-1}$$

b) 水泥掺入量 α_w

$$\alpha_w = \frac{\text{掺加的水泥重量}}{\text{被加固土的体积}}(\mathrm{kg/m^3}) \tag{5-2}$$

1. 水泥土的物理性质

(1) 容重

由于拌入软土中的水泥浆的容重与软土的容重相近,所以水泥土的容重与天然软土的容重相近,仅比天然软土的容重提高 0.5%~3.0%。但在非饱和的大孔隙土中,水泥固化体的容重要比天然土的容重增加许多。

(2) 含水量

水泥土在凝结与硬化过程中,由于水泥水化等反应,使部分自由水以结晶水的形式固定下来,使水泥土的含水量略低于原土样的含水量。试验结果表明,水泥土含水量比原土样含水量减少 0.5% ~7% ,与水泥的掺入比有关。

(3) 渗透系数

水泥土的渗透系数随水泥掺入比 α_w 的增大和养护龄期的增长而减小,水泥土的渗透系数小于原状土,因而可利用它作为防渗帷幕以阻渗隔水。表 5-1 为水泥加固软黏土时取水泥土桩中的芯样进行渗透试验测出的渗透系数。

表 5-1 **水泥土的渗透系数试验值**

试件原土质	原状土渗透系数(cm/s)	不同水泥掺入比试件渗透系数(cm/s)			
		7%	10%	15%	20%
淤泥质粉质黏土 $\omega=38.5\%$	5.16×10^{-5}	1.01×10^{-5}	7.25×10^{-6}	3.97×10^{-6}	8.92×10^{-7}
淤泥质黏土 $\omega=50.6\%$	2.53×10^{-6}	8.30×10^{-7}	4.83×10^{-7}	2.09×10^{-7}	1.17×10^{-7}

2. 水泥土桩体的力学性质

(1) 桩体的无侧限抗压强度及其影响因素

a) 拟加固土类对强度的影响

不同软土的水泥搅拌加固效果见表 5-2 所示。

表 5-2 的试验结果定性地说明了砂性土固化后,无侧限抗压强度大于黏性土;而含有砂粒的粉土固化后,强度又大于粉质黏土和淤泥质黏土;滨海相沉积的淤泥和淤泥质土,固化后强度大于河川沉积的同类土;湖沼相沉积的泥炭和泥炭化土固化后强度最低。

b) 原状土含水量对强度的影响

水泥土的无侧限抗压强度 f_{cu}随着土样含水量的增加而降低,见表 5-3。一般情况下,土样含水量降低 10% ,则制成的水泥土的强度 f_{cu}可增加 10% ~50% 。

应当注意,对于粉喷桩,土中含水量对水泥土强度的影响不同于浆液搅拌,当土的含水量过低时,水泥水化不充分,水泥土强度反而降低。

表 5-2 **不同成因软土的水泥加固试验结果**

土层成因	土名	土的性质							掺加水泥试验			
		含水量 ω（%）	天然密度 γ(kN/m^3)	孔隙比 e	液性指数 I_l（%）	塑性指数 I_p(%)	压缩系数 $a_{1\text{-}2}$（MPa^{-1}）	无侧限抗压强度 q_u(kPa)	水泥标号	水泥掺量(%)	龄期(d)	水泥土无侧限抗压强度 f_{cu}(kPa)
滨海相沉积	淤泥	50.0	17.3	1.39	1.21	22.8	1.33	24	325	10	90	1096
	淤泥质亚黏土	36.4	18.3	1.03	1.26	10.4	0.64	26	425	8	90	1415
	淤泥质黏土	68.4	15.6	1.80	1.71	21.8	2.05	19	425	14	90	1097
河川沉积	淤泥质亚黏土	47.4	17.4	1.29	1.63	16.0	1.03	28	425	10	120	998
	淤泥质黏土	56.0	16.7	1.31	1.18	21.0	1.47	20	525	10	30	880
湖沼相沉积	泥炭	448.0	10.4	8.06	0.85	341.0		≈0	425	25	90	155
	泥炭化土	58.0	16.3	1.48	0.65	26.0	1.78	15	425	15	90	714

表 5-3　　**含水量与强度的关系**

含水量(%)							
含水量(%)	天然土	47	62	86	106	125	157
	水泥土	44	59	76	91	100	126
f_{cu28}(kPa)		2320	2120	1340	730	470	260

注:表中水泥土的水泥掺入比为 10%。

c) 地基的渗透排水条件对强度的影响

地基的渗透性越大、排水条件越好,水泥土浆中的自由水越容易向周围土中渗透,因而水泥土固结体的强度也就越好。

d) 水泥的掺入比或掺入量对强度的影响

试验表明,水泥土的强度随水泥掺入比的增大而提高,当 α_w 小于 5% 时,水泥与土的反应过弱,水泥土固化程度低,故在水泥土深层搅拌法的实际工程中水泥掺入比宜大于 5%,一般可使用 7%～15%。

e) 水泥标号对强度的影响

从表 5-4 可看出水泥标号对水泥土强度的影响:水泥标号提高 100 号,水泥土的无侧限抗压强度 f_{cu}可增大 50%～90%,如果要求达到的水泥土强度相同,则水泥标号提高 100 号,可降低水泥掺入比 2%～3%。

表 5-4　　**水泥标号对水泥土强度的影响**

水泥掺入比 α_w(%)	水泥标号	无侧限抗压强度 f_{cu90}(MPa)	f_{cu}(525#水泥) / f'_{cu}(425#水泥)
7	425	0.56	1.96
	525	1.096	
10	425	1.124	1.59
	525	1.790	
15	425	2.270	1.54
	525	3.485	

f) 龄期对强度的影响

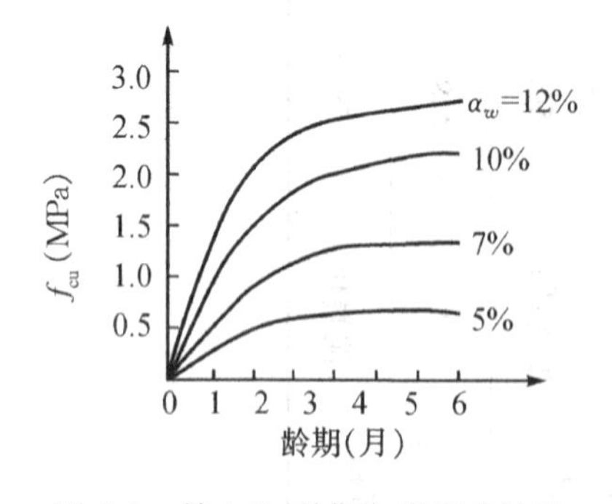

图 5-3　掺入比、龄期与强度的关系

从图 5-3 可以看出,水泥土强度随龄期的延伸而增长,且水泥掺入比越高,强度增长越快。一般情况下,7d 时水泥土强度可达标准强度的 20%～40%(有时可达 30%～50%),28d 后,其强度仍有较明显的增长,一般可达标准强度的 35%～60%,有时 3d 强度可达到标准强度的 60%～75%,90d 为 180d 强度的 80%,而 180d 后,水泥土强度增长仍未终止。根据电子显微镜的观察,水泥土的凝结和硬化需 3 个月才能完成,因此我国的《建筑地基处理技术规范》将 3 个月的强度作为水泥土的标准强度。

(2) 桩体力学性质的不均匀性

深层搅拌桩经常呈现出“软心”现象或“空心”现象，这是因为在粉喷桩施工中钻杆往往在桩中心留下一个孔洞，同时由于喷射压力和离心力的作用，水泥浆或水泥粉向桩周聚集，桩中心的水泥浆或粉体比桩周少得多。因此，在桩体的同一截面上，桩中心部位桩体，其力学性质不及周边附近的桩体。

(3) 室内试样强度与现场强度的关系

室内制样试验所得到的无侧限抗压强度 f_{cul}，与在现场取样试验得来的无侧限抗压强度 f_{cuf}，由于水灰比、拌、养护条件不一样，其差异较大。我国规范规定 $f_{cuf}/f_{cul}=0.35\sim0.5$。但对于粉体搅拌，据统计 $f_{cuf}=(1/3\sim1/5)f_{cul}$。

在日本，水泥土桩体的设计标准强度通常是取现场加固体的无侧限抗压强度的平均值 $\bar{f}_{cuf}$ 乘以某一折减系数，即

$$f_{cu,k}=\gamma_1\bar{f}_{cuf} \tag{5-3}$$

式中：$f_{cu,k}$ 为设计标准强度（MPa）；$\bar{f}_{cuf}$ 为现场加固体试样的无侧限抗压强度的平均值（MPa）；γ_1 为折减系数，海上工程约为 2/3；陆地工程约为 1/2。

我国规范与日本海上工程的折减系数相近。

(4) 桩体的抗拉强度

大量试验表明水泥土的抗拉强度 σ_l 随水泥土的无侧限抗压强度 f_{cu} 的增长而提高，两者之间有幂函数关系

$$\sigma_l=mf_{cu}^n \tag{5-4}$$

式中：m，n 分别为待定的系数和指数，通常 $m=0.07\sim0.40$，$n=0.70\sim0.85$。m、n 的取值与水泥品种及其掺入比、原状土的物理性质等有关，最好通过试验确定。

(5) 水泥土桩体的抗剪强度

水泥土的抗剪强度随无侧限抗压强度的提高而增长。当 $f_{cu}=0.3\sim4.0$MPa 时，其黏聚力 $c=0.1\sim1.0$MPa，一般为 f_{cu} 的 20%～30%，内摩擦角 φ 在 20°～30°之间变化，当 f_{cu} 较大时，φ 的取值较大，c/f_{cu} 比值较大。

(6) 水泥土桩体的变形模量

当垂直应力达 50% 无侧限抗压强度时，水泥土的应力与应变的比值称为水泥土的压缩模量 E_{50}，资料表明 E_{50} 与水泥掺入比有很大关系，随 f_{cu} 的提高而增大。根据试验结果回归，得到 E_{50} 与 f_{cu} 大致呈正比关系，即

$$E_{50}=126f_{cu} \tag{5-5}$$

(7) 水泥土桩体的压缩模量和压缩系数

水泥土桩的压缩系数 a_{1-2} 为 $(2.0\sim3.5)\times10^{-5}\text{kPa}^{-1}$，其相应的压缩模量 $E_s=60\sim100$MPa，小于变形模量，这是因为无侧限抗压时的桩体大多呈脆性破坏，其发生的变形较小的缘故。

第四节　水泥深层搅拌桩复合地基的设计

一、布桩形式的选择

搅拌桩的布置形式关系到加固效果和工程量的大小，取决于工程地质条件、上部结构的

荷载要求以及施工工艺和设备。搅拌桩一般采用柱状、壁状、格栅状和块状四种布桩形式，见图5-4所示。

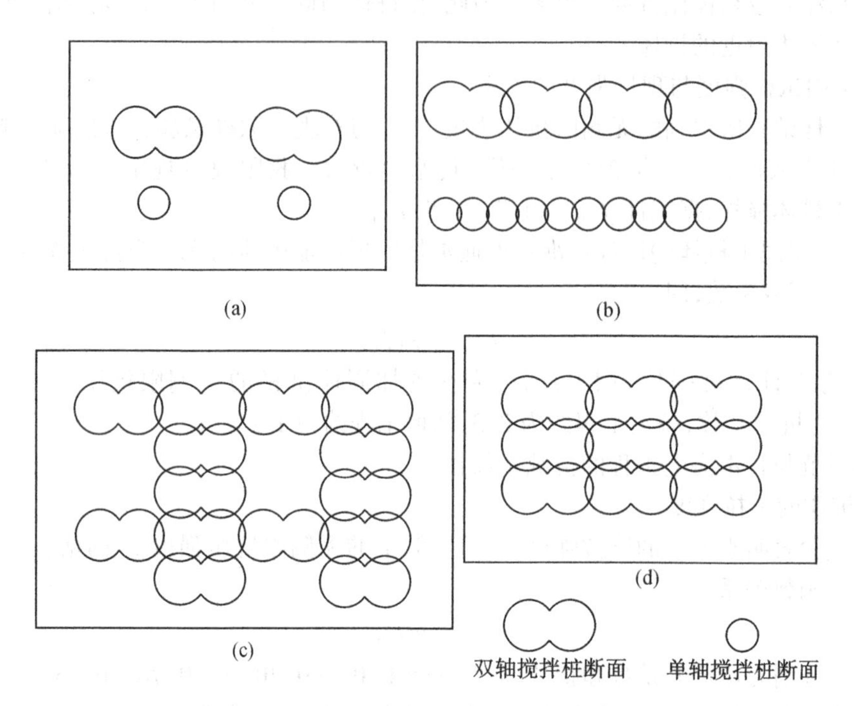

(a)柱状；(b)壁状；(c)格栅状；(d)块状

图5-4　深层搅拌桩的加固形式

1. 柱状

在所要加固的地基范围之内，每间隔一定的间距打设1根搅拌桩，即成为柱状加固形式。适用于加固区表面和桩端土质较好的局部饱和软弱夹层；在深厚的饱和软土地区，对基底压力和结构刚度相对均匀的较大的点式建筑，采用柱状加固形式并适当增大桩长、放大桩距，可以减小群桩效应；一般渡槽、桥梁的独立基础、设备基础、构筑物基础、多层住宅条形基础下的地基加固以及用来防治滑坡的抗滑桩，承受大面积地面荷载等常采用柱状布桩形式。

2. 壁状和格栅状

将相邻搅拌部分重叠搭接即成为壁状或格栅状布桩形式。一般适用于深基坑开挖时软土边坡的围护结构，可防止边坡坍塌和岸壁滑动。在深厚软土地区或土层分布不均匀的场地，上部结构的长宽比或长高比大，刚度小，易产生不均匀沉降的涵管、倒虹吸管等水工建筑物，采用格栅式加固形式使搅拌桩在地下空间形成一个封闭整体，可提高整体刚度，增强抵抗不均匀沉降的能力。

3. 块状

将纵横两个方向相邻的搅拌桩全部重叠搭接即成块状布桩形式，它适用于上部结构单位面积荷载大，不均匀沉降要求较为严格的结构物（如水闸、泵房）的地基处理；另外在软土地区开挖深基坑时，为防止坑底隆起和封底时，也可以采用块状布桩形式。

二、技术要点和措施

1. 当搅拌柱用于加固地基

(1) 搅拌桩按照其强度和刚度是介于刚性桩(如钢筋混凝土预制桩,就地制作的钢筋混凝土灌注桩)和柔性桩(散粒材料桩,如:砂桩、碎石桩等)之间的一种桩形,但其承载性能又和刚性桩相近,因此在设计搅拌桩的加固范围时,可只在上部结构的基础范围内布置,不必像柔性桩那样在基础之外设置围护桩。布桩的形式可为正方形、正三角形、格栅形和壁形等多种形式。

(2) 布桩时摩擦桩必须考虑群桩效应,桩距不宜过小。目前,深层搅拌桩的桩径大多在 ϕ500～700mm。由于基础宽度的限制,常常会给布桩造成困难,多数工程桩距较小。解决这个矛盾的途径:一是采用单轴搅拌,将桩径缩至 ϕ400mm 左右;二是在基础和搅拌柱的桩顶之间设置 300～500mm 厚的粗粒材料垫层(如砂石、碎石、矿渣等)拉开桩距;三是增加桩长,减少桩数,增大桩距。实践证明,采用以上措施是有效的。复合地基中,搅拌桩的桩距不宜小于 $2d$(d 为桩直径)。

(3) 端承短桩宜采用大直径的双轴搅拌桩,或做成壁状、格栅状甚至块状,具体采用什么形式应根据工程要求及地质条件确定。壁状、格栅状形式可以增大地基刚度,减小不均匀沉降,在建筑物的薄弱环节上采用,效果较好。

(4) 桩顶标高的确定宜选在承载力较高的土层上,以充分发挥桩间土的承载力,并且,要兼顾基础的稳定性,宜低于原地面以下 1m 左右。

(5) 考虑具体情况,可长、短桩混用。

(6) 注意基础角柱及长高比大于 3 的建筑物中部桩的加强。

(7) 根据桩的受力情况,不同深度的喷灰量可以变化,因桩体最大应力一般发生在桩顶以下 3～5 倍桩直径的范围内,因此,可根据需要在桩顶以下 2～3m 以上增加喷灰量,并采用复喷复搅的施工工艺。

(8) 停灰面应高于设计桩顶 500mm。即保护桩长最少为 500mm,在做褥垫层之前,将这段保护桩长去掉。

(9) 复合地基承载力标准值不宜大于 200kPa,一般情况下采用 120～180kPa,单桩承载力(对 ϕ500mm)不宜大于 150kN。

(10) 固化料的掺入比一般为 10%～15%,即对 ϕ500mm 的搅拌桩来说,每延米的喷灰量常采用 50～60kg/m(不复喷)。

2. 当搅拌桩用于防渗和挡土

(1) 宜采用双轴或多轴浆液搅拌,并采用大直径桩。

(2) 固化材料掺入比不宜小于 15%,以增强抗剪强度和防渗能力。

(3) 如深层搅拌水泥土桩只用做防渗帷幕,水泥土桩宜布置成壁式或格栅式形式,且水泥土桩不宜少于 2 排。

(4) 水泥土挡墙厚度为开挖深度的 0.6～0.8 倍,可做成格栅式或块式实体,做成格栅式时,置换比不宜小于 0.7。

(5) 搅拌桩之间的搭接不宜小于 100mm。

(6) 水泥土桩墙按受力条件的不同,横截面上可以深墙浅墙并用。

(7) 为增大被动土压力、减少水泥挡墙的变位,可在坑内以多种型式(如格栅式)的水泥土桩加固。

(8) 水泥土桩应尽量做成拱形,也可与刚性挡土墙组成连拱形式以节约造价。

(9) 格栅式挡墙可简化为如图 5-5 的图式进行计算,不计格栅间的抗剪能力。

(10) 水泥土挡墙的挡土高度不宜大于 6m。

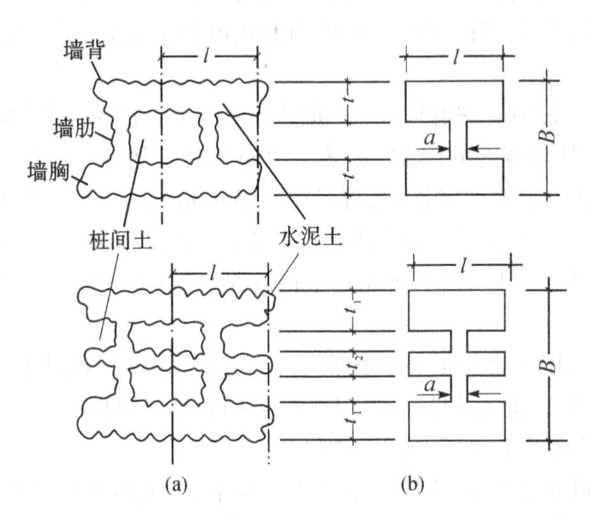

(a)桩墙实际平面图;(b)经概化的单元墙

图 5-5

三、水泥土深层搅拌桩的设计计算

1. 单桩竖向承载力的设计计算

单桩竖向承载力标准值 R_k^d 取决于水泥土桩体本身的强度和所加固的桩间土的性能两个先决条件。可能的话,最好能使土对柱的支承力与桩身强度所确定的承载力相近,并使后者略大于前者较为经济。单桩竖向承载力标准值应通过现场载荷试验确定,在无载荷试验数据时,可用以下两式对单桩竖向承载力标准值进行设计计算,并取二者之小值。

由桩身强度确定: $$R_k^d = \eta f_{\mathrm{cu,k}} A_p \tag{5-6}$$

由地基支承力确定: $$R_k^d = U_p \sum q_{\mathrm{si}} l_{\mathrm{i}} + \alpha A_{\mathrm{p}} q_{\mathrm{p}} \tag{5-7}$$

式中:R_k^d 为单桩承载力标准值(kN);$f_{\mathrm{cu,k}}$为与搅拌桩桩身加固土配比相同的室内加固水泥土(边长为 70.7mm 的立方体,也可采用边长为 50mm 的立方体)90d 龄期无侧限抗压强度平均值(kPa);η 为强度折减系数,可取 0.35~0.5;U_p 为桩周长(m);A_p 为桩的横截面积(m^2);l_i 为桩周第 i 层土的厚度(m);q_p 为桩端天然地基土的承载力标准值(kPa),可按国家标准《建筑地基基础设计规范》(GBJ7-89)第三章第二节的有关规定确定;q_{si}为桩间第 i 层土的平均摩擦力,对淤泥可取 5~8kPa,对淤泥质土可取 8~12kPa,对黏性土可取 12~15kPa,也可按表 5-5 来取值;α 为桩端天然地基土的承载力折减系数,可取 0.4~0.6。

表 5-5　**搅拌桩桩间土的平均摩阻力**

土　名	土的状态	q_s(kPa)
淤泥、泥炭土	流　塑	5～8
淤泥质土	流塑～软塑	8～12
黏性土	软　塑	12～15
黏性土	可　塑	15～18

式(5-6)中的加固土强度折减系数 η 是一个与工程经验以及拟建工程的性质密切相关的参数。工程经验包括对施工单位素质、施工质量、室内强度试验与实际加固强度比值,以及对实际工程加固效果等情况的掌握。拟建工程性质包括拟建工程的工程地质条件、上部结构对地基的要求以及工程的重要性等。目前在设计中一般取 $\eta=0.35\sim0.5$。如果拟处理场地工程地质简单,工程对地基沉降要求不太高时,可取高值,反之取低值。

式(5-7)中桩端土承载力折减系数 α 取值与施工时桩端施工质量及桩端土质等条件有关,特别是当桩端为较硬土层,桩较短时,取高值。如果桩端施工质量不能保证,搅拌桩没能真正支承在硬土层上,桩端地基承载力不能充分发挥,或桩较长时,取低值。如果由于施工搅拌破坏了桩端土的天然结构,且桩端施工质量又没能保证时,这时可取 $\alpha=0$。一般情况下,当桩端质量能保证时,设计中一般采用 $\alpha=0.5$。

桩端天然地基土的承载力标准值 q_p,可依据地质勘察报告确定。

由式(5-6)和式(5-7)的分析可知,当桩身强度大于(5-6)式中所提出的强度值时,相同桩长的承载力接近,而不同桩长的承载力明显不同。此时桩的承载力主要由地基土的支承力来控制,即由式(5-7)来计算确定,增加桩长可提高单桩承载力。当桩身强度低于式(5-7)所给值时,承载力受桩身强度的控制。一般来说,搅拌桩的桩身强度是有一定限度的,也就是说,搅拌桩从承载力角度存在一个有效桩长,即单桩承载力在一定程度上不随桩长的增加而增大。

为了使单桩承载力的设计更加合理,设计时应使桩体强度与承载力相协调,或使前者略大于后者更为经济,即

$$\eta f_{\mathrm{cu,k}}A_{\mathrm{p}}\geqslant U_p\sum q_{\mathrm{si}}l_{\mathrm{i}}+\alpha A_{\mathrm{p}}q_{\mathrm{p}}$$

单桩承载力应通过现场载荷试验加以验证,或先行施工试桩,据以确定单桩承载力。

当桩体强度小于 500kPa 时,单桩承载力应通过现场载荷试验确定。

综上所述,搅拌桩的设计主要是确定桩长和水泥掺入比 α_w。

(1) 当土质条件、施工因素等限制搅拌桩的加固深度时,可先确定桩长 l,根据桩长按式(5-7)计算单桩承载力标准值 R_k^d,再据此按公式(5-6)求水泥土桩的无侧限抗压强度 $f_{\mathrm{cu,k}}$,然后再根据 $f_{\mathrm{cu,k}}$,参照室内配合比试验资料,选择所需的水泥掺入比 α_w。

对于深厚的软土地基仅进行局部深度加固时,可认为 $q_p=0$ 来进行上述计算步骤,最后确定所需的水泥掺入比 α_w。

(2) 当搅拌桩的深度不受限制时,可首先根据室内配合比试验确定水泥掺入比 α_w,然后再确定桩身强度 $f_{\mathrm{cu,k}}$,据此可根据式(5-6)计算单桩承载力标准值 R_k^d,最后根据式(5-7)确定搅拌桩长。

(3) 直接根据上部结构对地基承载力的要求,选定单桩承载力 R_k^d,然后按式(5-6)确定

$f_{\mathrm{cu,k}}$，据此参照室内配合比试验资料求得相应于 $f_{\mathrm{cu,k}}$的水泥掺入比 α_w，又根据 R_k^d 由式(5-7)确定桩长 l。

2. 复合地基承载力的设计计算

(1) 水泥土搅拌桩复合地基承载力标准值应通过现场复合地基静载荷试验确定，也可按下式计算

$$f_{\mathrm{sp,k}} = m\frac{R_k^d}{A_p} + \beta(1-m)f_{\mathrm{s,k}} \tag{5-8}$$

式中：$f_{\mathrm{sp,k}}$为复合地基承载力标准值(kPa)；m 为面积置换率；$f_{\mathrm{s,k}}$为桩间天然地基土承载力标准值(kPa)；A_p 为桩横截面积(m^2)；β 为桩间土承载力折减系数，当桩端土为软土时，可取0.5～1.0，当桩端土为硬土时，可取0.1～0.4，当不考虑桩间软土的作用时，可取零；R_k^d 为单桩承载力标准值(kN)，由式(5-6)或式(5-7)计算得到。

桩间土承载力折减系数 β 是反映桩土共同作用的一个参数。如 $\beta=1$ 时，表示桩与桩间土共同承担外荷载，由此得出与柔性桩复合地基相同的计算公式；如 $\beta=0$ 时，表示桩间土不承受荷载，由此得出与一般刚性桩其相似的承载力计算公式。由此可再一次表明水泥土搅拌桩是介于柔性桩和刚性桩之间的一种地基加固形式。

根据设计要求的单桩承载力 R_k^d 和复合地基承载力标准值 $f_{\mathrm{sp,k}}$，可计算搅拌桩的置换率 m 和总桩数 N，将式(5-8)整理得

$$m = \frac{f_{\mathrm{sp,k}} - \beta f_{\mathrm{s,k}}}{\dfrac{R_k^d}{A_p} - \beta f_{\mathrm{s,k}}} \tag{5-9}$$

$$N = \frac{mA}{A_p} \tag{5-10}$$

式中：A 为需加固的地基面积(m^2)。

求得总桩数后即可进行桩的平面布置。桩的平面布置可为柱状(可为正方形、正三角形)、壁状和格栅状以及块状，布置桩时要充分考虑到发挥桩的侧摩阻力并便于施工。

3. 下卧层强度验算

当复合地基下存在软弱下卧层时，除复合地基的承载力应满足设计要求外，尚对软弱下卧层强度进行验算。其验算方法是将复合地基与软弱下卧层视为双层地基，且桩与桩间土能有效地结合为一体，以应力扩散角方法进行验算，即要求作用在软弱下卧层顶面处的附加压力与复合地基自重压力之和不大于软弱下卧层的地基承载力，应满足下式要求：

$$p_z + p_{cz} \leqslant f_z \tag{5-11}$$

式中：p_z 为软弱下卧层顶面处的附加压力(kPa)；p_{cz}为软弱下卧层顶面处的复合地基自重压力(kPa)；f_z 为软弱下卧层顶面处经深度修正后的地基承载力设计值(kPa)。

软弱下卧层顶面处的附加压力 p_z 可按下式压力扩散角的方法进行简化计算：

条件基础
$$p_z = \frac{b(p-p_c)}{b+2z\tan\theta} \tag{5-12}$$

矩形基础
$$p_z = \frac{bl(p-p_c)}{(b+2z\tan\theta)(l+2z\tan\theta)} \tag{5-13}$$

式中：b 为矩形基础或条形基础的宽度(m)；l 为矩形基础底面的长度(m)；p 为基础底面平均压力设计值(kPa)；p_c 为基础底面处的自重压力(kPa)；z 为基础底面至软弱下卧层顶面

的距离(m);θ 为复合地基压力扩散角,可按表 5-6 采用。

软弱下卧层顶面处的复合地基自重压力 p_{cz} 可按下式计算:

$$p_{cz} = \gamma_p(d + z) \tag{5-14}$$

式中:γ_p 为复合地基平均容重(kN/m^3);d 为基础埋深(m)。

如果式(5-11)验算不满足要求,须重新设计复合地基,直至满足要求。

表 5-6　**复合地基的压力扩散角 θ(°)**

z/b	E_{sp}/E_s			备　注
	3	5	10	
<0.25	0	0	0	E_{sp}为复合地基压缩模量,E_s 为软弱下卧层压缩模量。
=0.25	6	10	20	
≥0.5	23	25	30	

4. 复合地基的变形计算

复合地基的变形量 s 包括复合土层的压缩变形量 s_1 和桩端以下未处理土层的压缩变形量 s_2,即

$$s = s_1 + s_2 \tag{5-15}$$

式中:s 为复合地基最终竖向变形量(cm);s_1 为复合土层的压缩变形量(cm),对于搅拌桩复合地基,可按经验取 20～40cm;s_2 为桩端下未加固土层的压缩变形量(cm)。

对于复合土层的压缩变形量 s_1 可按下式计算:

$$s_1 = \frac{(p_0 + p_z)l}{2E_{sp}} \tag{5-16}$$

式中:p_0 为基础底面附加压力(kPa),$p_0 = p - p_c$;p 为基底平均压力设计值(kPa);p_c 为基础底面处土的自重压力(kPa);p_z 为复合土层底面处的附加压力(kPa);l 为加固桩体的实际桩长(cm);E_{sp}为复合土层的压缩模量(kPa)。

复合土层的压缩模量 E_{sp}可采用置换率加权的方法进行计算,即

$$E_{sp} = mE_p + (1 - m)E_s \tag{5-17}$$

其中对于散体材料柔性桩复合地基,复合土层的压缩模量 E_{sp}也可按下式进行计算:

$$E_{sp} = [1 + m(n - 1)]E_s \tag{5-18}$$

式中:E_p 为桩体的压缩模量(kPa),对于搅拌桩,可取 $E_p = (100 \sim 120) f_{cu,k}$,对于旋喷桩,可采用测定混凝土割线弹性模量的方法进行确定;E_s 为桩间土的压缩模量(kPa),可用天然地基的压缩模量代替;m 为面积置换率;n 为桩土应力比,在无实测资料时,对黏性土可取 2～4,对粉土可取 1.5～3,原土强度低取大值,原土强度高取小值。

对于桩端下未加固土层的压缩变形量 s_2 可用分层总和法按下式计算:

$$s_2 = \psi_s = \psi \sum_{i=1}^{n} \frac{p_z}{E_{si}} (z_i\bar{\alpha}_i - z_{i-1}\bar{\alpha}_{i-1}) \tag{5-19}$$

式中:s 为按分层总和法计算出的沉降量(mm);ψ 为沉降计算经验系数,应根据沉降实测资料及地区经验确定,也可按表 5-7 采用;n 为地基沉降计算深度范围内所划分的土层数;p_z 为加固桩群体底面处的附加压力(kPa);z_i,z_{i-1}为加固桩群体底面处分别至第 i 层土和第

i-1 层土底面的距离(m)；$\bar{\alpha}_i$、$\bar{\alpha}_{i-1}$为加固桩群体底面分别至第 i 层土和第i-1 层土底面的平均附加应力系数，可查矩形基础角点平均附加应力系数表得到；E_{si}为加固桩群体底面下第 i 层土的压缩模量(MPa)。

表 5-7 **沉降计算经验系数 ψ**

E_s(MPa)	2.5	4.0	7.0	15.0	20.0
ψ	1.1	1.0	0.7	0.4	0.2

注：E_s 为下卧层土的压缩模量。

第五节 水泥土深层搅拌法施工要点

一、浆液制备

水泥系深层搅拌桩的浆液，一般情况下最好采用 425# 普通硅酸盐水泥，水泥必须新鲜且未受潮硬结。水泥浆液的配制要严格控制水灰比，一般为 0.45～0.50。使用砂浆搅拌机制浆时，每次搅拌不宜少于 3min。

为改善水泥和易性，以提高水泥土的强度和耐久性，在制作水泥浆液时，可掺入适量的外加剂。如用石膏做外加剂时，一般为水泥质量 1% ～2% 。三乙醇胺是一种早强剂，可增加搅拌桩的早期强度。木质素磺酸钙主要起减水作用，能增加水泥浆的稠度，有利于泵送，一般的掺入量为水泥用量的 0.2% 。

制备好的水泥浆不得停置时间过长，超过 $2h$ 应降低标号使用。

二、施工工艺流程

水泥土深层搅拌法通常采用的工艺流程为图 5-6 所示。

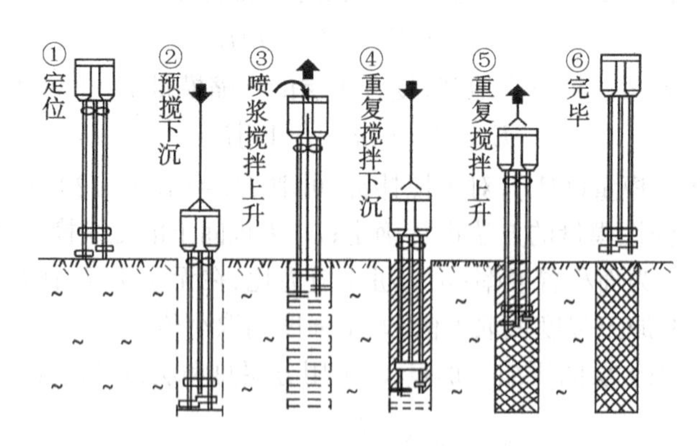

图 5-6 深层搅拌法施工工艺流程

(1) 桩机就位

采用起重机或开动绞车移动深层搅动机到达指定桩位对中。为保证桩位准确，必须使用定位卡，桩位对中误差不大于 10cm，导向架和搅拌轴应与地面垂直，垂直度的偏离不应超过 1.5%。

(2) 预搅下沉

待深层搅拌机的冷却水循环正常后，启动搅拌机电机，放松起重机钢丝绳，使搅拌机沿导向架搅拌切土下降，下沉速度可由电机的电流监测表控制。工作电流不应大于 70A。如果下沉速度太慢，可从输浆系统补给清水，以利钻进。

(3) 提升喷浆搅拌

深层搅动机下沉到达设计深度后，开启灰浆泵将水泥浆压入地基中，且边喷浆、边旋转，同时严格按照设计确定的提升速度提升深层搅拌机。

(4) 重复上下搅拌

深层搅拌机提升至设计加固深度的顶面标高时，集料斗中的水泥浆应正好排空。为使软土和水泥浆搅拌均匀，可再次将搅拌机边旋转边沉入土中，至设计加固深度后再将搅拌机提升出地面。

由于桩体顶部与上部结构的基础或承台接触部分受力较大，因此通常对桩的上部(自上而下 3～4m 范围内)进行重复搅拌。

(5) 移位

重复上述(1)～(4)步骤，桩机移位进行下根桩的施工。

当深层搅拌法用于建造防渗墙，在布设桩机钻进孔位时，应使搅拌机的搭接宽度达到 15cm。

第六节　深层搅拌法处理地基工程实例

一、水泥土搅拌桩用于加固泵房地基

某地拟建一排水泵站，泵房基础面积 $270m^2$，地下水位平均埋深 0.5m，泵房基础平均埋深 1.8m。工程地址处于软土地基，各土层的物理力学性质指标见表 5-8。

经计算，该泵站在完建期的泵房底板下的地基压应力达到 132.6kPa，超过了浅基础持力层第②层褐黄色粉质黏土的容许承载力 90kPa，第②层下又为深厚的饱和软黏土层，因此必须采取措施进行地基处理。若采用刚性桩基，因软基深厚，费用必然昂贵；若采用碎(砂)石桩，对于饱后软黏土可能处理效果不好。综合以上分析考虑，最终决定采用水泥土搅拌桩复合地基的处理方案，设计步骤如下：

设计桩长为 9m，采用双头水泥土搅拌桩，桩的横截面积 $A_p = 0.71m^2$，周长 $U_p = 3.35m$，水泥掺入比为 14%（采用 425# 普通硅酸盐水泥），根据室内水泥土配比试验，相应于水泥掺入比 14% 的水泥土试块 90d 龄期的无侧限抗压强度为 $f_{cu,k} = 1\,200kPa$，桩侧平均摩擦力取 $\bar{q}_s = 8.5kPa$，并按摩擦桩考虑，则单桩承载力标准值 R_k^d 分别按式(5-6)和式(5-7)计算，并取其中较小值。

桩身水泥土强度：$R_k^d = \eta f_{cu,k} A_p = 0.35 \times 1\,200 \times 0.71 = 298.2(kN)$

土对桩的支承力：$R_k^d = U_p \sum q_{si} l_i = 3.35 \times 8.5 \times 9 = 256.8(kN)$

表 5-8 各层土的物理力学性质指标

层序	土层名称	层厚(m)	含水量(%)	重度(kN/m³)	比重	孔隙比	塑性指数	液性指数	直剪固结快剪		压缩性指标		地基土承载力(kPa)
									C(kPa)	φ(°)	a_{1-2} (MPa^{-1})	E_{s1-2} (MPa)	
①	素填土	1.20～4.72											
②	褐黄色粉质黏土	1.90～2.90	33.3	18.9	2.73	0.93	15.4	0.77	11.1	15.7	0.47	4.40	90
③$_1$	淤泥质粉质黏土	1.90～2.40	43.7	17.8	2.73	1.20	15.8	1.35	8.1	13.8	0.78	3.36	70
③$_2$	砂质粉土	0.50～1.10	31.8	18.6	2.70	0.89			4.0	25.0	0.22	8.25	100
④	淤泥质黏土	9.30～10.8	51.8	17.1	2.74	1.44	19.8	1.36	8.6	7.2	1.22	2.04	60
⑤	粉质黏土	1.40～3.30	40.6	18.0	2.74	1.14	17.0	1.02	10.0	12.4	0.71	3.09	75
⑥$_1$	暗绿色粉质黏土	2.30	23.5	20.0	2.72	0.68	15.6	0.32	30.8	11.6	0.27	6.33	170
⑥$_2$	草黄色粉质黏土	未穿	25.3	19.7	2.73	0.74	17.0	0.38	39.0	9.9	0.23	7.60	180

根据以上计算,取单桩承载力设计值 $R_k^d=250\text{kN}$。

(1) 面积置换率的确定

泵房的基底压力为 132.6kPa,因此,复合地基承载力取 $f_{sp,k}=140\text{kPa}$,按式(5-9)和式(5-10)计算复合地基的面积置换率 m 及总桩数 N:

$$m=\frac{f_{sp,k}-\beta f_{s,k}}{\dfrac{R_k^d}{A_p}-\beta f_{s,k}}=\frac{140-0.7\times90}{\dfrac{250}{0.71}-0.7\times90}=26.6\%\approx27\%$$

$$N=\frac{mA}{A_p}=\frac{27\%\times270}{0.71}=103(\text{根})$$

式中:$f_{s,k}$为桩间土承载力,一般取基底持力层的天然地基土承载力,$f_{s,k}=90\text{kPa}$;β 为桩间土承载力折减系数,β 取 0.7;A 为基础底面积,$A=270\text{m}^2$。

(2) 桩的平面布置(略)

(3) 软弱下卧层强度验算

软弱下卧层强度的验算按式(5-11)进行:

该泵房基础宽 $b=9\text{m}$,长 $l=30\text{m}$,基底平均压力 $p=132.6\text{kPa}$,复合地基压力扩散角取 $\theta=23°$,基底处土的自重压力 $p_c=18.9\times0.5+(18.9-9.81)\times(1.8-0.5)=21.2\text{kPa}$,则软弱下卧层顶面处的附加压力 p_z 为:

$$p_z=\frac{bl(p-p_c)}{(b+2z\tan\theta)+(l+2z\tan\theta)}$$
$$=\frac{9\times30(132.6-21.2)}{(9+2\times9\times\tan23°)(30+2\times9\times\tan23°)}=48.02(\text{kPa})$$

取水泥土搅拌桩复合地基平均容重 $\gamma_p=18.8\text{kN/m}^3$,则软弱下卧层顶面处的自重压力 p_{cz}为

$$p_{cz}=\gamma_p(d+z)=18.8\times0.5+(18.8-9.81)\times(1.3+9.0)=102(\text{kPa})$$

式中:d 为基础埋深,计算时地下水位以下复合地基容重取浮容重。

软弱下卧层顶面处经深度修正后的地基承载力设计值 f_z 为:

$$f_z=f_k+\eta_d\gamma_0(d+z-0.5)=70+1.0\times8.9(1.8+9-0.5)=161.67(\text{kPa})$$

式中:η_d 为地基承载力深度修正系数,η_d 取 1.0;γ_0 为桩端以上土的平均浮容重 8.9kN/m^3。

$$p_z+p_{cz}=48.02+102=150.02(\text{kPa})<f_z=161.67(\text{kPa})$$

软弱下卧层强度满足要求。

(4) 沉降验算

泵房沉降量 s 由搅拌桩复合土层的变形量 s_1 和桩端下土层的变形量 s_2 组成。

a) 搅拌桩复合地基变形量 s_1 计算

搅拌桩复合土层的压缩模量 E_{sp}采用置换率加权的方法计算:

$$E_{sp}=mE_p+(1-m)E_s=27\%\times120+(1-27\%)\times2.4=34.15(\text{MPa})$$

式中:E_p 为搅拌桩桩身的压缩模量,取 $E_p=100f_{\text{cu,k}}=120\text{MPa}$;$E_s$ 为桩间土的压缩模量,取桩长范围内土的加权平均压缩模量,$E_s=2.4\text{MPa}$。于是搅拌桩复合地基压缩变形量 s_1 为

$$s_1=\frac{(p_0+p_z)l}{2E_{sp}}=\frac{(p-p_c+p_z)l}{2E_{sp}}=\frac{(132.6-21.2+48.02)\times9.0}{2\times34.15\times10^3}=0.021(\text{m})=21(\text{mm})$$

b) 桩端下土层的变形量 s_2 计算

桩端下未被加固土层的压缩变形量采用分层总和法计算：

$$s_2 = \psi_s = \psi \sum_{i=1}^{n} \frac{p_z}{E_{si}} (z_i \bar{\alpha}_i - z_{i-1} \bar{\alpha}_{i-1})$$

下卧层沉降变形量计算至暗绿色粉质黏土层顶面，具体计算见表 5-9 所示。

表 5-9 **下卧土层变形量 s_2 的计算结果**

土层 i	自桩端面往下算的深度 z(m)	$\frac{l}{b}$	$\frac{z}{b}$	$\bar{\alpha}_i$	$z_i\bar{\alpha}_i - z_{i-1}\bar{\alpha}_{i-1}$	E_{s1-1} (MPa)	Δs_i (mm)	ψ	$\psi\sum\Delta s_i$ (mm)
1(第④层)	4.2	3.33	0.47	0.99	4.1572	2.04	97.86	1.1	107.65
2(第⑤层)	5.6	3.33	0.62	0.98	1.3320	3.09	20.70	1.1	130.42

则总沉降量为：

$$s = s_1 + s_2 = 21.00 + 130.42 = 151.42(\text{mm}) < [s] = 200\text{mm}$$

满足要求。

二、水泥土搅拌桩用于堤防地基加固

九江市长江干堤于 1969 年开始建设，70 年代初期建成，1980 年进行了加固和改造。由于投入不足以及当时技术条件的限制，堤防基础未进行妥善处理。1998 年汛期许多堤段渗水，甚至发生管涌，4～5 号闸口于 1998 年 8 月 7 日溃口。1998 年汛后，中央政府立即决定对九江市城市防洪工程长江干堤进行加固建设。

设计单位决定将溃口处及其附近共 6km 堤段全部改造成钢筋混凝土防洪墙。该段基础表层为人工填土，成分复杂，有些堤段的下卧天然土层为淤泥质土，标准承载力一般为 90kPa，防洪墙基础最大应力一般为 135kPa。防洪墙基础持力层承载力不足，必须通过地基处理提高承载力。另外，地基在沉积过程中夹带泥砂，往往存在粉细砂夹层，一旦贯通，便形成有害的管涌层。因此，设计单位决定提出采用水泥土搅拌桩进行地基处理。

1. 水泥土搅拌桩的设计

水泥土搅拌桩的布置根据复合地基原理设计，呈格形布置，在垂直防洪墙轴线方向布置两排。背水侧的一排水泥土搅拌桩采用平接，主要起承载作用；迎水侧的一排水泥土搅拌桩为搭接形式，搭接长度 20cm，该排水泥土搅拌桩除用于提高地基承载力，还兼起防渗墙的作用；垂直轴线方向搅拌桩也采用平接。

根据地质勘探资料和国内有关工程的相关试验成果分析，取水泥土搅拌桩的无侧限抗压强度 $f_{cu,k} = 1000\text{kPa}$，桩侧平均摩擦力 $\bar{q}_s = 8\text{kPa}$，桩端天然地基土的承载力标准值 $q_p = 100\text{kPa}$；单桩设计直径 0.7m，采用双搅头施工，桩的横截面积 $A_p = 0.71\text{m}^2$，桩周长 $U_p = 3.35\text{m}$；根据地基处理设计规范，搅拌桩强度折减系数 η 可取 0.35～0.50，本工程取为 0.4，桩端天然地基土的承载力折减系数 α 取 0.4；根据本工程地质资料，并考虑施工工期紧等因素，桩长 l 取 12m。将这些参数代入式(5-3)和式(5-4)计算，并取其中较小值，得到单桩承载力标准值为 $R_k^d = 284\text{kN}$。

取桩间天然地基土的承载力标准值 $f_{s,k}=90\text{kPa}$,桩间土承载力折减系数 $\beta=0.2$,$R_k^d=284\text{kPa}$,并取复合地基承载 $f_{sp,k}$等于防洪墙基础最大应力,即 $f_{sp,k}=135\text{kPa}$,代入式(5-6),得复合地基的面积置换率 $m=30.63\%$ 。

为使搅拌桩达到设计强度 1MPa,根据天然土体强度,提出搅拌桩水泥设计参考掺入比为 15% 。

2. 水泥土搅拌桩施工与质量控制

水泥土搅拌桩采用 SJB-Ⅱ型搅拌机施工。该型搅拌机为中心管喷浆、双搅头,单头直径 0.7m。施工时首先利用机械自重将搅头空搅至设计高程,然后上提,边提边搅边注浆。为使掺入的水泥浆与天然土体均匀掺合,确保桩体连续性和均匀性,一般要求再复搅一遍,对承载桩尤其应该这样做。

搅拌桩的注浆量采用 SJC 浆液自动记录仪控制。施工前首先进行试验,确定满足强度要求的合适水泥掺入比。施工过程中,水泥掺入比按注浆量控制,注浆量 Q(L)按下式确定:

$$Q=\gamma A_p H(1+B)\alpha_w/\gamma_j \tag{5-20}$$

式中:γ 为土体湿容重(kg/m^3);A_p 为搅拌桩横截面积(m^2);H 为分段长度(m);B 为浆液水灰比;α_w 为水泥掺入比;γ_j 为浆液比重(kg/L),与水灰比有关,其与水灰比的关系见表 5-10 所示。

表 5-10　**水灰比与浆液比重关系**

水灰比	0.4	0.5	0.55	0.6	0.65	0.7	0.8	0.9	1.0
浆液比重(kg/L)	1.909	1.800	1.755	1.714	1.678	1.645	1.588	1.541	1.500

例如,取 $\gamma=1900\text{kg/m}^3$,$A_p=0.7\text{m}^2$,$H=1.0\text{m}$,$B=0.5\text{m}$,查表 5-10 得 $\gamma_j=1.8\text{kg/L}$,则 $\alpha_w=15\%$,每米搅拌桩应注入的水灰比为 0.5 的水泥浆量为 166.25L。

施工时,将确定的控制段长度和相应的注浆量在 SJC 自动记录仪中设定,进浆量即可自动控制,并可打印出整个搅拌桩的各段注浆量分布图形。设计、监理和施工技术人员可根据此图形初步判断搅拌桩的施工质量,对施工进行过程控制。注浆量分布图也可作为搅拌桩隐蔽工程单元工程和分部工程质量评定的重要依据之一。因为 SJC 自动记录仪记录的实际上是注入土体的液体体积,因此,在施工过程中应加强对水灰比的监测,经常测定水泥浆的比重。

除上述施工过程控制外,还要对搅拌桩的成桩质量进行检查,检查的方法主要有:截取桩段、钻孔取芯(室内养护 90d)试验检查强度、开挖检查搅拌桩连续性、轻便动力触探检查强度,钻孔作注水试验检查渗透性等。

九江市城防堤招标文件对搅拌桩的施工质量检测规定:钻孔取芯抽查数量为工程桩总数的 2%,当检验桩数的不合格率大于 10% 时,应倍增抽检桩体的数量。对不合格的进行补压成桩,所取芯样必须描述,其中 50% 的孔需取上、中、下三个部位的样品进行抗压试验,与室内制作的试块进行强度比较。合格标准为:芯样连续完整,为水泥土结构。取样室内试验成果需满足桩体的力学强度要求,具体指标为:7d 龄期无侧限抗压强度达到 0.3MPa;28d

达到0.6～0.75MPa,90d在1.0MPa以上。开挖检查:每500m一处,每处长10m、深2m。合格标准:桩体的外观质量好,无蜂窝、孔洞;桩与桩间搭接,搭接及搭接厚度满足设计要求;桩整体性强,若开槽检查发现水泥土强度不足,应将软弱部分挖除,回填混凝土或砂浆。轻便动力触探检查:重点检查桩的上部(3m范围内),检查数量占桩总数的3%,在成桩7d内使用轻便触探器钻取桩身土样,观察搅拌桩均匀程度。同时根据触探击数,对比判断各桩段水泥土的强度,击数与强度对比关系见表5-11。合格标准为:桩身7d龄期的击数N_{10}大于原天然地基的击数N_{10}的1倍以上,或桩身1d龄期的击数N_{10}大于15击;搅拌桩的渗透系数$k \leqslant n \times 10^{-6}$cm/s($1<n<10$)。

表5-11 **触探击数与强度的关系**

N_{10}(击)	10	20～25	30～35	>40
强度(MPa)	200	300	400	>500

九江市长江干堤溃口复堤段基础水泥土搅拌桩检测采用了轻便触探和钻孔取芯检查,检测结果表明,桩身7d轻便触探击数大于原天然地基击数5～10倍。由于搅拌桩本身强度低,加之施工工期限制,不可能在90d钻孔取芯。一般在30d以内就必须钻孔,对水泥土芯样扰动很大。芯样取出后在室内养护到90d。室内试验芯样强度一般在0.5MPa。由于芯样强度为现场取样强度,而非实验室养护的立方体强度,强度不予折减,即取$\eta=1.0$。经验算可以满足复合地基对搅拌桩强度的要求。

对于防洪墙工程,工期受到严格限制,防洪墙建成后,对基础缺陷进行补强也十分困难,故对搅拌桩的早期强度进行检测以判断成桩质量是十分重要的。一些地方标准提出的7d强度与90d龄期设计强度的关系为:

$$f_{cu,k}=f_{cu,7}/0.3 \tag{5-21}$$

式中:$f_{cu,k}$为标准室内水泥土试块90d龄期无侧阻抗压强度平均值;$f_{cu,7}$为7d龄期强度。

需指出的是,因水泥土为塑性材料,参照混凝土防渗墙施工规范,对搅拌桩不宜以钻孔芯样强度作为判断施工质量的惟一依据。当评价搅拌桩强度时,可以根据地基处理技术规范,以轻便触探结果评定施工质量。但轻便触探仅能评价桩头部或浅部质量,对探部强度不易检测。国内一些单位有采用工程超声波透射CT检测,如采用RS—UT01C数字化声波检测仪等,取得较好检测效果。采用此法检测时,根据弹性波速CT剖面图,可以很直观判断检测区域墙体各部位强度,从而判断墙体的连续性和是否存在缺陷部位。

3. 水泥土搅拌桩的加固效果观测

溃口复堤工程于1999年汛前完成。1999年汛期九江市洪水位达到有历史记录以来第2高水位(仅次于1998年),汛期对基础渗流进行了观测(基础设置了渗压计)。观测结果表明,第1排(迎水侧)水泥土搅拌桩前后的水头差为1～2m,外江水位越高,水头差值越大,说明水泥土搅拌桩防渗体起到了良好的防渗作用。1999年九江市高水位持续时间达一个多月,整个复堤段未出现过去存在的基础渗漏和管涌现象。另外,防洪墙建成后,未观测到有害沉降和位移,水泥土搅拌桩提高地基承载力和减少基础沉降的效果明显。

三、水泥土搅拌桩用于输水管地基加固

1. 工程概况

珠海市西区输水管道干线沿珠海快速干道铺设(该工程分两期,一期工程设计规模每天供水 12 万 m^3,二期工程设计规模每天供水 28 万 m^3,本例只介绍一期工程),东起珠海白藤头,途经小林、平沙和南水 3 个管理区,跨越泥湾门、鸡啼门、南水沥等大小桥梁 10 余座,西至高栏岛,工程全长 25.4km,工程总平面如图 5-7。输水管道管径 1.0～1.6m,工作压力 6MPa,大部管道通常采用一阶段预应力钢筋混凝土管。高栏岛连岛大堤段、过桥管和软硬地交界处等采用钢管,钢管壁厚 10～14mm。预应力混凝土管道共长约 21km,钢管共长约 4.4km。本工程滩涂地带淤泥深厚,采用水泥搅拌桩处理地基。搅拌桩桩径 0.5m,桩长 8～12m,共施工搅拌桩 30 000 根,总桩长 255 000m。

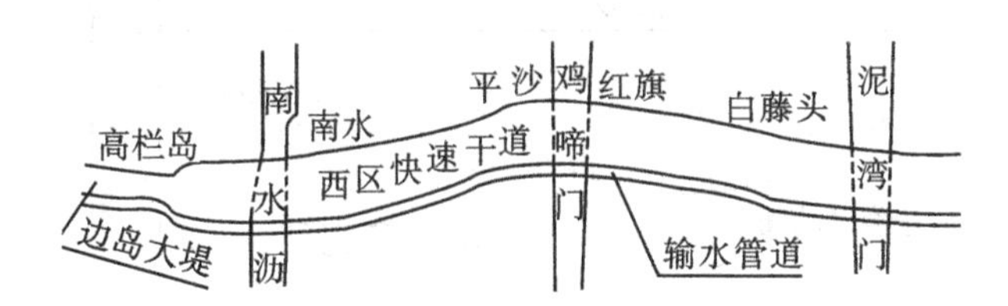

图 5-7　珠海市西区输水管道干线平面示意图

2. 场地地质状况

本工程跨越滩涂地带及山地,滩涂地带长度约 20km,山地长约 2km。山地为坚硬的亚黏土层,滩涂地带地貌属河口三角洲至平原,水系发育,河沟纵横交错,软硬地基交错,填土厚薄不均,淤泥深厚,压缩性大,地层自上而下依次为:

(1) 素填土:素填土为花岗岩或砂岩风化土,岩性以亚黏土为主,填土时间约两年,松散,湿至饱和,欠固结,厚度 0.5～4.5m,桥台部位 6～7m。

(2) 淤泥:层厚 1.4～18m,土的重度 $\gamma=16.0\text{kN/m}^3$,天然含水量 $\omega=52.5\%\sim72.6\%$,孔隙比 $e=1.54\sim1.92$,塑性指数 $I_p=16.7\sim28.6$,液性指数 $I_l=1.50\sim2.50$,固结系数 $C_v=0.6496\times10^5\text{cm}^2/\text{s}$,压缩模量 $E=1.40\sim1.80\text{MPa}$,凝聚力 $c=4.00\sim12.60\text{kPa}$,内摩擦角 $\varphi=2°\sim5°$,容许承载力 50～67kPa,呈流塑状。

(3) 亚黏土层:层厚 2～9m,土的重度 $\gamma=17.0\sim22.2\text{kN/m}^3$,天然含水量 $\omega=10.5\%\sim36.6\%$,孔隙比 $e=0.2\sim0.37$,塑性指数 $I_p=9.2\sim16.6$,液性指数 $I_l<0\sim0.86$,压缩模量 $E=4.1\sim13.8\text{MPa}$,凝聚力 $c=16.6\sim42.60\text{kPa}$,内摩擦角 $\varphi=15°\sim38°$,容许承载力 150～450kPa,可塑状。

3. 场地滩涂地带沉降分析

本工程输水管道铺设在珠海快速干道南侧,根据规划的要求,路面标高 3.5～5.00m,路面宽度 50m,道路两侧为甘蔗地,路基填土厚度 2～5m,桥台和原地面水沟等部位填土厚度 5～7m,填土下面为厚度 1.4～18.0m 淤泥,其横断面如图 5-8。从图 5-8 中可知,地基的沉降主要由填土荷载引起。取填土厚 4m,淤泥厚度 12m,压缩模量 $E_s=1.59\text{MPa}$,填土荷载 $P_0=\gamma h=17\times4=68\text{kPa}$,沉降计算经验系数 $\psi_s=1.4$。用角点法可计算其沉降:

$$S = \psi_s S = \psi_s \sum_{i=1}^{n} \frac{P_0}{E_s}(Z_i a_i - Z_{i-1} a_{i-1}) = 0.59\text{m}$$

由于场地填土已有两年时间，按单向固结，取 $C_v = 0.65 \times 10^5 \text{cm}^2/\text{s}$，经计算其固结度为 $U = 15\%$，本工程施工之前场地已经发生的固结变形 $S \cdot U = 0.59 \times 15\% = 0.09\text{m}$，因此本工程施工之后的地基沉降为 $S(1-U) = 0.50\text{m}$。考虑到道路两侧甘蔗地需填土开发，则可按下式计算其沉降：

$$S = \psi_s S' = \psi_s (p_0/E_s) h = 1.4 \times (68/1.79 \times 10^5) \times 12 = 0.72(\text{m})$$

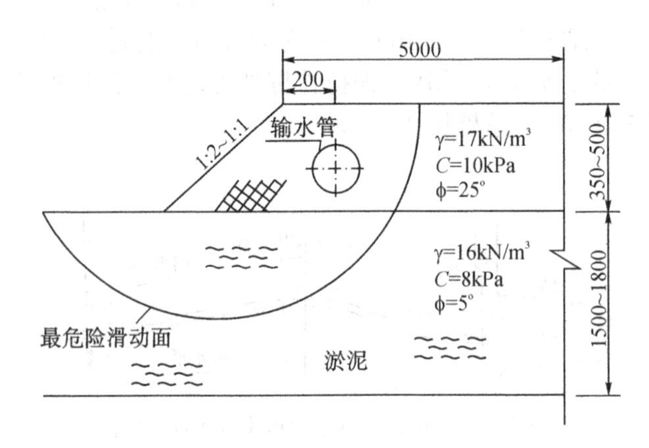

图 5-8 滩涂地带输水管道横断面(长度单位:cm)

由于考虑填土完成有一段时间，本工程沉降计算中未考虑淤泥层以下亚黏土的沉降。考虑固结的影响，计算得最终沉降 $S = 0.63\text{m}$。

按以上方法，可计算填土厚度为 4m 时，不同淤泥厚度产生的沉降值如表 5-12 所示。

表 5-12 **沉降计算值**

淤泥厚度(m)	8	12	16
不考虑甘蔗地填土的沉降(m)	0.35	0.51	0.64
考虑甘蔗地填土的沉降(m)	0.45	0.63	0.84

由于本工程大部分场地淤泥深 10～14m，填土厚度 3.0～4.5m，从以上计算和分析可知即使不考虑道路两侧甘蔗地开发填土，工程场地沉降已很大，若考虑该因素，场地沉降更大，将在以下部位产生不均匀沉降：

(1) 软、硬土的交接处(如滩涂地带与山地交接处)；

(2) 滩涂地带淤泥厚度的变化处；

(3) 填土厚度的变化处：一是小河沟填平，河沟处的填土厚度大于两岸；二是大小桥台填土厚度(5～7m)，远大于路基填土厚度(2～4m)。

本工程管道若采用预应力钢筋混凝土管，其每段长度为 5m，其接头处容许转角为 1°，过大的沉陷将引起接头处开裂漏水，因此地基需进行处理；若采用钢管，其抵抗不均匀沉降性能及抗裂性能强于预应力钢筋混凝土管,但其造价较高。因此,采用合适的地基处理方案和管材,以降低工程造价,而又保证输水管道安全,是本工程的主要问题。

4. 设计方案比较

根据本工程地质情况及工程特点,工程设计人员提出了 2 个方案:

第 1 方案:山地不处理地基,滩涂地带采用水泥搅拌桩处理地基,上部主要采用预应力钢筋混凝土管,过桥处等局部地段采用钢管。该方案的优点是:由于本工程规模大,采用预应力钢筋混凝土管可就近取材;管道无需进行防腐处理,供水水质有保障;造价较低,直径 1m 管,每公里造价 207.56 万元,为钢管方案的 70%。其缺点是:为节省工程造价,本方案设计的搅拌桩长度为 8m,未进入硬土层,沉降问题没有完全解决,国内无可借鉴的类似工程,技术上有一定风险和难度;管理时修复困难。

第 2 方案:山地和滩涂地带均不处理地基,全部采用钢管,其优点是:抵抗地基不均匀沉降能力强;爆管时修复容易。其缺点是:造价较高,直径 1m 管。每公里造价 293.58 万元;管道需进行防腐处理,供水水质不如预应力混凝土管。

经综合比较,本着节省工程造价的目的,本工程采用了第 1 方案。

5. 滩涂地带水泥搅拌桩复合地基设计与计算

本工程搅拌桩采用梅花形布置,桩径 0.5m,桩长 8m,置换率 $m=18\%$,设计桩身无侧限抗压强度 $q_v=1.35$MPa,如图 5-9 所示。

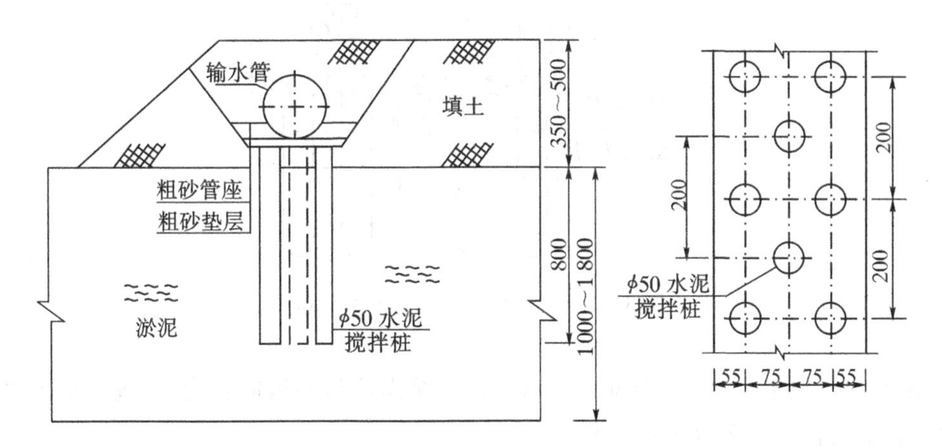

图 5-9　搅拌桩布置图(长度单位:cm)

从图 5-9 可看出,本工程有以下特点:由于输水管比其置换的土轻,当路基边坡稳定时,复合地基不存在承载力不足的问题;管道产生的荷载小于周边填土产生的荷载,而复合地基压缩模量大于周边软土,复合地基产生负摩擦力。因此,本工程复合地基主要起减少沉降的作用,沉降计算需考虑负摩擦力的影响。

取搅拌桩压缩模量 $E_p=120\text{q}=162\text{Mpa}$,桩间土压缩模量 $E_s=1.59$MPa,复合地基压缩模量 $E_0=mE_p-(1-m)E_s=30.46$MPa。淤泥厚度 14m,填土厚度 4m 时,考虑负摩擦力影响及甘蔗地填土开发,可算得地基沉降为 0.31m,远小于不处理地基时的沉降 0.63m。

四、水泥粉体喷射深层搅拌桩用于加固河道驳岸工程地基

1. 工程概况

丹阳市河段是京杭运河苏南段中运输繁忙的河段之一,全长 3.55km。根据整治标准,丹阳市河段为四级航道,整治工程包含航道驳岸 4 353m、护坡 2 759m,挖入式码头一处(码头岸线长 420m),锚地两个和桥梁两座等工程。该段航道设计底宽 40m,驳岸口宽 60m,设计最高通航水位 7.0m(吴淞高程系,下同),设计最低通航水位 2.5m。据此确定的驳岸顶高程 7.5m,河底高程 0.0m,驳岸底板顶高程 1.5m。驳岸结构如图 5-10 所示。

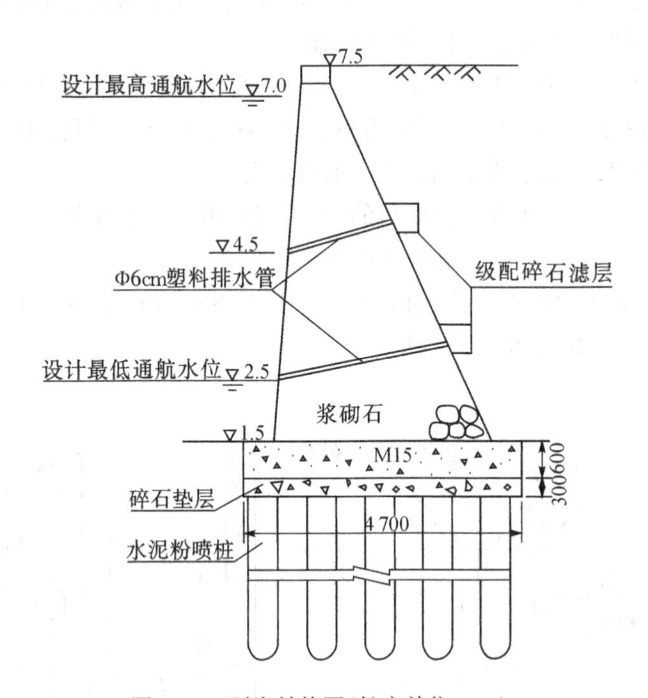

图 5-10 驳岸结构图(长度单位:mm)

丹阳市河段位于宁镇丘陵区东缘。区内以平缓岗地与冲沟地貌为主,航道全线地质变化明显,各土层物理力学指标见表 5-13。

驳岸底板落在②-1 层土(部分②-2 层土)的长度约 1 500m。根据对驳岸在各种工况下的设计计算,其要求的地基基本承载力为 165kN/m^2,而②-1 层土不能满足设计要求,需进行地基处理。由于该层土分布范围广,厚度变化大,是土质较差的软弱层,也是影响边坡稳定的控制土层,因此,对底板落于该层淤泥质亚黏土的驳岸,选择何种地基处理类型,以做到既安全可靠,又经济可行,便成为建设单位和设计单位共同关心的问题。

在对换(填)土方案、桩基方案及复合地基(水泥粉喷桩)方案进行全面比较后,最后确定采用水泥粉喷桩方案作为软基处理方案。

表 5-13　**土层物理力学性质指标表**

编号	土层	岩性	土层深度	土层厚度	重度	孔隙比	塑性指数	液性指数	压缩系数	变形模量	黏聚力	内摩擦角	容许承载力
			m	m	kN/m³		%		MPa⁻¹	MPa	kPa	°	kPa
①-1	素填土	以灰、灰黄色亚黏土为主，夹砖瓦石块等。该填土为新近运河开挖堆填而成	0.20～1.90	0.20～1.90									90
①-2	黏土、亚黏土	灰、灰黄色，局部夹有泥炭薄层	0.30～9.10	0.0～8.20	19.2	0.84	12.9	0.59	0.250	7.76	19.2	19.1	120
②-1	淤泥质亚黏土	深灰色，粉砂含量 10%～20%，系冲沟产物	0.30～14.30	0.0～10.85	18.3	1.04	10.8	1.38	0.423	5.01	11.7	16.8	70
②-2	亚砂土、亚黏土	灰黄色，局部流塑，粉砂含量 10%，具层面特征	0.50～>15.35	0.0～>12.55	18.9	0.89	9.0	0.95	0.238	8.36	15.2	19.7	120
②-3	亚黏土	灰、灰黄色，刀切稍具光滑面	0.50～>19.20	0.0～>14.60	20.0	0.71	12.6	0.60	0.247	7.20	28.6	16.9	180
③	亚黏土	灰黄、灰绿、黄褐色，含铁锰结核及灰绿色团块	0.20～>17.20	0.0～>16.60	20.1	0.69	14.2	0.30	0.196	9.24	47.4	18.5	240

2. 粉喷桩设计

(1) 参数选择

为合理确定设计参数，进行了水泥加固土的室内试验。现场取样选择在有代表性的地段和深度，根据勘探结果，试验土样属淤泥质亚黏土(②-1 层土)。试件的制作、养护和试验按照《软土地基深层搅拌加固技术规程》(YBJ225-91)的要求进行，水泥采用 425# 普通水泥。各种水泥掺入比水泥土的力学试验指标见表 5-14。

表 5-14　**水泥土力学指标试验值**

水泥掺入比	无侧限抗压强度(MPa)		黏聚力	内摩擦角
	7d	28d	(kPa)	f
7%	0.32	0.45	43	25°28′
10%	0.46	0.72	56	37°46′
15%	0.82	1.51	105	38°40′

根据《软土地基深层搅拌加固技术规程(YBJ225-91)》(冶金出版社,1991)可知,28d龄期的强度为其标准强度(90d龄期)的60%~75%,即掺入比为10%、15%水泥土的标准强度可达到1 080kPa、2 250kPa,并按插值,掺入比为12%水泥土的标准强度取为1 550kPa。

由于施工效率决定,不能期望机械搅拌水泥土的均匀性会优于室内人工搅拌的水泥土,对此,设计除要求采用两次搅拌法(复搅)以弥补这一不足外,在地基设计时对室内人工水泥土强度试验结果酌予折减。

(2) 桩长和单桩承载力的确定

根据底板下②-1层淤泥质亚黏土的厚度多在6.5m以下的情况,粉喷桩大多属浅层搅拌,桩长以桩尖进入下卧层(②-3层、③层)2倍桩径1.0m为准,而不作计算,桩顶高程为1.0m(为设计桩顶高程0.6m加0.4m挖除部分)。为充分发挥桩身强度的作用,结合目前施工单位的设备现状,桩径选用Φ50cm。

单桩竖向承载力取决于水泥土强度和地基土两个条件,一般应使土对桩的支承力与桩身强度所确定的承载力相近,并使后者略大于前者最为经济。对于桩长较短的情况,水泥土的无侧限抗压强度较高,单桩承载力由式(5-7)计算确定。因此,本设计根据桩长合理地选取水泥掺入比 α_w。各种软土深度下的单桩承载力和选用的水泥掺入比见表5-15所示。

表5-15 **各种软土深度下的计算参数**

软土厚度(m)	2.4	3.4	4.4	5.4	6.4
桩长(m)	3.6	4.6	5.6	6.6	7.6
单桩承载力(kN)	82.2	97.7	113.4	129.1	149.9
水泥掺入比(%)	12	12	15	15	15
面积置换率(%)	34.0	27.3	24.6	20.0	17.8
复合地基承载力(kN/m^2)	170	164	170	163	165
每段(15m)驳岸桩数(根)	110	88	81	68	59
每段(15m)驳岸桩总长(m)	396	404.8	453.6	448.8	448.4

(3) 桩位布置

搅拌桩的布桩形式对加固效果有较大的影响,根据下卧持力层深度较浅、土质好和驳岸结构的特点,采用柱状加固形式,梅花形布置,软土厚度为5.4m时的桩位布置形式见图5-11所示。

粉喷桩面积置换率 m 由式(5-9)计算,根据各种土层深度的单桩承载力和设计要求的承载力,相应确定各种软土深度下的置换率(见表5-15),然后由式(5-10)得到的各种情况下的粉喷桩数量(见表5-15)。

从表5-15中可知,随着软土厚度的增加,单桩竖向承载力也随之增加,采用的面积置换率减小。虽然软土深度变化较大,采用粉喷桩对各种厚度的软土进行地基处理时,每段(15m)驳岸桩的总长相差不到15%,即各种软土深度下的地基处理费用相差不大(本工程为软土深度6~7m以下的情况)。因此在设计前期工作阶段,软基处理可按一种情况的单位处理费用进行估算。

(4) 构造处理

由于搅拌桩施工至顶端范围的上覆土压力较小,搅拌质量较差,故将桩顶端50cm挖除,在驳岸底板下设置30cm垫层。设置垫层的作用一是避免由于顶面整平情况不良而导致“脱空”现象，改善基础与复合地基的接触条件；二是由于桩顶刺入垫层，使桩的反作用力在垫层中扩散，减少了桩对底板的应力集中。

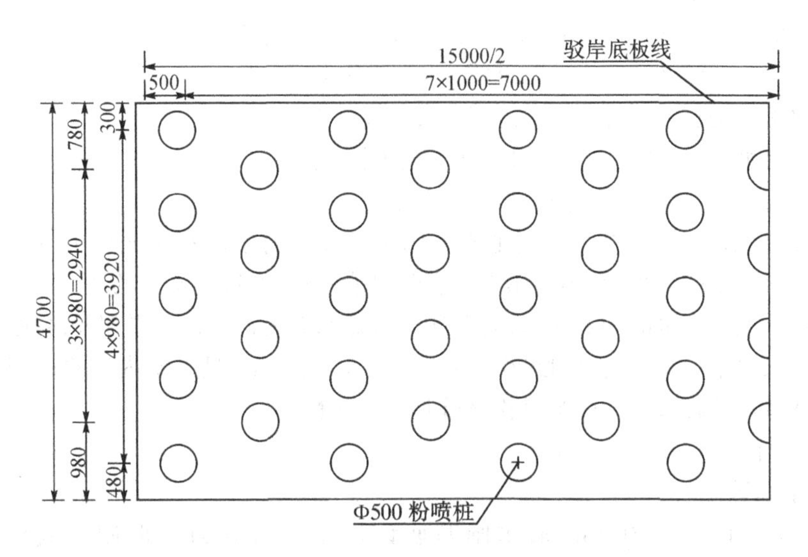

图 5-11　粉喷桩桩位布置图(长度单位:mm)

(5) 整体稳定分析

水泥土的抗剪强度随抗压强度的增长而提高，从试验资料中可见，水泥土的黏聚力、内摩擦角较原地基土大大提高。在驳岸地基用粉喷桩进行处理后，形成复合地基的黏聚力 c 值和内摩擦角 φ 值分别按式(5-22)、式(5-23)计算

$$c=(1-m)c_s+mc_p \tag{5-22}$$

$$\varphi=\arctan[(1-m)\tan\varphi_s+m\tan\varphi_p] \tag{5-23}$$

式中：c_s，φ_s 分别为原地基土的黏聚力、内摩擦角；c_p，φ_p 分别为粉喷桩的黏聚力、内摩擦角。

由于复合地基抗剪强度的提高，将改变岸坡原有的最不利滑动面，根据计算，复合地基的滑动破坏是沿着切穿桩与土的圆弧面发生滑动，由此增加了岸坡的整体稳定安全系数，经对几种方案的计算比较，其安全系数提高 20% 左右。

驳岸工程于 1996 年 7 月建成，根据本工程综合测算，驳岸软基处理费用较低，同时，施工中对沿线城镇的影响较小。工程建成至今，未出现异常变化，表明该地基处理方案是成功的。

五、水泥粉体喷射深层搅拌桩用于加固水闸地基

梅溪桥闸位于梅溪河中游，地处汕头市区，是御咸蓄淡，以城市供水为主兼有航运、公路交通等综合效益的工程，为汕头市的生命线工程之一，工程主体由 12 孔净宽 7.5m 水闸与 1 个 V(Ⅱ)型船闸组成。工程于 1998 年 10 月动工，1999 年 4 月主体工程完工并投入运行，工程总投资约 9 000 万元。

1. 工程地质

梅溪桥闸底板底面高程 −0.80m，地基自上而下的地质分层如下：

①砂:饱和稍密,$N_{63.5}=11.7$,Ⅱ类土;

②淤泥:含水52.7%,$N_{63.5}=1.1$,Ⅲ类土,液化土层;

③淤泥质土:含水54.5%,$N_{63.5}=3$,Ⅲ类土,液化土层;

④粉质黏土:含水30.8%,$N_{63.5}=8.5$,Ⅱ类土,非液化土层;

⑤黏土:含水39.2%,$N_{63.5}=7$,Ⅱ类土,非液化土层;

⑥砂:中密~密实,$N_{63.5}=46.8$,Ⅱ类土,非液化土层;

⑦黏土:含水39%,$N_{63.5}=11$,Ⅱ类土,非液化土层;

⑧砂:密实,$N_{63.5}=62$,Ⅱ类土,非液化土层。

场地范围内20m深度以上土层主要为属于Ⅲ类土的淤泥和淤泥质土,场地土类别Ⅲ类,从土层液化判定结果来看,场地属于地震时可能液化、对抗震不利的场地。

经检测,闸址地下水的pH=6.9,对普通硅酸盐水泥无侵蚀性。淤泥及淤泥质土中有害离子浓度(Cl^-,可溶SO_4^{2-})为0.028%~0.18%,远小于1%,且经室内试验证明,在此土体中水泥土不崩解。因此,闸下地基对粉喷桩具有适应性。

2. 地基的使用要求

(1) 地基承载力

基底淤泥容许承载力50kPa,水闸基底设计压力为80kPa,船闸基底设计压力为130kPa,原地基承载力无法满足设计要求。

(2) 沉降要求

新闸建于天然地基,最大沉降量可达40.60cm,远大于规范所允许的最大沉降量10~15cm。

(3) 抗震要求

地基按8度地震设防,新闸闸底约为20m深的淤泥及淤泥质土,当新闸建于未处理地基上,如发生设计烈度地震时地基可能液化,从而导致闸室在不均匀地基压力作用下发生震陷及较大倾斜,破坏闸室稳定。

由以上分析,地基无法满足设计要求,在进行多种地基处理方案比较后,决定对水闸、上下船闸首、船室墙地基采用深层粉体喷射搅拌桩处理。

3. 地基处理设计

(1) 技术参数确定

a. 桩长及桩身直径。本工程地基处理主要为解决20m深度范围内的软基土的承载力、沉降及抗震问题。桩长主要根据桩身穿过液化土层、桩尖下卧层为非液化土层进行确定。根据地质情况,初步设计阶段确定桩尖高程为-21.8m,桩长21.0m。桩尖所处土体大部分为标准贯入击数4~14击的粉质黏土,局部处于与粉质黏土接壤的呈软塑状态的淤泥质土,均属非液化土层。技术施工阶段,为更好地消除水闸地基沉降差问题,根据第二次地质钻探分析,采取了水闸地基上游桩长20~21m,下游桩长21~22m,右侧桩长21~22m,左侧桩长20~21m的优化措施,船闸闸首地基桩长也改为上船闸闸首桩长20m(桩尖高程-22.60m),下船闸闸首桩长19m(桩尖高程-21.6m)。同时规定,施工过程中根据打桩时电流值及喷粉气压值的变化情况随时调整桩长,准备的最大桩长为25m,桩身断面为直径50cm的圆形。

b. 水泥掺入比α_w值。依据室内水泥15%、18%、20%掺入比试验结果,结合考虑提高桩身强度及早期强度，取 α_w 值为18%。

c. 桩身无侧限抗压强度 f_{cu1}。与桩身加固土配合比相同的室内加固土试件无侧限抗压强度 f_{cu1}值定为2.5MPa，水泥选用425#普通硅酸盐水泥。

d. 桩周土摩擦阻力及下卧层承载力标准值。淤泥 $q_s = 50$kPa；淤泥质土 $q_s = 9$kPa。为了安全，取下卧层为淤泥质土，按地质报告取 $f_k = 55$kPa。

(2) 桩群布置

水闸部分闸底周边布三道连续粉喷桩形成一个围封连续墙，内部按桩中心距1.2m，1.4m进行梅花形布桩；船闸部分基底按桩中心距1.0m密布。

(3) 复合地基承载力验算

粉喷桩直径50cm，取其强度折减系数 $\eta = 0.33$，因下卧层为淤泥质土，将粉喷桩视为纯摩擦桩，按式(5-6)、式(5-7)分别算得单桩承载力为162kN、232.4kN，则单桩承载力取值为162kN。

桩中心距1.4m时，取桩间土承载力折减系数 $\beta = 0.2$，由式(5-8)算得复合地基承载力 $f_{sp,k} = 86.1\text{kPa} > 80\text{kPa}$。

桩中心距1.0m时，取桩间土承载力折减系数 $\beta = 0.2$，由式(5-8)算得复合地基承载力 $f_{sp,k} = 150\text{kPa} > 130\text{kPa}$。

(4) 按群桩原理验算下卧层承载力

由于本工程粉喷桩视为摩擦桩，置换率较大($m \approx 0.19$)，且不是单行排列，每根桩不能充分发挥单桩的承载力作用，故按群桩作用原理进行下卧软土层的强度验算。即将搅拌桩和桩间土视为一个假想的实体基础，并考虑假想实体基础侧面与土的摩擦力，验算假想实体底面下卧软土层的承载力。

按《水闸设计规范SL265-2001》中的式(H.0.1-1)，计算经深度修正的桩端下卧层(淤泥质土)地基容许承载力 f_{kz}：

$$f_z = N_b \gamma_B B + N_D \gamma_D D + N_C c = 261.8\text{kPa}$$

式中：N_B，N_D，N_C 为承载力余数，由基础底下土的内摩擦角标准值查得；γ_B 为基础底面以上的加权平均重度(kN/m^3)；γ_D 为基础底面以下土的重度(kN/m^3)；c 为黏聚力(kPa)；B 为基础宽度(m)；D 为基础深度(m)。

按群桩作用原理，假想实体底面压力 p_b 为

$$p_b = \frac{f_{sp,k}A + G - A_s q_s - f_{s,k}(A - A_1)}{A_1} = 206.7\text{kPa} < f_{kz}$$

式中：$f_{sp,k}$为复合地基承载力标准值(kPa)；A 为闸底地基处总面积(m^2)；G 为假想实体重(kN)；A_s 为假想实体侧表面积(m^2)；q_s 为作用在假想实体侧面的平均摩阻力(kPa)，$f_{s,k}$为假想实体周围土的承载力标准值(kN)；A_1 为假想实体底面积(m^2)。

上述验算表明，下卧层承载力满足要求。

(5) 地基沉陷计算

地基沉降量由群桩体沉降量与下卧层沉降量两部分组成。

a. 群桩体沉降量用下式计算。

$$s_1 = (p_c + p_0)L / 2E_{sp} = 3.00\text{cm}$$

式中：P_c 为群桩体顶面平均压力，$P_c=50.91\text{kPa}$；P_0 为群桩体底面附加应力，它等于假想实体的基础底面压力 P_b 减去假想实体底面处自重压力 σ_s，$P_0=37.32\text{kPa}$；L 为桩长，取 21m；E_{sp} 为群桩体变形模量，$E_{sp}=mE_p+(1-m)E_s=31.37\text{kPa}$，$E_p$ 为桩的变形模量，E_s 为桩间土的变形模量。

b.桩端下卧层沉降量。新闸位于原桥闸下游 17m 处，下卧层上游部分局部处于原闸预压范围，沉降计算方法为分层总和法。下卧层计算厚度取至高程 −30.0m（厚粗砂层上表面）。计算结果经刚性调整后为（含群桩体沉降量 s_1）：水闸底板的上游边点 5.65cm，中点 7.7cm，下游边点 9.75cm，沉降差（Δs）4.1cm；下船闸首底板的上游边点 10.0cm，中点 10.5cm，下游边点 11.0cm，沉降差（Δs）1.0cm。

计算结果均满足规范要求，即 $s_\infty<(10\sim15)\text{cm}$，$\Delta s<(3\sim5)\text{cm}$。

4. 施工工艺

基础处理于 1998 年 11 月 10 日正式动工，1998 年 12 月 10 日完成，累计打桩 5 650 根，总进尺 117 140m。

桩机采用 PH-5B 加长型，最大打桩深度可达 25m，桩径 0.5m，配套机械有水泥粉发送器、空气压缩机及 PJ4-1 型喷粉电脑记录仪，喷粉过程可按电脑显示的每米喷粉量进行喷粉均匀性控制。电脑记录仪可记录并打印 830 根桩的施工时间、起始高程、桩底高程、桩身每米喷粉量、复搅长度，电脑记录资料具有不可更改性，它的应用为施工质量的管理提供了有利的条件。粉喷桩施工采用空钻—喷粉—全程复拌的双循环工艺，以保证桩身的搅拌均匀性。

5. 质量检测

施工全过程均由监理工程师全天 24h 监理，此外，粉喷桩施工完成后，由广东省水利科学研究所、汕头市水利水电质量检测站对工程质量进行检测，检测项目有 7d N_{10}轻便触探，28d,60d,90d 抽芯及室内试验，28d 桩头现场无侧限抗压强度，28d,90d 四桩复合地基静载试验。各项目测试结果如下：

(1) 轻便触探

7d N_{10}桩头轻便触探共随机触探桩头 21 个 84 点，除 2 个桩头由于浸泡地下水中击数未达到规范规定 10 击外，其余桩头触探击数均远大于 10 击，最多为 40 多击。

(2) 28d 桩头现场无侧限抗压强度试验

粉喷桩成桩 28d 时挖取桩头现场测试其破坏荷载，试验结果见表 5-16。各桩头破坏荷载均大于 162kN，满足设计要求。

表 5-16　　**28d 桩头现场试验的破坏荷载**

桩号	桩径(mm)	第一节破坏荷载(kN)	第二节破坏荷载(kN)
638	620	330	370
947	500	280	210
980	480	180	210
970	490	340	200
315	500	480	220
205	500	300	300

(3) 四桩复合地基 28d,90d 静荷载试验

试验结果见表 5-17。从表 5-17 中可知,除试验区 1 号试点因试验混凝土承台被剪切破坏无法继续进行试验外,其余静荷载试验结果均满足设计要求,即复合地基承载力达到设计要求。

表 5-17　**28d,90d 四桩复合地基静荷载试验结果**

龄期	部位编号	复合地基面积	桩中心距(m)	最大试验荷载(kN)	总沉降量(mm)
28d	上游闸首试验点	2.0m×2.0m	1.0	720	7.82
	船室墙试验点	2.8m×2.8m	1.4	710	3.04
	水闸 1 号试验点	2.4m×2.4m	1.2	640	4.03
	水闸 2 号试验点	2.8m×2.8m	1.4	710	4.98
	水闸 3 号试验点	2.8m×2.8m	1.4	710	4.05
	水闸 4 号试验点	2.8m×2.8m	1.4	710	4.57
90d	试验区 1 号试点	2.0m×2.0m	1.0	1200	
	试验区 2 号试点	2.0m×2.0m	1.0	1200	9.70

注:试验区 1 号试点当加荷至 840kN 时,试验混凝土承台被剪切破坏。

(4) 28d,60d,90d 抽芯及室内试验。28d 龄期共抽芯检查 9 根桩,其中水闸 4 根,船闸 5 根,平均岩芯采取率 90% 。从岩芯情况来看,岩芯大部分成桩完好,搅拌均匀,但桩体下部局部夹泥,为搅拌不均所致;岩芯描述中深部为淤泥质土的芯件,经后期试验证明皆为未凝结水泥土,说明桩体深部凝结较慢。从岩芯试件室内抗压试验来看,90d 试件平均抗压强度 4.20MPa,最大值 7.3MPa,最小值 0.9MPa,21 个试件中 f_{cu1} 值小于 2.5MPa 的仅有 3 个,基本达到设计要求。f_{cu1} 值的离散度大,说明桩体搅拌均匀性有待提高。

6. 实测基础沉降量

基础上部建筑物(水闸、船闸)在基础水泥粉喷桩成桩 28d 时开始建设,水闸上部结构荷载于 1998 年 12 月开始施加,1999 年 3 月初上部主体结构基本完成,上部荷载基本达到竣工荷载。截至 1999 年 4 月 21 日为止,水闸、船闸底板最大沉降仅为 3mm,初步说明了利用粉喷桩技术处理梅溪桥闸软基取得了成功。实测沉降与计算沉降差距较大的原因如下:①实际搅拌桩变形模量大于 300MPa;②群桩实际布桩比较密(特别是围封结构),即置换率远大于 0.0954;③抽取原地基的试验土样发生扰动,试验结果存在误差;④下卧层沉降还未结束。

从桩区抽取桩间土进行试验,并将试验结果与原来未处理前的土样试验结果相比较,处理后的土的含水量比原来土样的含水量平均降低了 10.65%,说明桩间土的物理力学性能得到了改善。

7. 本工程地基处理设计若干特点

①突破规范限制,桩体设计长度 22m,实际处理地基深度 23.2m,大大超过规范规定 15m 的界限,是超深度粉喷桩的一次成功尝试,其总进尺达 117km;②水闸地基采用围封结构,内部布桩按中间稀两边密进行,从而增加了地基抗震能力,同时也增强了水闸的防渗能力;③上下左右地基根据地质情况采取长短桩办法优化设计,以消除沉降差,节约工程投资。

第六章 高压喷射注浆法

高压喷射注浆法是利用钻机将带有特殊喷嘴的注浆管钻进至土层的预定深度，用高压喷射流强力冲击破坏土体，喷出水泥浆与土体破坏后分离的土粒搅拌混合，经过凝结固化后，便在土中形成直径均匀的圆柱体。也可以根据工程需要使之固结成其他各种形状。

高压喷射注浆法有旋转喷射注浆法，简称旋喷法；有定向喷射注浆法，简称定喷法；还有摆喷注浆法，简称摆喷法。旋喷法施工时喷嘴边喷射边旋转边提升，形成圆柱状固结体，叫旋喷桩。定喷法施工时，喷嘴作定向喷射并一边喷射一边提升，形成壁状固结体，通常用在地基防渗和边坡加固等工程。旋喷法主要用于地基加固，处理后的地基承载力有明显提高，地基土的变形性质也有改善。

高压喷射注浆法于 20 世纪 70 年代初期始创于日本，是在静压灌浆的基础上，用高压喷射技术发展而成的。1972 年该项技术传入我国，得到了很大发展，尤其是在堤坝防渗加固方面应用十分广泛。

第一节 旋喷法的基本工艺及浆液类型

一、基本工艺

1. 单管旋喷法

利用钻机把安装在注浆管底部侧面的特殊喷嘴置入土层的预定深度后，用高压泥浆泵以 20MPa 左右的压力，将浆液从喷嘴中喷射出去冲击破坏土体，并使浆液和破坏土体搅拌混合，同时借助注浆管的旋转和提升，在土中形成圆柱状固结体，其直径为 0.4～1.0m，如图 6-1 所示。

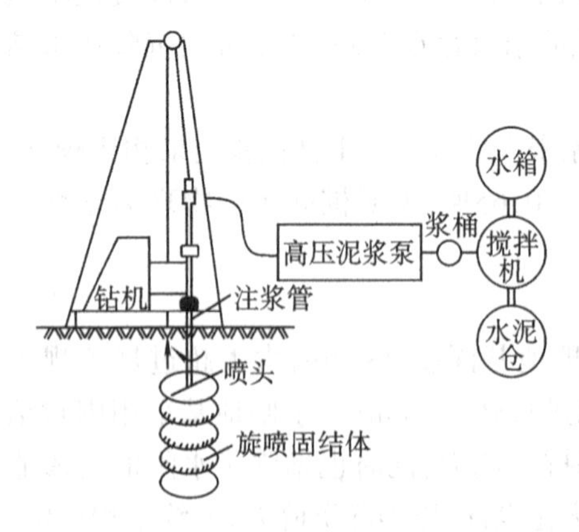

图 6-1 单管旋喷注浆示意图

2. 二重管旋喷法

使用双通道的二重注浆管输送气和浆液，如图 6-2 所示。当把二重注浆管置入到土层的预定深度后，通过在管底部侧面的一个同轴双重喷嘴，用高压泥浆泵从内喷嘴中喷射出压力为大于 20MPa 的浆液，同时用空压机以 0.7MPa 的压力把压缩空气从外喷嘴喷出。在高压浆液流和它的外圈环绕气流的共同作用下，破坏土体的能量显著增大。注浆管喷嘴一边喷射一边旋转一边提升，在土中形成圆柱状固结体，直径一般为 0.6～1.5m。

3. 三重管旋喷法

分别用输送水、气、浆液三种介质的三重注浆管,如图 6-3 所示。在以高压水泵产生压力大于 20MPa 的高压水喷射流的周围,环绕压力为 0.7MPa 左右的圆筒状气流,进行高压水、气同轴喷射冲击土体,冲成较大的空隙;另再由泥浆泵通过喷浆孔注入压力为 2~5MPa 的浆液填充。注浆管作旋转和提升运动,最后便在土中形成直径较大的圆柱状固结体,直径可达 0.7~2m。

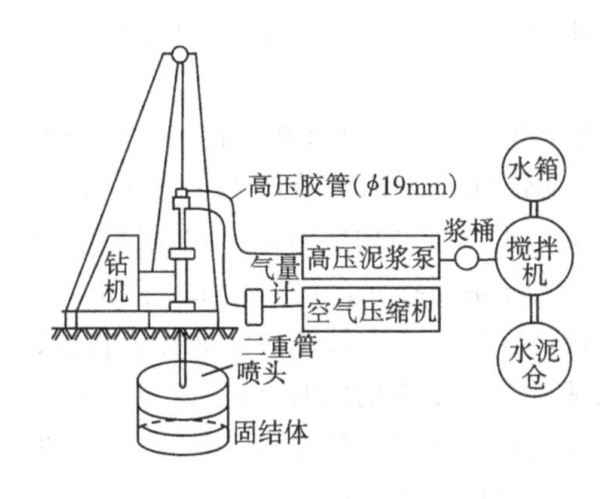

图 6-2　二重管旋喷注浆示意图

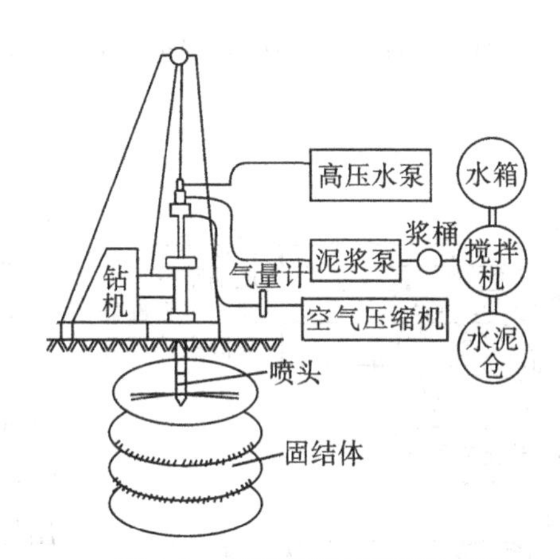

图 6-3　三重管旋喷注浆示意图

二、浆液类型

水泥是最便宜的浆液材料,也是喷射注浆主要采用的浆液,按其性质及注浆目的分成以下几种类型。

1. 普通型

普通型浆液是采用 325 号和 425 号硅酸盐水泥,不加任何外掺剂,水灰比为 1:1~1.5:1,固结 28 天后抗压强度可达 1~20MPa。一般工程宜采用普通型浆液。

2. 速凝—早强型

对地下水发达或要求早期承重的工程,宜用速凝—早强型浆液。就是在水泥中掺入氯化钙、水玻璃及三乙醇胺等速凝早强剂,其掺入量为水泥用量的 2%~4%。

纯水泥与土混合后,一天时间固结体抗压强度可达 1MPa,而掺入 2%氯化钙时可达 1.6MPa,掺入 4%氯化钙时可达 2.4MPa。

3. 高强型

凡喷射固结体的平均抗压强度在 20MPa 以上的浆液称为高强型。可选用高标号水泥,或选择高效能的外掺剂。

4. 抗渗型

在水泥中掺入 2%~4%的水玻璃,可以提高固结体的抗渗性能。对有抗渗要求的工程,在水泥中掺入 10%~50%的膨润土,效果也较好。

第二节 高压喷射灌浆法的加固机理及适用范围

一、加固机理

高压喷射注浆法在地基(或填土)中形成柱、板、墙的机理可用下述五种作用来说明见图6-4。

(1) 高压喷射流切割破坏土体作用。喷流动压以脉冲形式冲击土体,使土体结构破坏而出现空洞。

(2) 混合搅拌作用。钻杆在旋转和提升的过程中,在射流后面形成空隙,在喷射压力作用下,迫使土粒向与喷嘴移动相反的方向(即阻力小的方向)移动,与浆液搅拌混合后形成固结体。

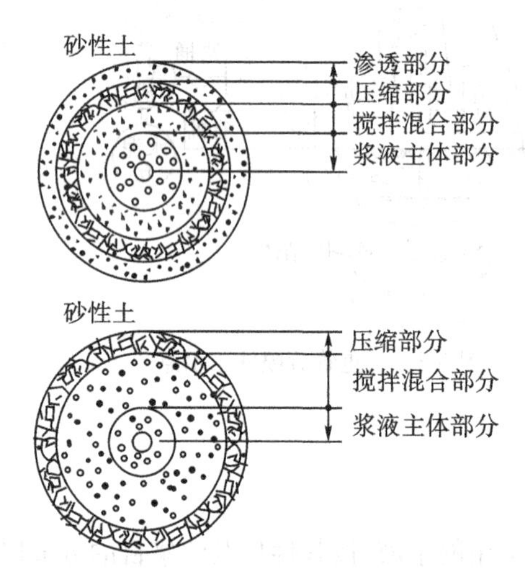

图6-4 旋喷固结体横断面示意图

(3) 置换作用。三重管旋喷法又称置换法,高速水射流在切割土体的同时,由于通入压缩空气而把一部分切割下的土粒排出灌浆孔,土粒排出后所空出的体积由渗入的浆液补入。

(4) 充填、渗透固结作用。高压浆液充填冲开的和原有的土体空隙,析水固结,还可渗入一定厚度的砂层而形成固结体。

(5) 压密作用。高压喷射流在切割破碎土体的过程中,在破碎带边缘还有剩余压力,这种压力对土层可产生一定的压密作用,使旋喷桩体边缘部分的抗压强度高于中心部分。

二、高压喷射法的特点和适用范围

高压喷射法和上一章介绍的深层搅拌法是目前水工地基处理中最常用的两种方法,它们有许多相似之处。譬如,既可加固地基又可用于防渗,都采用水泥浆与土搅拌形成水泥土固结体等,两者的主要区别在于加料搅拌方式不同。高压喷射法既可以在水平方向喷射,又可以在倾斜方向喷射,因而在实际应用中更灵活,在加固地基方面比深层搅拌法应用的场合更广。

高压喷射法和深层搅拌法既可用于新建建筑地基处理,也可用于既有建筑地基处理,这一点十分重要。

高压喷射法适用于处理淤泥、淤泥质土、黏性土、粉土、黄土、砂土、人工填土和碎石土等地基。但对于土中含有砾石且砾石直径过大而含量又过多的土层,以及土中含有大量纤维的腐植土,用高压喷射注浆法加固效果较差。对地下水流速过大,喷射的浆液无法凝结的地段以及对水泥有严重腐蚀的地基,不宜采用高压喷射灌浆法。

第三节　旋喷桩加固地基的设计计算

一、旋喷桩直径的确定

采用单管、二重管、三重管的不同喷射注浆工艺，所形成的固结体直径是不同的。单管法是以水泥浆作为喷射流的载能介质，它的稠度和黏滞阻力较大，形成的旋喷直径较小。而三重管法是以水作为载能介质，水在流动中的阻力比较小，所以在相同的压力下，以水作为喷射流介质者，所形成的旋喷直径较大。

旋喷桩的强度和直径，应通过现场试验确定。当无现场试验资料时，可参照相似土质条件下其他旋喷工程的经验。水利工程中的旋喷桩直径多采用1.5m左右，一般在砂层(包括细砂、半粗砂)旋喷桩直径较大，而在黏性土层、淤泥质层、砂卵石地层旋喷桩直径较小。

二、旋喷桩复合地基承载力的计算

旋喷桩复合地基承载力标准值 f_{spk} 应通过现场复合地基载荷试验确定，也可结合当地情况及与其土质相似的工程经验确定，或按下式计算

$$f_{spk}=\frac{1}{A_e}[R_k^d+\beta f_{sk}(A_e-A_p)] \tag{6-1}$$

式中，A_e 为1根桩承担的处理面积；A_p 为桩的平均截面积；f_{sk} 为桩间土的地基承载力标准值；β 为桩间土的地基承载力折减系数，可根据试验确定，在无试验资料时可取0.2～0.6，当不考虑桩间软土的作用时可取零；R_k^d 为单桩竖向承载力标准值，可通过现场载荷试验确定，或按下列二式计算，取其中较小值：

$$R_k^d=\eta f_{cuk}A_p \tag{6-2}$$

$$R_k^d=\pi\bar{d}\sum_{i=1}^{n}h_i q_{si}+A_p q_p \tag{6-3}$$

其中，f_{cuk} 为桩身试块(边长为70.7mm的立方体)的无侧限抗压强度平均值；η 为强度折减系数，可取0.35～0.50；$\bar{d}$ 为桩的平均直径；n 为桩长范围内的土层数；h_i 为第 i 层土的厚度；q_{si} 为第 i 层土的摩擦力标准值，可采用钻孔灌注桩的桩侧摩阻力标准值；q_p 为桩端地基土的承载力标准值。

旋喷桩还具有一定抗折强度。由于桩直径不均匀和桩体表面不光滑，旋喷桩的竖向单柱承载力一般较大，变化也很大。当无现场载荷试验资料时，可参考表6-1所列中的数据，计算时安全系数可采用3.0。

三、旋喷桩复合地基变形的计算

旋喷桩桩长范围内的复合土层变形以及下卧层地基变形，应按有关规范的方法计算。其中，复合土层的压缩模量 E_{sp} 可按下式确定

$$E_{sp}=\frac{E_s(A_e-A_p)+E_p A_p}{A_e} \tag{6-4}$$

式中，E_s 为桩间土的压缩模量；E_p 为桩体的压缩模量，可采用测定混凝土割线弹性模量的

方法确定。

表 6-1 **高压喷射注浆固结体特性指标**

固结体性质 \ 喷注种类			单管法	二重管法	三重管法
旋喷有效直径(m)	黏性土	0<N<5	1.2±0.2	1.6±0.3	2.5±0.3
		10<N<20	0.8±0.2	1.2±0.3	1.8±0.3
		20<N<30	0.6±0.2	0.8±0.3	12±0.3
	砂　土	0<N<10	1.0±0.2	1.4±0.3	2.0±0.3
		10<N<20	0.8±0.2	1.2±0.3	1.5±0.3
		20<N<30	0.6±0.2	1.0±0.3	1.2±0.3
	砂　砾	20<N<30	0.6±0.2	1.0±0.3	1.2±0.3
单项定喷有效长度(m)					1.0~2.5
单桩垂直极限荷载(kN)			500~600	1 000~1 200	2 000
单桩水平极限荷载(kN)			30~40		
最大抗压强度(MPa)			砂土 10~20,黏性土 5~10,黄土 5~10,砂砾 8~20		
平均抗折强度/平均抗压强度			1/5~1/10		
干容重(kN/m^3)			砂土 16~20,黏性土 14~15,黄土 13~15		
渗透系数(cm/s)			砂土 10^{-5}~10^{-7},黏性土 10^{-5}~10^{-7},砂砾 10^{-5}~10^{-7}		
黏聚力 c(MPa)			砂土 0.4~0.5,黏性土 0.7~1.0		
内摩擦角 φ(°)			砂土 30~40,黏性土 20~30		
标准贯入击数 N			砂土 30~50,黏性土 20~30		
弹性波速(km/s)	P 波		砂土 2~3,黏性土 1.5~2.0		
	S 波		砂土 1.0~1.5,黏性土 0.8~1.0		
化学稳定性能			较好		

四、孔位布置

以提高地基承载力为加固目的时,可按正方形、矩形或梅花形等布孔,孔距一般为旋喷桩径的 3~4 倍。

对堵水防渗工程多采用双排或三排布孔,使旋喷桩形成帷幕。旋喷桩的桩间距为0.86 R(R 为旋喷桩设计半径)、排距为 0.75R 时较为经济。

第四节　高压喷射灌浆防渗体的形状及连接形式

一、喷射方式与固结体形状

1. 旋喷—圆柱体

喷嘴一面喷射一面旋转并提升,固结体呈圆柱状。虽然旋喷法主要用于加固地基,提高地基的抗剪强度，改善土的变形性质，但有时也用于组成闭合的帷幕，起截阻渗流和治理流沙的作用(见图 6-5(a)所示)。

2. 定喷—壁板形块体

喷嘴一面喷射一面提升，喷射的方向固定不变，固结体形如板状或壁状。(见图 6-5(b)所示)

3. 摆喷—哑铃形块体

喷嘴一面喷射一面提升，喷射的方向呈较小的角度来回摆动，固结体呈哑铃状(平面上呈∞形)(见图 6-5(c)所示)。

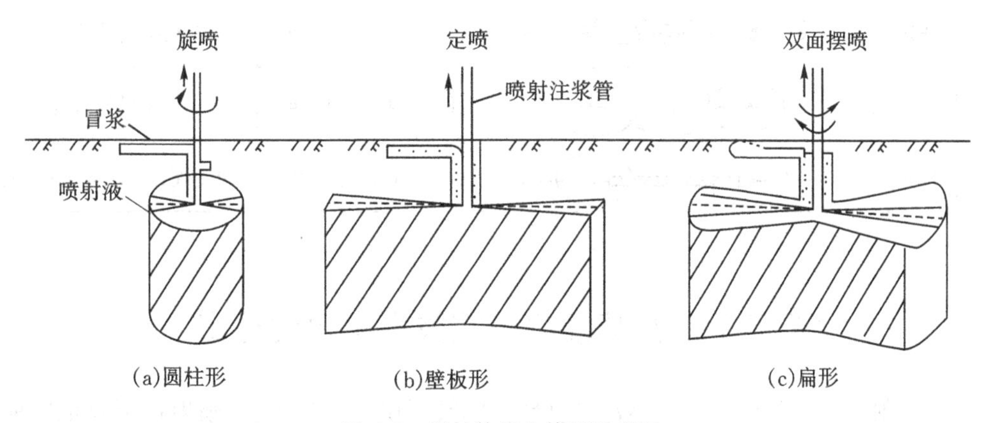

图 6-5 固结体基本体形示意图

二、高喷灌浆孔的孔距及布置形式

孔距及布置形式的设计合理与否，对高压喷射灌浆的造价及质量影响很大，应结合施工现场试验精心设计，结合高压喷射灌浆参数的选定选取较为合理的、适宜的孔距及布置形式，以确保施工质量，降低工程造价。

作为防渗工程，通过大量的工程实践经验及定性理论分析，总结出了如表 6-2 所示的几种常用的孔距及布置形式。临时性和一般性的工程常采用单排布孔，重要工程可按表中所示，布置成双排或多排孔，以确保施工质量。

表 6-2 所列孔距及布置形式受水文地质情况影响较大，大值适用于细颗粒地层，小值适用于大颗粒地层。在相同的工艺参数情况下，在中细砂、粉砂地层，孔距可大些，一般 2.0～2.5m左右；在砾卵石及卵漂石地层，孔距多采用 1.0～1.5m；在中粗砂、壤土或杂填土层，孔距多采用 1.5～2.0m。但针对某具体工程，最优的孔距及布置应通过现场试验确定。

根据目前的工程实践经验，交叉折线型连接(即表 6-2 所列中的前 3 种连接)形式较为可靠，特别是其中的微摆喷法在堤防、土坝工程防渗中经常使用。喷射方向与轴向的夹角一般设计为 20°～30°，连接角度 120°～140°，布孔施工时可按由疏到密的原则，分序施工，先喷一序孔，再喷二序孔。如遇到转折孔，则孔距和喷射角度要做适当调整，以确保转折孔与邻孔墙体之间的紧密连接。

表 6-2 **高压喷射灌浆施工布置形式**

编号	名 称	图 型	孔距(m)	厚度(cm)	特 点
1	折线型		1.6~2.5	10~30	便于连接
2	微摆型		1.6~2.2	20~40	连接可靠、墙厚
3	交叉型		1.6~2.5	蜂窝状	连接结构稳定性好
4	直摆型		1.6~2.2	20~50	便于连接
5	摆定型		1.6~2.5	10~40	连接结构稳定性好
6	柱列型		0.8~1.4	20~40	套接可靠性差
7	柱板式		1.4~2.0	>10	便于连接,结构稳定性好

第五节 高喷灌浆工艺技术参数的选定

高压喷射灌浆质量的好坏、工效和造价的高低,不仅受工程类型、喷射地形及地质地层条件的影响,更重要的是取决于施工工艺技术参数的合理选用。以三管法为例,主要是选好水、气、浆的压力及其流量,喷嘴大小及数量;喷嘴旋转、摆动和提升的速度;浆液配比、相对密度等。

上述技术参数的确定与被处理地层的工程和水文地质情况是密切相关的,尽管已积累了不少经验,但要全面地提出不同地层的最佳参数配合,还需做很多的资料积累和试验研究工作。一般情况下,重要工程在开工前,视工程复杂程度与地质情况,都应进行现场试验,以取得较为适宜的符合该工程实际情况的施工工艺技术参数。下面根据实践经验的总结简述几个主要参数的选用。

高压射流压力如前所述,是使喷射流产生高速,从而有强大的破坏力。而喷射的流量是产生强大动能的重要条件,所以一般都采用加大泵压和浆量来增大其冲切效果,以获得较大的防渗加固体,限于目前国内机械设备的水平,常用的喷射压力为 20~40MPa,最大可达 60MPa,视地层结构的强弱而定。

提升速度和旋转是喷射流相对性移动的速度,它是决定喷射流冲击切割土层时间长短的两个主要因素。实践证明,土体受到高压射流的冲切后,很快被切割穿透。切割穿透的程度是随射流持续喷射时间的增加而增大的。一定的喷射时间,产生一定的喷射切割量,便可将土体冲切一定的深(长)度。提升速度和旋转速度的相互配合是至关重要的。旋喷或摆喷时,提升速度过慢影响工效,增加耗浆量;旋转速度过快桩径太小,影响施工质量。它们之间均有较佳的相互配合。一般控制在每旋转一转,提升 0.5~1.25cm,这样可使土体破坏,并使土颗粒破坏得较为细而均匀。当为定喷时,只是提升速度与切割沟槽长短及冲切颗粒粗细之间的关系，因而也较好选取。

据目前的国内有关资料，综合实践经验，不同喷射类型的高压喷射灌浆施工工艺技术参数的配合如表6-3所列。

表6-3　**高压喷射灌浆主要工艺技术参数表**

项目＼喷射类型		单管法	二管法	三管法	
				国内	日本
高压水	水压(MPa)			30～60	20～70
	水量(L/min)			50～80	50～70
压缩气	气压(MPa)		0.7	0.7	0.7
	气量(m^3/min)		1～3	1～3	>1
水泥浆	浆压(MPa)	30	30	0.1～1.0	0.3～4.5
	浆量(L/min)	25～100	50～200	50～80	120～200
提升速度(cm/min)		20～25	5～10	5～40	5～200
旋转速度(r/min)		20	20	5～10	5～10
摆动角速度(°/s)				5～30	
喷嘴直径(mm)		2.0～3.2	2.0～3.2	1.8～3.0	1.8～2.3

第六节　高喷灌浆施工程序和工艺

一、施工程序

施工程序大体分为钻孔、下注浆管、喷射、提升等，如图6-6所示。

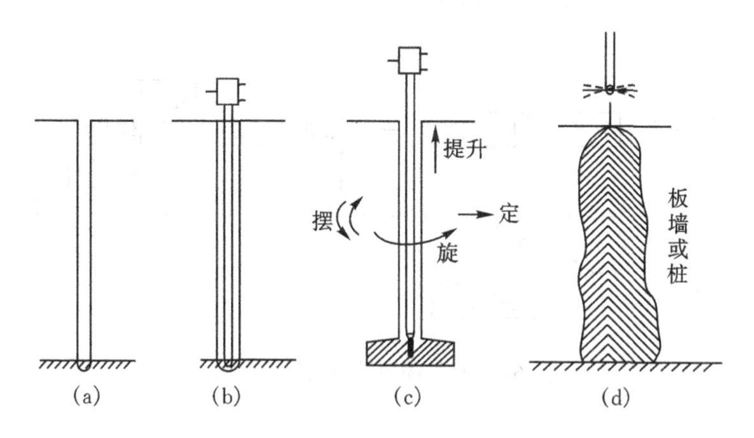

(a)钻孔；(b)下注浆管；(c)喷射提升；(d)成桩或成墙

图6-6　施工程序示意图

1. 钻孔

首先把钻机对准孔位，用水平尺掌握机身水平，垫稳、垫牢、垫平机架。控制孔位偏差不大于1～2cm。钻孔要深入基岩0.5～1.0m。钻进过程要记录完整，终孔要经值班技术员签字认可，不得擅自终孔。

严格控制孔斜，孔斜率可根据孔深，经计算确定，以两孔间所形成的防渗凝结体保证结合，不留孔隙为准则。孔深大于15m的，以用磨盘钻造孔为好，每钻进3～5m，用测斜仪量测一次，发现孔斜率超过规定应随时纠正。

2. 下喷射管

将喷射管下放到设计深度，将喷嘴对准喷射方向不准偏斜是关键。用振动钻时，下管与钻孔合为一体进行。为防止喷嘴堵塞，可采用边低压送水、气、浆，边下管的方法，或临时加防护措施，如包扎塑料布或胶布等。

3. 喷射灌浆

当喷射管下到设计深度后，送入合乎要求的水、气、浆，喷射1～3min；待注入的浆液冒出后，按预定的提升、旋转、摆动速度自下而上边喷射边转动、摆动，边提升直到设计高度，停送水、气、浆，提出喷射管。

喷射灌浆开始后，值班技术人员必须时刻注意检查注浆的流量、气量、压力以及旋、摆、提升速度等参数是否符合设计要求，并且随时做好记录。

4. 清洗

当喷射到设计高度后，喷射完毕，应及时将各管路冲洗干净，不得留有残渣，以防堵塞，尤其是浆液系统更为重要。通常是指浆液换成水进行连续冲洗，直到管路中出现清水为止。

5. 充填

为解决凝结体顶部因浆液析水而出现的凹陷现象，每当喷射结束后，随即在喷射孔内进行静压充填灌浆，直至孔口液面不再下沉为止。

二、高压喷射灌浆施工流程

高压喷射灌浆施工流程见图6-7所示。

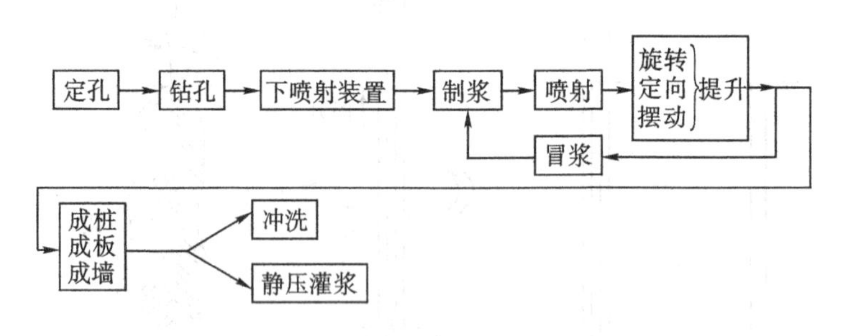

图6-7 高压喷射灌浆施工流程图

三、施工工艺

地层的种类和密实度、地下水质、土颗粒的物理化学性质，对高压喷射灌浆凝结体均有不同程度的影响，也可以说，高压喷射灌浆结体的形状和性能取决于被处理的地层类别。在施工中，各项工艺参数的配合、选用已由表6-3给出，但在实际工程中是比较复杂的，因此要因地制宜,采取恰当的工艺措施。

第七节　旋喷桩处理地基工程实例

一、旋喷桩用于泵房软弱地基加固

1. 工程概况

珠海电厂循环水泵房位于电厂码头东侧,紧靠南海边,共三台水泵,每座泵房井的外围尺寸为38m×38.75m×17.21m(长×宽×高),1998年夏季动工兴建。其软弱地基用高压旋喷桩加固,该加固工程施工历时70天,累计钻孔进尺4174m,完成旋喷加固桩294根,设计总桩长2616m。

2. 工程地质情况

珠海电厂循环水泵房所在位置,表层为填海造地时抛投的块石渣料,其下分别为海砂、淤泥、粉黏土。高压旋喷桩处理部位钻孔实际情况表明,表层大块石含量较多,且厚度较大,一般为3~7m,1#泵房井块石直径为0.5m以上者,含量达50%,3#泵房井碎石层分布含量50%~80%(各地层物理力学性能详见表6-4所列)。

表6-4　**土层主要物理力学性质**

土名	天然含水量(%)	天然重度(kN/m³)	塑性指数	压缩模量(MPa)	标贯值(N63.5)	土工试验承载力f_k(kPa)	承载力推荐值f_k(kPa)
填土					90.0	300	
淤泥	50.03	17.17	1.41	2.20	0.71	70	50
淤泥质黏土	47.79	17.35	1.54	2.40	1.04	69	60
黏土	33.30	20.54	0.83	2.38	5.11	160	150
粉质黏土	22.65	20.30	0.40	6.75	17.09	260	250

3. 方案选择及加固设计

原计划泵房地下连续墙完成后,挖至-5.5m做深层搅拌桩加固软土地基,但实际上,在泵房临海侧块石渣料层埋藏较深,当基坑挖至-5.5m时,仍有3~7m厚的块石渣料层,深层搅拌无法施工。因此,设计时在泵房的临海侧块石渣料层较厚处,布置5排旋喷桩,排距1.8m,孔距1.8m,要求旋喷桩直径为1.20m,有效桩长8m,复合地基承载力170kPa。根据实际开挖情况,最终确定在1#、2#、3#泵房井分别实施旋喷桩138根、29根和127根(见图6-8,图6-9所示)。为确保施工质量及加固后的复合地基承载力达到设计标准,通过对高喷、灌浆各类型的比较分析,确定采用双管法进行高压旋喷施工。

4. 施工工艺

国内应用的以加固软基为主的二重管法的浆压,一般为20MPa,而本次应用的高压浆泵,它具有超高压力和大流量,以防渗、加固为主,应用领域更为广泛。其射浆压力可达到50MPa,且压力、流量可根据不同地层的需要任意调节。另外,由于直接喷射水泥浆液,较三管法而言,不用高压水,返浆量小,桩体质量有保证。

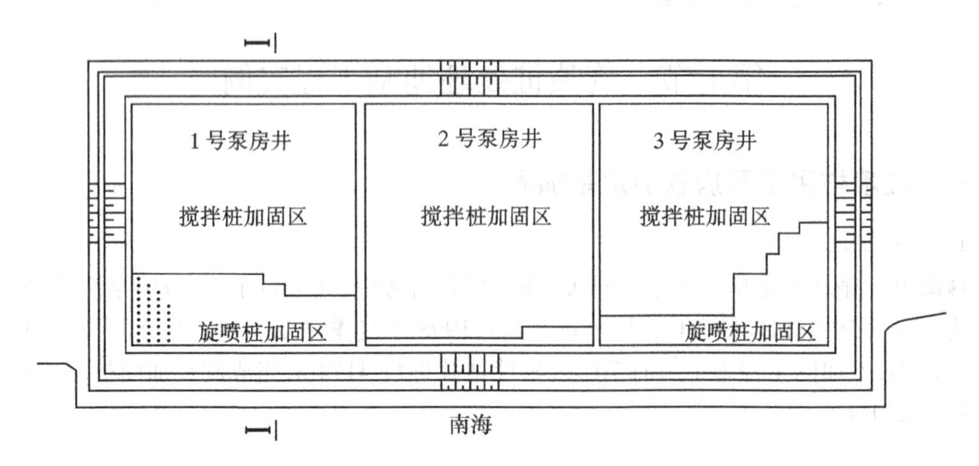

图6-8 珠海电厂循环水泵房基础加固平面图

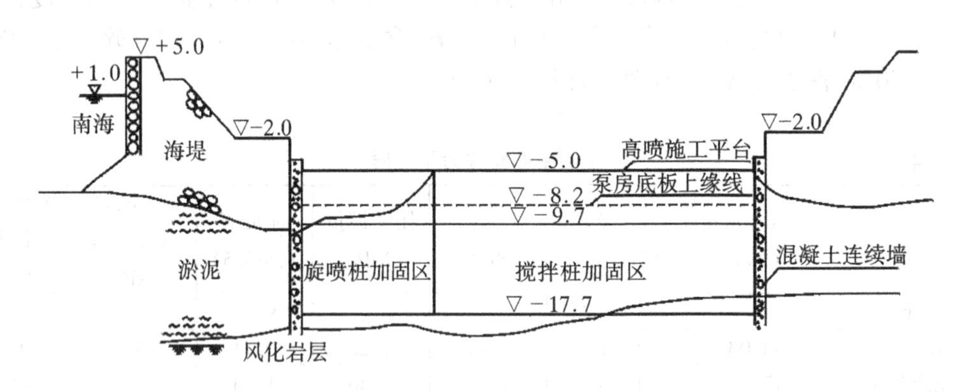

图6-9 珠海电厂循环水泵房基础加固横剖图

5. 施工技术参数

浆压30MPa,浆量120L/min,浆液比重1.52～1.60,气压0.7～0.8MPa,气量60～80m^3/h,

提速10～20cm/min。

6. 施工中出现的问题及处理措施

因该工程施工地层是由大量块石及山坡土回填而成,且地下水、地表水均很丰富,故虽然采用300型油压钻机造孔,但进尺仍然缓慢,经常出现塌孔卡钻及掉钻头现象。针对钻孔难度大的特点采用及时抽排地表水,遇到块石及时更换潜孔钻,下护壁管防止塌孔等一系列措施。另外,施工期间,暴雨连绵,施工现场稀泥遍地,工地负责人及时采取了增加排浆量等措施。

7. 效果检查

为保证旋喷质量,在施工期间及施工结束后,对旋喷桩进行了开挖及静载压板试验。

(a) 开挖检查

1998年7月9日分别对7-A、7-E两根旋喷桩进行桩头开挖检查,开挖桩头直径分别为

1.4m 和 1.7m,桩体水泥含量均匀无夹块现象。

(b) 静载压板实验

在 2 号、3 号泵房旋喷区各布置一个静载压板试验点,均为 4 桩复合地基,承压板是现浇的钢筋混凝土刚性板,承压板面积:2 号泵房区 WX-5-6 试验点为 $2.2\times2.2=4.84\text{m}^2$,3 号泵房区 YZ-5-6 试验点为 $2.15\times2.25=4.84\text{m}^2$,要求加载值为 $2\times170=340\text{kPa}$,具体试验结果见表 6-5 所列,由此可以看出,这两个试验点的承载力基本值均满足设计要求。

表 6-5 **旋喷桩复合地基承载力试验结果**

区域	试验点号	压板面积 (m^2)	加载值 (kN)	沉降量 (mm)	回弹量 (mm)	回弹率 (%)	承载力基本值及相应沉降		备注
							承载力 (kPa)	沉降 (mm)	
2 号泵房	WX-5-6	2.20×2.20	1 600	44.35	11.07	24.96	211	11.00	S/b=0.005
3 号泵房	YZ-5-6	2.25×2.15	1 650	30.61	6.75	22.05	231	11.00	S/b=0.005

二、旋喷桩用于库岸防护堤软弱地基加固

长江三峡工程蓄水后,水库调度运用过程中的水位涨落和波浪冲蚀,以及库区城镇迁建中人为的不当活动,都会使水库岸坡稳定性降低,引发地质灾害。因此,库岸防护加固十分必要。库岸防护加固措施主要有两类,一是采用抗滑桩或锚固措施阻止滑坡体下滑,这类措施主要针对第四系堆积体岸坡或岩质山体滑坡;二是在滑坡变形体前缘修筑防护堤。其中第二种库岸防护措施在城镇迁建工程十分浩大的三峡库区更为普遍采用。修筑防护堤不仅可以压脚固坡、避免波浪对岸坡的侵蚀,还可与填土造地、修建岸边公路等工程相结合,一举多得。图 6-10 所示为长江三峡库区岸丰都风景区某段防护堤的设计断面,该河段河滩为第四系冲积层,由于地基冲积覆盖层厚度较大,经方案比较决定采用对地基承载力要求较低和对地基沉陷适应性较强的碾压土石防护堤,防护堤各土层的物理力学参数如表 6-6 所列。

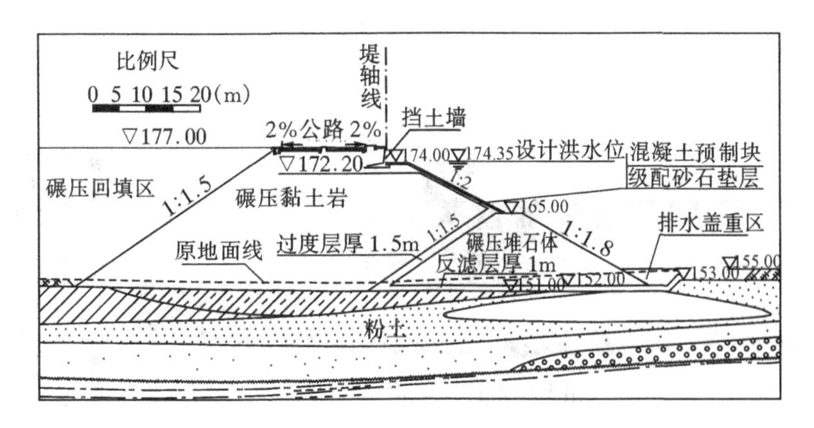

图 6-10 丰都风景区库岸防护堤

表 6-6 **防护堤及其地基土石料的物理力学参数**

土石名称	干容重 (kN/m³)	湿容重 (kN/m³)	渗透系数 (m/day)	压缩模量 (MPa)	泊松比	凝聚力 (kPa)	摩擦角 (°)
粉质黏土	15.4	18.0	0.0043	5.53	0.350	12.00	13
粉土	16.1	19.1	0.035	5.94	0.300	8.00	18
粉细砂	15.3	18.5	0.259	7.64	0.300	3.00	24
碾压黏土岩	16.6	19.0	0.518	22	0.333	10.00	28
碾压堆石	18.6	20.5	17.28	60	0.333	0.01	38
反滤料	20.5	21.0	4.32	50	0.333	0.01	36

三峡水库运用调度主要考虑防洪要求,在汛期(每年6~9月)水库蓄水位控制在防洪限制水位145m高程,非汛期(11月~次年3月)则蓄至175m高程。水库水位快速下降不利于库岸防护堤的稳定,这是因为:当水库水位快速下降时,一方面,有利于防护堤边坡稳定的侧向水压力随之撤消;另一方面,不利于防护堤边坡稳定的孔隙水压力的消散总是滞后于水库水位的下降;此外,饱和孔隙水渗透排出时,对土体产生拖曳滑动力(即渗流力)。当水库水位由汛期洪水位168.5m降至152.0m(防护堤坡脚高程)时,在渗流计算分析的基础上,对图6-10所示防护堤进行了应力应变分析,得到防护堤的主应力及累计沉降分布情况如图6-11所示。

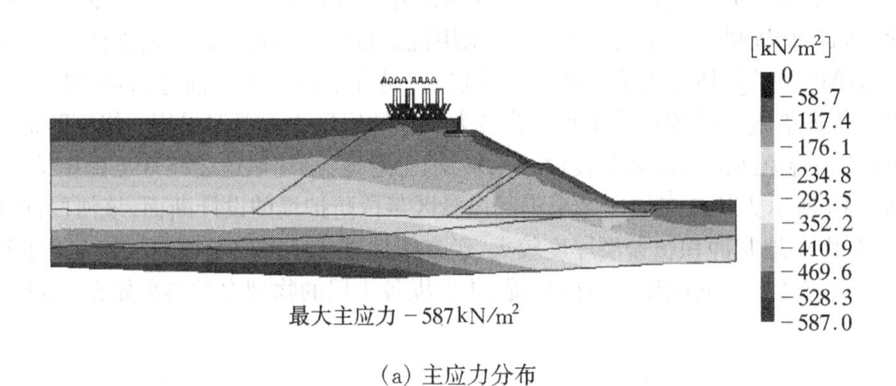

(a) 主应力分布

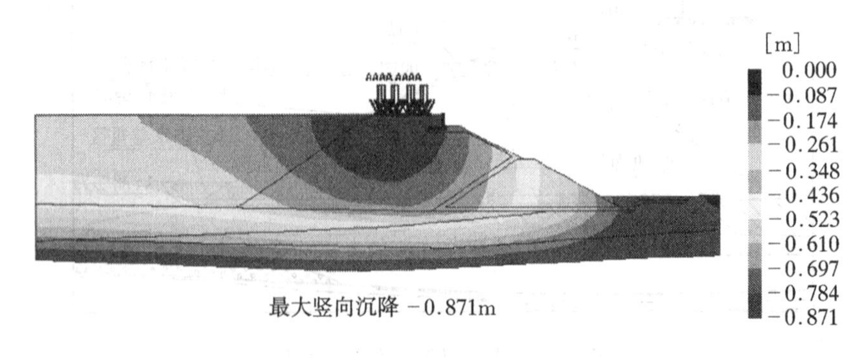

(b) 沉降分布

图 6-11 地基处理前应力、沉降分布图

图 6-11 所示表明防护堤在水位快降时的应力和沉降值都偏大,这对防护堤及地基的稳定都不利,应采取适当措施。综合考虑地基土层情况和施工条件,决定采取旋喷桩加固地基。图 6-12 为采用旋喷桩(置换率 15%~30%,沉降大的地方取较大的置换率)加固地基后的主应力及累计沉降分布情况。比较图 6-11、图 6-12 得知,进行地基处理后,地基土层承受的最大主应力由 587kN/m^2 下降到 327kN/m^2(旋喷桩端点极端应力为 1070kN/m^2),防护堤最大沉降(累计)由 0.871m 降至 0.449m,且沉降分布已趋均匀。

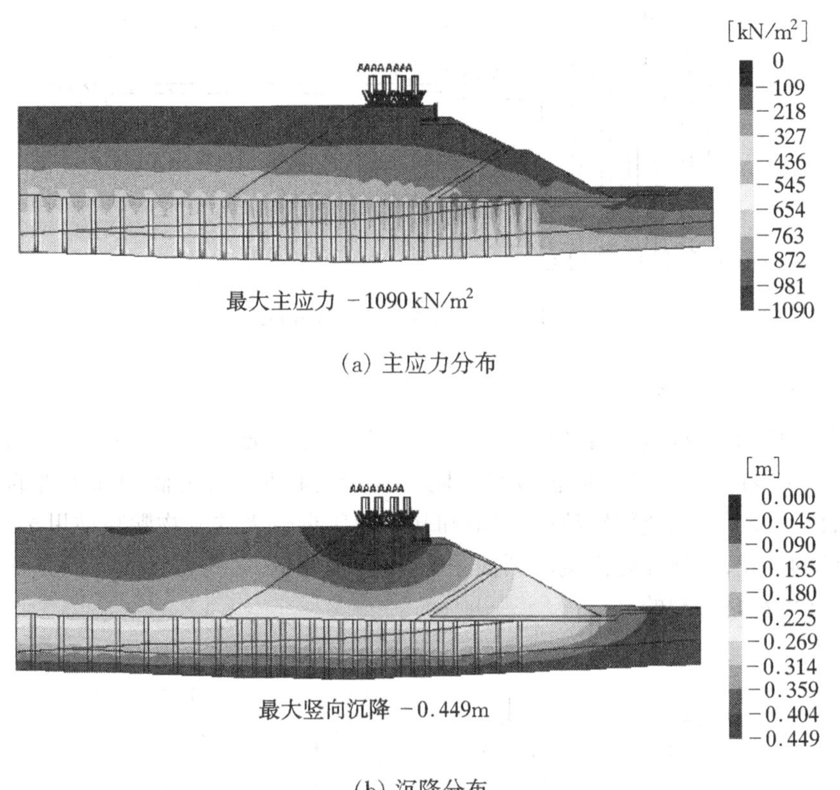

(a) 主应力分布

(b) 沉降分布

图 6-12　旋喷桩加固地基后的应力、沉降分布图

三、旋喷桩用于水闸地基处理

1. 工程概况

阎潭引黄闸位于山东省东明县黄河大堤上,系 1971 年建成的四联 12 孔箱式钢筋混凝土涵闸,进口高程 63.0m(大沽高程体系)。因黄河防洪水位提高,该闸原设计不能满足防洪要求,于 1981 年进行改建。经方案比较,改建时选用上游接长桩基开敞式方案(见图 6-13 所示),接长部分共 6 孔,每孔净宽 6m,两岸均为一孔钢筋混凝土岸厢和一孔引桥。闸室顺水流方向长 13m,在闸底板中间分缝,全闸底板分成 7 块,底板设计高程为 64.3m。

考虑到新、老闸墩接触紧密,可以利用老闸承担水平推力,新闸桩基仅承担竖向荷载,不配置钢筋,加之该闸基土质大部为砂壤土,因此,决定采用旋喷桩进行新闸地基处理。经计算，选用157根桩径为0.7m，桩长15m的旋喷桩，桩基平面布置和计算与一般灌注桩相同。

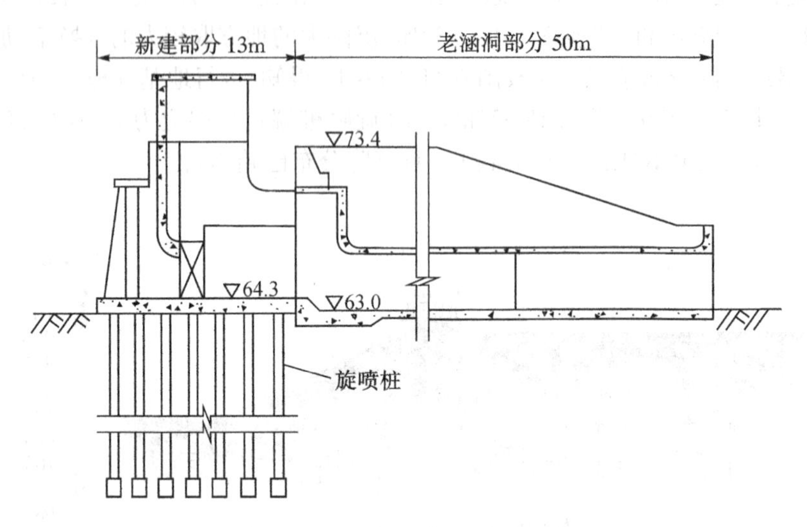

图6-13 阎潭闸改建工程纵断面图

2. 单桩垂直承载力的确定

据资料分析，旋喷桩施工后基础土密实度提高，并且浆液浸入土层间形成翼状薄层，各土层因土质、密度的差异，导致成桩直径不同（见图6-14所示），因而增加了桩的周边摩阻力。同时，由于施工中高速旋转喷射，浆液和基土中比重较大的矿物颗粒被甩至周边，使桩形成较坚硬的外壳，一般外壳强度较断面平均强度高15%，这些对于成桩的完整性和提高抗压、抗弯强度都是有利的。

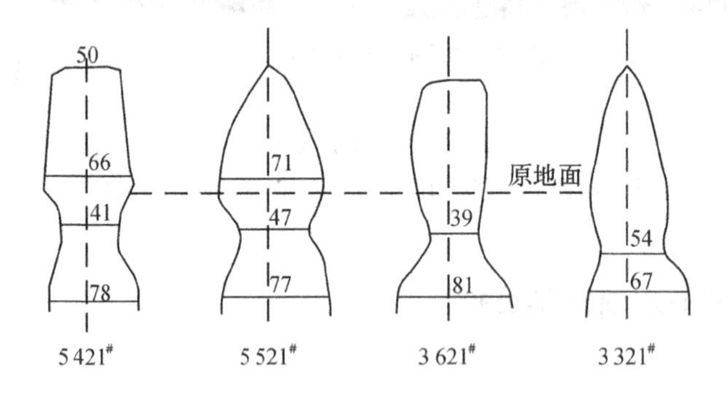

图6-14 成桩纵断面图（图中长度单位：cm）

根据以上特点，可认为同样直径和长度的旋喷桩的垂直允许承载力应比灌注桩大。但如何计算旋喷桩的单桩承载力，目前尚无统一的方法，一般都是通过现场试验确定。因本闸施工任务紧，也无现场试验条件，旋喷桩的单桩承载力只能参照类似工程试验成果，并考虑旋喷成桩的特点，采用式(6-2)、式(6-3)进行计算。本闸计算成果同其他工程试验成果比较见表6-7所列。

表 6-7　**阎潭闸旋喷桩单桩承载力与其他工程旋喷桩单桩承载力试验值的比较**

试验者	土质	桩径(m)	桩长(m)	极限承载力(t)
兰州铁路局	黄土状土	0.46	8	53
兰州铁路局	黄土状土	0.50	8	60
铁三局	黄土状土	0.50	13.5	65
八冶局	细砂	0.80	8	≈80
阎潭闸计算值	1.8m 黏土,其余为轻砂壤土	0.70	15	83

3. 施工工艺及设计

旋喷桩的桩径决定于水泥浆液的喷射压力、旋转和提升速度、土类及其密度等因素。旋喷压力 F 与喷流密度 ρ、喷嘴截面积 A、喷流速度 v 之间存在如下关系

$$F = \rho A v^2 \tag{6-5}$$

施工参数的选择,目前还只能先根据其他工程资料和现场试验初步确定,再在施工现场挖桩检查,验证施工质量后加以调整。本闸根据河南河务局旋喷桩队积累的资料,结合本工地地质资料预先确定如下设计施工参数

工作压力:$P = 125 \pm 25\text{kg/cm}^2$;

钻杆旋转速度:$\omega = 40r/\text{min}$;

钻杆提升速度:$V = 28.7 \sim 24\text{cm/min}$;

喷嘴直径:$d = 2.4\text{mm}$。

若基础为软黏土层,钻杆提升速度则选用 3.6~15.7cm/min。

桩底扩径施工,采用进钻射水,灌注时只转不升,持续旋喷 1 分钟。

施工中,根据现场挖桩检查结果,对施工参数不断调整,结果见表 6-8 所列。

4. 成桩强度设计

本工程设计浆液选用:水泥浆为 425＃硅酸盐水泥浆,比重为 1.36(水灰比 1∶5),速凝剂 $CaCl_2$ 用量为水泥重的 1%。单桩最大允许承载力为 $41.5t$,对混凝土强度要求为 10.78kg/cm^2。据有关资料介绍,425＃水泥,水灰比 1∶5,壤土地基成桩,100 天强度都在 40kg/cm^2 以上。

5. 施工设备

钻机:76 型专用旋喷钻机;灌浆机:SNC-300 型高压泥浆泵车;拌浆及管道系统:水力水泥混合器和 2 吋潜水泵,高压胶管、专用钻头、喷嘴等。

表 6-8　**施工中工艺参数变更结果**

序号	施工参数	制桩根数	应用时间
1	压力 $P = 125 \pm 25\text{kg/cm}^2$,提速 $V = 28.7\text{cm/min}$	16	1981.12.6~12.12
2	压力 $P = 125 \pm 25\text{kg/cm}^2$,提速 $V = 28.7\text{cm/min}$	37	1981.12.13~12.22
3	压力 $P = 150 \pm 25\text{kg/cm}^2$,提速 $V = 24.0\text{cm/min}$	104	1981.12.23~1982.3.8
4	回填土层射水钻进	108	1981.12.23~1982.3.8
5	回填土层射水钻进,从高程 62.3~63.8m 用慢一档速度提升	4	1981.12.6~12.9
6	喷嘴直径 $d = 2.8\text{mm}$	7	1981.12.6~12.9
	$d = 2.4\text{mm}$	150	1981.12.9~1982.3.8

6. 工程质量及运行效果分析

(1)工程质量分析

根据施工现场条件,挖桩检查深度 2.5m 左右,比基坑底部深 0.6m,共挖桩 120 根,成桩桩径平均为 71.34cm,直径大于 70cm 的桩数达到 86.7%(见表 6-9 所列)。成桩形状较规则,表面光洁,但在人工回填土层以及原基土表层中的桩径,虽经调整工艺参数,仍未达到设计要求。

表 6-9 **成桩桩径检查结果表**

底块分块编号		Ⅰ	Ⅱ	Ⅲ	Ⅳ	Ⅴ	Ⅵ	Ⅶ	小计	大于该直径比例(%)
分析直径	<ϕ60	1		1			1		3	100
	ϕ60~ϕ65		2	3	4	1	3		13	97.5
	ϕ65~ϕ70	3	2	3	6	10	6	1	37	86.7
	ϕ70~ϕ80	2	8	7	5	8	9		44	55.8
	>ϕ80	3	9	4	3	2	2	5	23	19.2
	d_{max}(cm)	85	88	84	84	86	88	78		
	d_{min}(cm)	50	63	63	62	65	61	65		
	d 平均(cm)	72.6	74.2	71.4	69.8	72.2	70.9	72.2	71.24	
检查根数		9	21	21	21	21	21	6	120	

说明:桩径都按原基底以下 0.6m 左右断面直径计。

人工回填土层突出的问题是成桩不规则,桩的横截面形状变化大,有效桩径小。原因是回填壤土土质不匀,大量黏粒团块掺杂在砂壤土中,加上回填时间短,固结不好,不同土质黏聚力的差异使其抗水力切割和在水中分解性能明显不同,未被分解的黏块被高速旋喷的水流冲携到桩孔外壁,造成桩截面极不规则,从而达不到设计要求。

另外,原基坑底部表层土,位于老闸上游砌石护坦下部,砌石时大量水泥浆掺杂到基土中,凝固成硬层,旋喷压力不足以将其粉碎,因而该桩段桩径很小,形成瓶颈状,不能达到设计要求(见图 6-14 所示)。

以上两种土层都处于浅层,它们造成的成桩质量问题,通过开挖、凿除、浇注混凝土接长,都较好地得到了解决。

(2) 运用情况分析

该闸 1982 年 4 月浇注底板,6 月底基本建成,8 月底两侧新堤全部回填完毕。为了了解桩基承载情况,主要进行了沉陷观测。现以受边荷影响较小的中墩为例进行分析。至 1983 年 11 月,中墩上游总沉陷量为 10~13mm。与此闸地质情况、单桩设计承载力等相似的刘庄引黄闸灌注桩基沉陷比较见表 6-10 所列。由表 6-10 看出,竣工后总沉陷量尽管两闸情况不完全相同,但观测数字说明,旋喷桩承载能力的可靠性是无疑的。

表 6-10 **阎潭闸与刘庄闸桩基荷载及沉陷观测值对照**

项 目		阎潭闸引黄闸	刘庄引黄闸
结 构		旋喷桩基,开敞式闸	混凝土灌注桩基,开敞式闸
竣工时间		1982 年 6 月	1979 年 6 月
基础情况		底板下 15m 以内,有两个黏土层,总厚 1.8m,其余为砂壤土	底板下 15m 以内,有一个黏土层,厚度 1.8m 左右,其余为砂壤土
中孔桩径、桩长		桩长 15m,桩径 70cm	桩长 12.5m,桩径 85cm
设计单桩承载力		$P=41.50t$	$P=41.28\sim44.31t$
总沉降量	(1 年)	10~13cm(1983 年 11 月)	22cm(1980 年)
	(3 年)	17~20cm(1985 年)	35cm(1982 年 6 月)
	(5 年)	27~32cm(1987 年 4 月)	51~54cm(1985 年)

第七章　冲积型地基堤坝工程渗流控制

第一节　堤坝工程渗流控制的主要任务

冲积型地基是最为常见的地基类型之一。流域三角洲地区(如长江三角洲地区、黄河三角洲地区、珠江三角洲地区等)及江河湖泊平原地区(如江汉平原、洞庭湖平原、鄱阳湖平原等)基本上都属于冲积型地基。另外,一般河流的河床往往也覆盖着新生代的砂卵石冲积层。冲积型地基如此广泛,加上堤防及一般高度土坝工程对地基承载力要求不是很高,因此大多数堤防及土坝工程都建造在冲积地基之上。

冲积地基堤坝工程存在的最大问题就是渗流问题。

根据我国原水利电力部1981年对241座大型水库先后发生的1 000宗工程事故的统计,由于渗透变形而造成的事故占总事故的31.9%;对2 391座水库垮坝事故分析统计,由于渗透变形而造成垮坝的占29%。美国对206座土坝失事进行分析,由于渗透变形而造成的事故占总数的39%。日本土坝失事调查分析表明,因渗透变形而造成的土坝失事占总数的44%。瑞典和西班牙分别对119座、117座土坝事故分析,由渗透变形所导致的事故均占总数的40%。以上统计数字表明,水库垮坝失事约30%～40%系由渗透变形所致,这还不包括与渗流作用密切相关的滑坡、塌坑等土坝破坏类型。由此可见,没有渗流安全就没有大坝安全。

渗流对堤防工程安全的危害更为突出,与渗流作用有关的管涌、散浸、跌窝、崩塌、脱坡等险情在汛期频繁发生,其主要原因在于:一是堤防傍河而建,堤线选择受河势制约,无法避开地层复杂、透水性强的冲积地基;二是堤身填筑质量差,不少堤防系由历代零星堤垸和若干分散堤段逐步连接,逐年加高培厚而成,接头较多,碾压不实,且填筑时就近取土,土质难以符合要求;三是堤后坑塘多,堤防建设中“就近取土,就便取土”的不科学惯例,致使堤后坑塘密布,天然弱透水覆盖层被削弱。据统计,历史上长江干流决堤,90%以上是由堤基管涌造成的,1998年洪水期间,长江中下游干堤出险6 100多处,堤基管涌险情占其中的54.5%。

鉴于渗流的危害性,在冲积地基上建造的堤坝工程尤其要采取谨慎的渗流控制措施。堤坝渗流控制的主要任务包括如下三个方面。

(1) 降低渗流水头

对于堤防及土石坝等有自由渗流面(即无压渗流)的工程,堤坝渗流水头越大(即浸润线越高),则下游边坡的稳定性越差,而且坡脚附近容易发生散浸、流土险情。因此降低渗流水头对于增强堤坝工程的稳定性是十分必要的。

(2) 减小渗透坡降

堤坝工程之所以发生渗流变形(如管涌、流土等),是因为实际渗透坡降超过了土的允许渗透坡降，因此必须采取适当的渗流控制措施(包括防渗措施和导渗措施)来减小渗透坡降，特别要注意减小渗流出口附近的渗透坡降并做好反滤保护。

(3) 控制渗流量

堤坝工程中渗流是不可避免的，但是渗流量必须控制在允许范围内。譬如，水库大坝及基础渗流量过大会造成库水损失浪费，缺水地区更是要严格地控制渗漏量；又如，堤防工程渗流量过大会造成堤防背水侧沼泽化或抬高农田地下水位，影响农业生产。因此，控制渗流量是堤坝工程渗流控制的目标之一。

第二节　堤坝渗流基本理论

一、广义达西定律

将达西公式(1-39)等号两边向 x、y、z 轴投影，便得到空间直角坐标系中的广义达西定律表达公式：

$$\begin{aligned} v_x &= -k_x \frac{\partial h}{\partial x} = k_x J_x \\ v_y &= -k_y \frac{\partial h}{\partial y} = k_y J_y \\ v_z &= -k_z \frac{\partial h}{\partial z} = k_z J_z \end{aligned} \tag{7-1}$$

二、渗流运动连续性方程

从渗流场中取某一微分单元体(如图 7-1)，其体积 $V = \mathrm{d}x\mathrm{d}y\mathrm{d}z$，流入左侧面的水体质量的速率为 $\rho v_x \mathrm{d}y\mathrm{d}z$，流出右侧面的水体质量的速率为 $(\rho v_z + \frac{\partial}{\partial z} v_z \mathrm{d}z)\mathrm{d}x\mathrm{d}y$，则左右面进出流量之差为 $-\frac{\partial}{\partial x}\rho v_x \mathrm{d}x\mathrm{d}y\mathrm{d}z$。

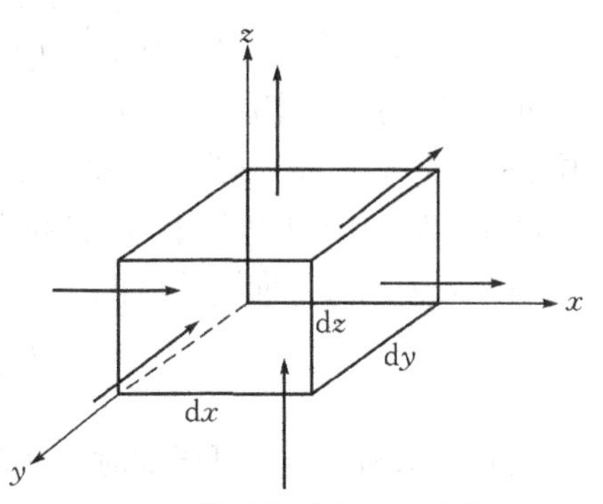

图 7-1　微元体进出流量示意图

同样，对于前后面和上下面作流进流出的流入量计算，最后累加各净有流入量，得到微元体内总的流入量为

$$-\left(\frac{\partial}{\partial x}\rho v_x + \frac{\partial}{\partial y}\rho v_y + \frac{\partial}{\partial z}\rho v_z\right)V。$$

将上式展开为

$$-\rho\left(\frac{\partial v_x}{\partial x} + \frac{\partial v_y}{\partial y} + \frac{\partial v_z}{\partial z}\right)V - \left(v_x \frac{\partial \rho}{\partial x} + v_y \frac{\partial \rho}{\partial y} + v_z \frac{\partial \rho}{\partial z}\right)V。$$

式中后一项与前一项相比，小得可以忽略，故改写成

$$-\rho\left(\frac{\partial v_x}{\partial x} + \frac{\partial v_y}{\partial y} + \frac{\partial v_z}{\partial z}\right)V \tag{7-2}$$

上式即为水体质量在微元体内积累的速率，根据质量守恒原理，它应等于微元体内水体

质量 M 随时间的变化速率：

$$\frac{\partial M}{\partial t}=\frac{\partial(n\rho V)}{\partial t}=n\rho\frac{\partial V}{\partial t}+\rho V\frac{\partial n}{\partial t}+nV\frac{\partial \rho}{\partial t} \tag{7-3}$$

式中：n 为土体的孔隙率；ρ 为水的密度，V 为微元体的体积。式(7-3)右边三项分别代表土体骨架、孔隙体积及流体密度的改变速率。

引入弹性压缩理论，可导出式(7-3)中的等价表达为

$$\frac{\partial M}{\partial t}=\rho^2 g(\alpha+n\beta)V\frac{\partial h}{\partial t} \tag{7-4}$$

式中：α 为土颗粒骨架的压缩性(即压缩模量)；β 为水的压缩性；h 为渗流测压管水头(m)，$h=z+\frac{p}{\rho g}$。

根据质量守恒原理，式(7-2)与式(7-4)相等，则得到

$$-\left(\frac{\partial v_x}{\partial x}+\frac{\partial v_y}{\partial y}+\frac{\partial v_z}{\partial z}\right)=\rho g(\alpha+n\beta)\frac{\partial h}{\partial t} \tag{7-5}$$

假定水和土不可压缩时，上式变为

$$\frac{\partial v_x}{\partial x}+\frac{\partial v_y}{\partial y}+\frac{\partial v_z}{\partial z}=0 \tag{7-6}$$

式(7-6)为不可压缩流体在刚体介质中流动的连续性方程。

三、渗流微分方程

将达西公式代入渗流连续性方程(7-5)可得

$$\frac{\partial}{\partial x}\left(k_x\frac{\partial h}{\partial x}\right)+\frac{\partial}{\partial y}\left(k_y\frac{\partial h}{\partial y}\right)+\frac{\partial}{\partial z}\left(k_z\frac{\partial h}{\partial z}\right)=\rho g(\alpha+n\beta)\frac{\partial h}{\partial t}=S_s\frac{\partial h}{\partial t} \tag{7-7}$$

式(7-7)为非稳定渗流微分方程的一般形式，既适合于承压含水层，也适合于无压渗流。式中，$S_s=\rho g(\alpha+n\beta)$ 称为单位储存量(尺度为 1/L)，其含义是：单位体积的饱和土体在水头下降 1m 时，由于土体压缩($\rho g\alpha$)和水体膨胀($\rho g n\beta$)所释放出来的储存水量。

当介质为均质各向同性(即 $k_x=k_y=k_z=k$)时，式(7-7)变为

$$\frac{\partial^2 h}{\partial x^2}+\frac{\partial^2 h}{\partial y^2}+\frac{\partial^2 h}{\partial z^2}=\frac{S_s}{k}\frac{\partial h}{\partial t} \tag{7-8}$$

当假定水和土为不可压缩时，式(7-7)、式(7-8)分别变成

$$\frac{\partial}{\partial x}\left(k_x\frac{\partial h}{\partial x}\right)+\frac{\partial}{\partial y}\left(k_y\frac{\partial h}{\partial y}\right)+\frac{\partial}{\partial z}\left(k_z\frac{\partial h}{\partial z}\right)=0 \tag{7-9}$$

$$\frac{\partial^2 h}{\partial x^2}+\frac{\partial^2 h}{\partial y^2}+\frac{\partial^2 h}{\partial z^2}=0 \tag{7-10}$$

式(7-9)、式(7-10)分别为各向异性、各向同性时的三维稳定渗流微分方程。

对于堤坝渗流及建筑物地基渗流，在许多情况下可简化为垂直剖面上的二维渗流问题，则式(7-9)、式(7-10)可变成

$$\frac{\partial}{\partial x}\left(k_x\frac{\partial h}{\partial x}\right)+\frac{\partial}{\partial z}\left(k_z\frac{\partial h}{\partial z}\right)=0 \tag{7-11}$$

$$\frac{\partial^2 h}{\partial x^2}+\frac{\partial^2 h}{\partial z^2}=0 \tag{7-12}$$

四、有自由面变动的渗流微分方程

对于土坝(或堤防)在水库(或河道)水位下降时的非稳定渗流情况,自由面下降引起的土体压缩或弹性释放水量与自由面下降时所排出的水量相比很小,故可令式(7-7)中的$S_s=0$,因此,有自由面的三维非稳定渗流微分方程为

$$\frac{\partial}{\partial x}\left(k_x\frac{\partial h}{\partial x}\right)+\frac{\partial}{\partial y}\left(k_y\frac{\partial h}{\partial y}\right)+\frac{\partial}{\partial z}\left(k_z\frac{\partial h}{\partial z}\right)=0 \tag{7-13}$$

其二维非稳定渗流微分方程为

$$\frac{\partial}{\partial x}\left(k_x\frac{\partial h}{\partial x}\right)+\frac{\partial}{\partial z}\left(k_z\frac{\partial h}{\partial z}\right)=0 \tag{7-14}$$

上面二式虽然在形式上与稳定渗流方程式(7-9)、式(7-11)完全相同,但结合自由面变动的边界条件所得到的水头分布是空间坐标与时间的函数,而不像稳定渗流方程式的解答,只是空间坐标的函数。

五、堤坝渗流问题的定解条件

发生在有限空间流场内的渗流运动,不仅受渗流微分方程支配,也受流场边界条件和初始渗流状态条件支配。下面以堤坝非稳定渗流状态介绍水工渗流定解条件的几种类型(见图7-2所示)。

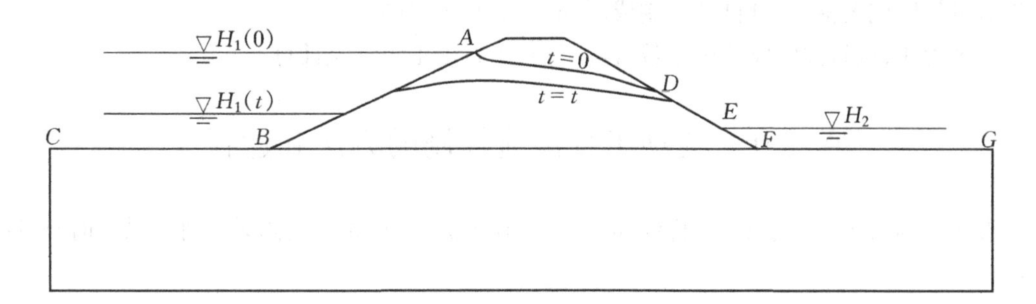

图7-2　堤坝非稳定渗流定解条件

初始条件:

$$h\Big|_{t=0}=h_0(x,z,t)\ (\text{仅对非稳定渗流}) \tag{7-15}$$

边界条件:

(1) 水头边界:$h\Big|_{\Gamma 1}=f_1(x,z,t)$　(7-16)

在图7-2所示中,水头边界包括:

上游已知水头边界:$h_{ABC}=H_1(t)$

下游已知水头边界:$h_{EFG}=H_2$

下游坡渗出段已知水头边界:$h_{DE}=z$

(2) 流量边界:$q=k_n\dfrac{\partial h}{\partial n}\Big|_{\Gamma 2}=f_2(x,z,t)$　(7-17)

在图7-2所示中,自由面 AD 下降时,由自由面流进的单宽流量为:

$$q = \mu \frac{\partial h}{\partial t} \cos\theta \tag{7-18}$$

式中:θ 为自由面的法线与铅直线的夹角;μ 为给水度,即单位体积土体在饱和含水情况下,当自由面下降1m后排出的空隙水量,又称土体的排水空隙率或有效空隙率。

又根据达西定律有

$$q = -k_n \frac{\partial h}{\partial n} = -k_n \frac{\partial h}{\partial z} \cos\theta \tag{7-19}$$

由式(7-18)、式(7-19),自由面流量边界条件可改写成

$$\frac{\mu}{k_n}\frac{\partial h}{\partial t} = -\frac{\partial h}{\partial z} \tag{7-20}$$

当坝体土各向异性时,k_n 取 k_z 值。

因渗流自由面与大气相通,压力水头为零,故在自由面上还应满足

$$h = z^* \tag{7-21}$$

根据渗流控制方程(7-14)及其定解条件(7-15)~(7-21),我们在借鉴国内外研究成果的基础上,编制出二维稳定—非稳定渗流计算的有限元法可视化计算软件SEEP2。该软件适用于各种工况(如水位固定或上游水位快降)、复杂边界(包括各种防渗、排水设施)和复杂土层条件下的堤防、土石坝渗流计算及各类不透水材料坝(如混凝土坝和浆砌石坝)、水闸、泵房的地基渗流计算;可得到渗流量、渗透坡降、浸润线、等水头线、扬压力等计算结果;计算结果既可打印成表格,也可自动绘制成浸润线、等水头线图。

迄今为止,该软件已成功用于数百座堤防、土石坝工程渗流计算。

第三节 堤坝工程渗流控制的方法和途径

渗流控制的途径包括防渗、排渗和压渗,并在渗流出口(尤其是当采用排渗措施时)设反滤层。

一、防渗

防渗是在坝体、堤身及地基上利用弱透水材料(如黏土、水泥土、混凝土、沥青混凝土、防渗土工塑膜等)做成防渗体,以消杀部分水头,同时减小渗透坡降和渗流量。防渗有垂直和水平两种基本形式。

1. 垂直防渗

兴建土石坝时,传统的垂直防渗措施有心墙、斜墙、截水槽和灌浆帷幕;对于高土石坝,采用沥青混凝土防渗墙或混凝土防渗墙较为普遍。对于既有土石坝和堤防工程,常采用高压喷射灌浆防渗、深层水泥土搅拌防渗、劈裂灌浆防渗、冲抓套井回填黏土防渗、坝体垂直铺塑或上游坡铺塑(即土工复合膜)等新技术进行垂直防渗。高压喷射灌浆法和深层水泥土搅拌法的技术、工艺已经在第五章、第六章介绍,土工复合膜防渗将在第七章介绍,下面介绍其他几种堤坝垂直防渗常用技术。

(a)劈裂灌浆

劈裂灌浆防渗是我国学者在研究渗入式灌浆引发裂缝的机理时,因势利导而开创的一种新型堤坝灌浆技术,于20世纪80年代开始应用于堤坝防渗加固。劈裂灌浆的机理是:沿堤坝轴线小主应力面(即沿堤坝轴线的铅直面),用一定的灌浆压力人为将堤身沿堤身走向劈开并灌注泥浆,利用泥浆、堤坝互压,泥浆析水固结和堤坝湿陷密实等作用,使所有与浆脉连通的裂缝、洞穴、砂层等隐患得到充填,并挤压密实堤坝,形成竖直连续的10~50cm厚浆体防渗墙。同时由于灌浆压力在堤坝内部产生的应力再分配,也能改善堤坝应力状态,促进变形稳定。劈裂灌浆建防渗墙,施工简单,造价低廉,仅20~40元/m^2。近年来,在研究人员的努力下,劈裂灌浆又有了新的发展,主要是应用范围越来越广。过去规范规定劈裂灌浆技术只能应用于坝高小于50m的均质坝和厚心墙坝,并且只能在低水位下施工;现在劈裂灌浆技术已逐渐推广到超过坝高50m,不仅能在低水位下施工,高水位也能施工;不仅适用于厚心墙坝,也适用于薄心墙坝;不仅可以劈裂坝体,也可以劈裂堤坝基础。同时,该项技术还成功应用到湿陷性黄土坝。

劈裂灌浆技术的优点突出,目前已经在广东、山东、湖南和四川等省土坝加固工程中广泛应用。

劈裂灌浆的技术关键是合理控制灌浆压力,避免劈裂堤坝,避免灌进堤坝中的泥浆不固结,避免灌浆过程中堤坝本身失稳、滑坡等。劈裂灌浆也有不足之处,需要进一步研究,如劈裂灌浆与基岩和刚性建筑物接触处防止接触冲刷,与基础混凝土防渗墙、高压定喷墙结合等问题,有待进一步研究解决。

(b) 冲抓套井黏土回填防渗墙

利用冲抓式打井机具,在土坝或堤防渗漏范围的防渗体中造孔,用黏性土料分层回填夯实,形成一个连续的黏土防渗墙。同时,在回填夯击时,对井壁土层挤压,使其井孔周围土体密实,提高坝体质量,达到防渗加固目的。

该项防渗加固技术由浙江省温岭县于20世纪70年代初在处理险坝时首创,至今已有几百座土坝和堤防采用此法处理渗漏。近年来,不断得到完善和发展,逐步推广到江西、湖南、四川等10多个省份。实践证明,冲抓套井回填黏土防渗技术具有机械设备简单,施工方便,工艺易掌握,造价低(约100元/m^2),防渗效果好等优点。应用该项技术的关键是要避免造孔偏斜,回填土的搭接厚度达不到要求,目前主要用于高度小于25m的坝体防渗加固。对于处理坝基渗漏,很难解决砂砾石和破碎岩石的清除,尤其在水下更难以施工,在雨季施工也有一定困难。

(c)垂直铺塑防渗

垂直铺塑防渗是我国20世纪80年代中期开始试验研究,20世纪90年代发展起来的新型防渗技术,它是用专门的开沟槽机械开出0.15~0.3m宽的沟槽,槽深可达20m,采用泥浆护壁,在沟槽中用铺膜机铺设土工膜后再用土回填沟槽,形成以塑膜为主体的防渗体,对解决堤身、坝体(坝高小于20m)散浸、集中渗流、堤脚附近的渗透破坏等效果显著,其单价为70~80元/m^2,工效为300m^2/d。

2. 水平防渗

水平防渗主要是在堤坝上游地基上做黏土铺盖或水平铺塑。水平防渗措施不能截断渗流,但可延长渗径,从而减小渗透坡降、渗流量和扬压力。

应当指出,对于堤防工程,只有当临水侧存在滩地,并且河势比较顺直不至引起冲刷或崩岸时,方可做水平铺盖。

另外需要注意的是,当堤坝地基渗透性很强的砂卵石层时,单纯的水平铺盖防渗效果不好,须与坝后盖重压渗措施相结合,或者改为采用垂直防渗措施。

二、排渗

排渗或称导渗是一种疏导方法,即将强透水材料设置在堤坝内部与地基的一些渗流坡降较大的部位作排水体,使渗流压力提前释放,并通过排水体自由地排向下游,以保证建筑物的稳定性。排渗的形式也有垂直和水平之分,垂直排渗有堤坝体内稍倾斜的直立式排水、贴坡排水以及深入地基的减压沟和减压井;水平排渗主要是坝体内的褥垫排水、管式排水及下游坝址导渗排水等(见图 7-3 所示)。

排水材料主要是强透水材料,可采用就地取材的砂砾石料,按滤层设计标准进行设计,近年来推广采用土工织物作排水滤层材料。

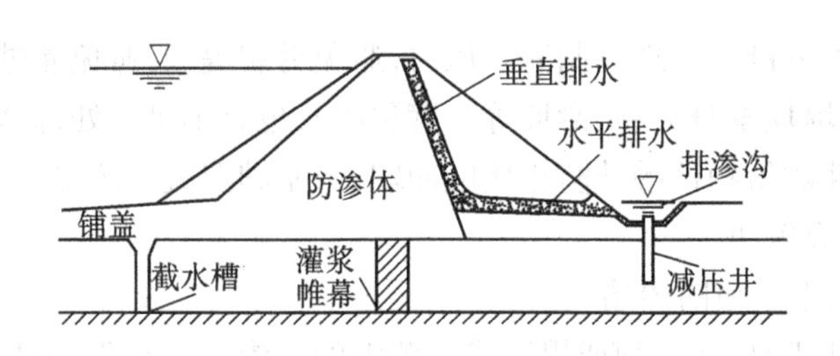

图 7-3　堤坝渗流控制概貌示意图

三、盖重压渗

当堤坝强透水层深厚,垂直防渗不现实,而水平防渗又效果不好时,在堤坝的背水侧滩地,采用铺填盖重层或吹填盖重层是简易有效的防止地基渗透破坏的措施,盖重层一般采用透水性较强的砂性土料。当剩余水头很大时,宜采用盖重压渗和反滤导渗(如反滤排水沟或反滤减压井)相结合的措施(见图 7-4 所示)。

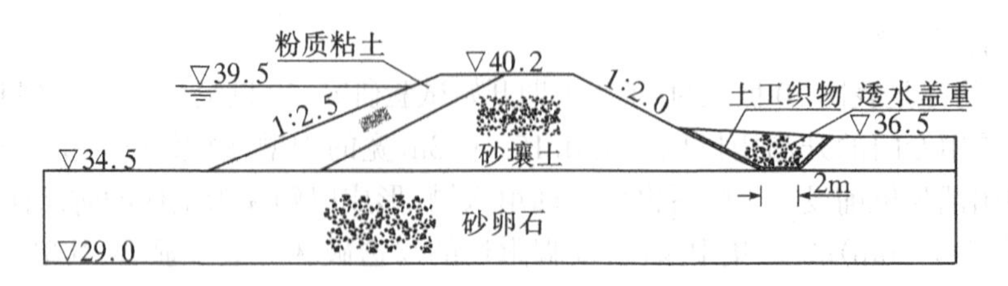

图 7-4　堤坝背水侧滩地采用透水盖重

第四节　冲积地基堤坝工程垂直防渗方案研究

随着施工技术的不断进步,在堤坝工程中建造防渗墙的单位造价越来越低,垂直防渗墙在堤坝工程防渗中占据越来越重要的地位。但是,并非所有的堤坝都适于采用垂直防渗墙,不同条件下垂直防渗墙的布设方案也是不同的。本节将根据二维饱和稳定渗流有限元法计算结果,探讨堤坝垂直防渗墙的适用条件及在不同地基条件下的优化布置方案。

一、冲积型堤坝地基结构类型和渗流特点

冲积型地基结构条件千差万别,但根据砂层埋藏分布情况及渗流特点,可概化归纳为三大类型:

(1) 双层结构堤基(见图 7-5(a)所示)表层通常为弱透水性黏土层、粉质黏土层或淤泥质土层，下卧强透水的粉细砂层或砂砾石层。由于表土层与下卧砂层的渗透性相差很大，故表土层成为下卧砂层的天然覆盖层，砂层渗流在某种意义上为承压渗流，当表土层较薄时，堤防背水侧砂基渗流压力超过表土层的有效盖重，渗流易顶穿覆盖层而使地基发生渗透破。

(2) 浅砂层表露(见图 7-5(b)所示)堤身直接建在浅砂层地基之上,堤基极易发生渗透变形。按渗透变形特点,单一均质砂基也可纳入此类。

(3) 多层堤基(见图 7-5(c)所示)天然弱透水覆盖层下垫着埋藏较浅的砂层,其下又为黏性土层再下面为深厚砂层或砂卵石层。夹层堤基除具有双层堤基相似的渗流特性外,还具有渗流各向异性特点,不同土层之间存在越层渗流。按渗流特点,含有弱透水透镜体或强透水透镜体的堤基也可纳入此类。

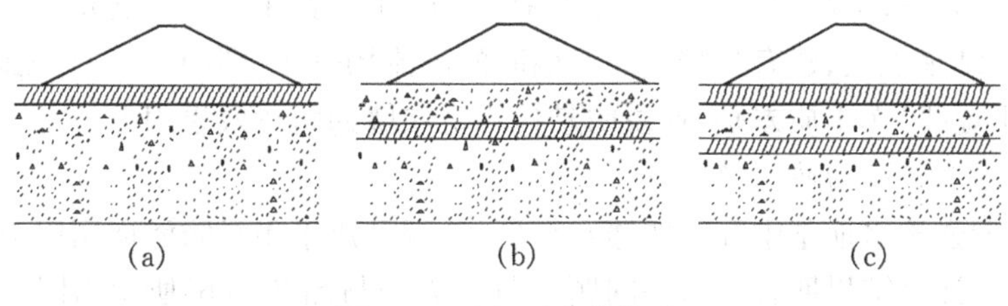

图 7-5　冲积型地基类型

二、防渗墙布设方案与土层结构的关系

1. 双层地基防渗墙布置

当地基存在弱透水覆盖层,防渗墙可沿临水侧坡脚附近修筑。如图 7-6(a)所示,图中虚线为未建防渗墙时的等势线及浸润线,实线为地基建封闭式防渗墙后的等势线及浸润线,显而易见,防渗墙削减了 40% 以上的水头,地基尤其是渗流出口处的渗透坡降减小,坝体浸润线也明显下降。

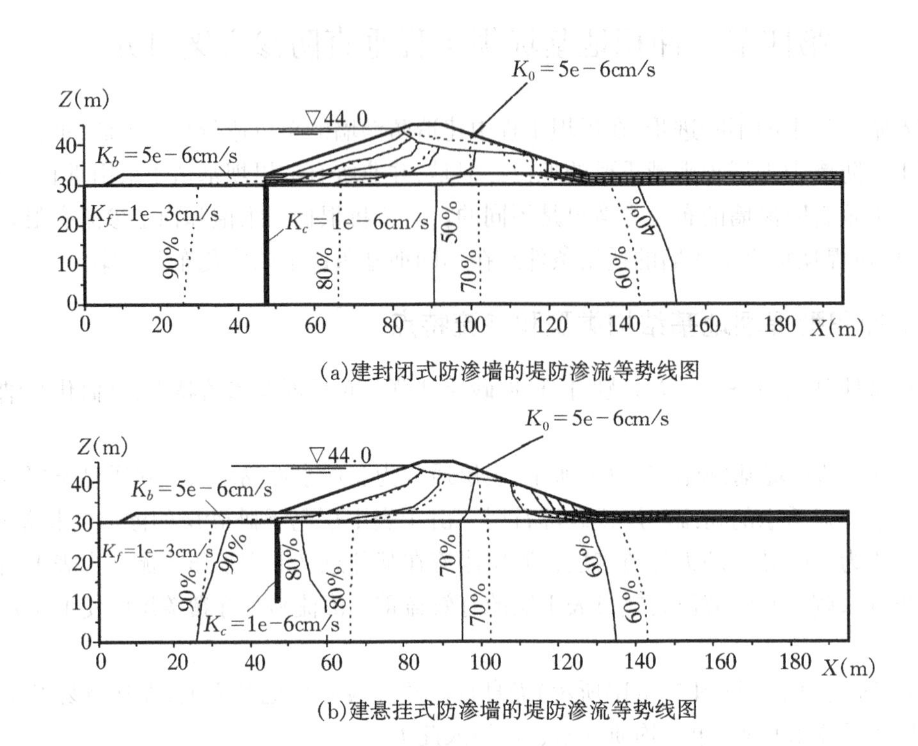

(a)建封闭式防渗墙的堤防渗流等势线图

(b)建悬挂式防渗墙的堤防渗流等势线图

图 7-6　封闭式防渗墙与悬挂式防渗墙的效果比较

封闭式防渗墙防渗效果固然很好,但若地基强透水层过于深厚,建造封闭式防渗墙,不仅工程造价高,而且施工难度大,工程质量难以保证,以往有些堤坝防渗加固采用悬挂式防渗墙,但对堤坝强透水地基采用悬挂式防渗墙的防渗效果不是太好。作为图 7-6(a)中封闭式防渗墙的对比方案,拟出图 7-6(b)所示悬挂式防渗墙(墙深度为强透水地基厚度的 2/3)进行渗流计算,结果表明,建有悬挂式防渗墙时的渗流场分布(图中实线)与无防渗墙时的渗流场分布(图中虚线)无本质差别,这说明悬挂式防渗墙的防渗效果很差。

2. 有弱透水夹层基的防渗墙布置

如果深厚型强透水地基中存在弱透水夹层,是否可建半闭式防渗墙用以节省工程量呢?图 7-7 中的对比计算结果回答了这一问题。图 7-7(a)与图 7-7(b)所示为同一夹层地基,分别采用全封闭式防渗墙和半封闭式防渗墙,比较两者的渗流等势线图(图 7-7 中的虚线均为无防渗墙时的渗流等势线)可以得知,在此土层条件下,全封闭式防渗墙与半封闭式防渗墙的防渗效果十分接近。

应当指出,采用半封闭式防渗墙是有前提条件的,那就是弱透水夹层必须是连续的,并且具有足够大的厚度和足够小的渗透性,否则无法保证防渗效果。例如,图 7-7(c)中夹层的渗透系数为 1×10^{-5}cm/s,比图 7-7(b)中的弱透水夹层的渗透系数大 10 倍,但图 7-7(c)半封闭式防渗墙的防渗效果要差得多,其等势线和浸润线与不设防渗墙时并无多大差异。

3. 无弱透水覆盖层堤基防渗墙布置

当堤坝地基为均质透水地基或浅砂层表露或覆盖层较薄且渗透性不够小时,防渗墙不

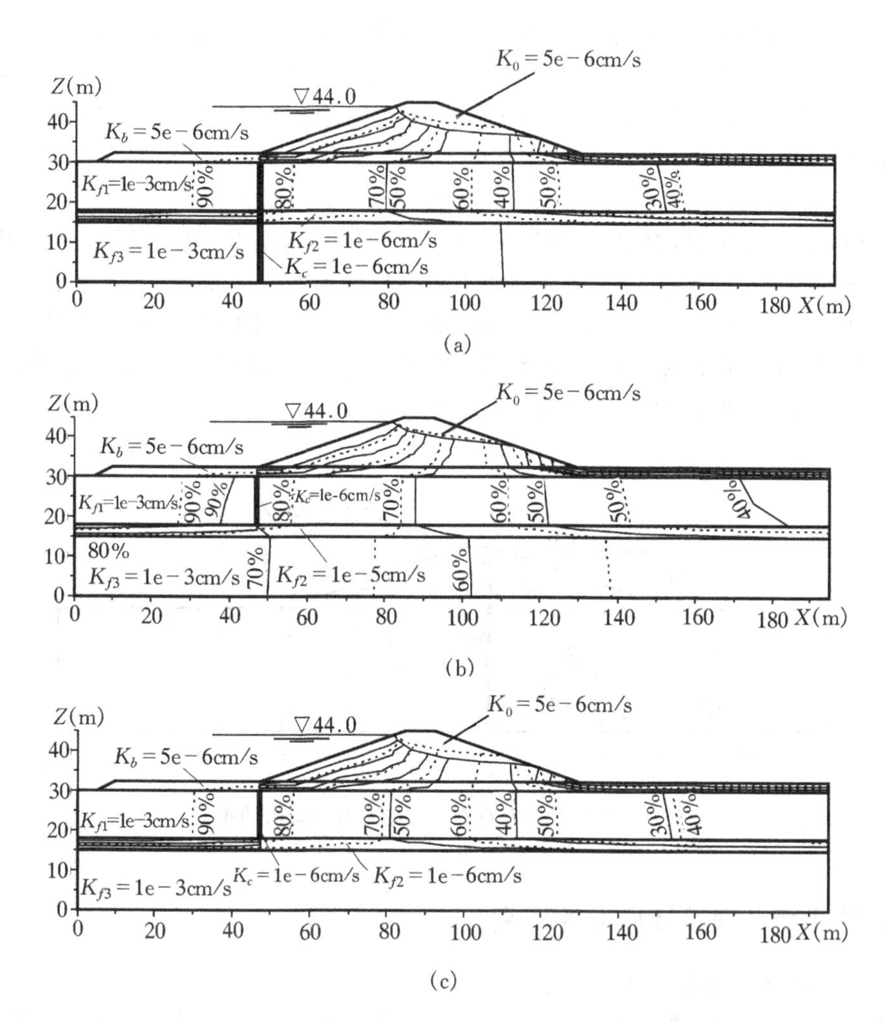

图 7-7　多层地基堤坝防渗墙布置方案及其防渗效果比较

能沿临水侧坡脚附近布置，而应布置在坝顶下方(如图 7-8 所示)，否则河水容易从坡脚附近越过防渗墙进入坝基强透水层，从而使防渗墙失效。

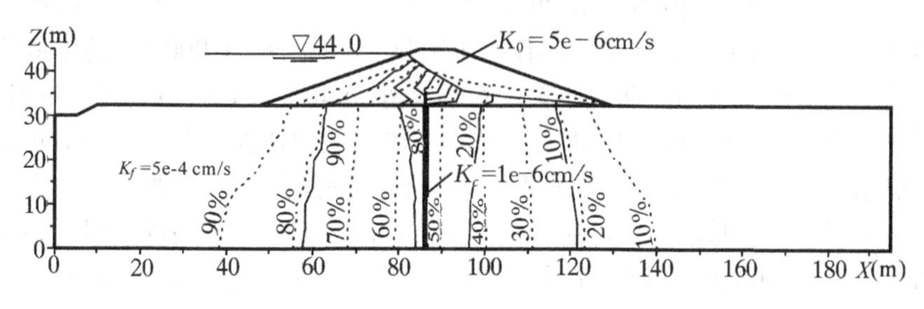

图 7-8　无弱透水覆盖层堤坝地基防渗墙布置及其渗流场分布

4.坝体防渗墙的布置

以上防渗墙布置主要针对透水地基,即以假定坝体无渗透缺陷为前提的。但是实际工程中,堤坝背水坡的散浸、流土险情,往往由以下几方面原因所致:①地基为双层地基,且缺乏地基渗控措施;②堤坝分层填筑时,某个层次碾压不实或层间处理差;③堤坝由若干次加高培厚形成,新老土层结合不良、固结密实度不均;④筑坝时附近缺乏黏性土源,坝身土有较大渗透性;⑤堤坝过于单薄;⑥堤坝存在裂缝、蚁穴或空洞等隐患。

对于相对不透水地基的堤坝渗流控制,既可在坝体采用垂直铺塑、劈裂灌浆等措施,也可在临水坡铺设土工防渗膜,还可在背水坡开设反滤导渗沟或在坡脚设排水暗管。

对于坝基、坝体都存在渗透隐患的堤坝工程,只要地基透水层不太深厚,宜结合坝基、坝体的渗流控制建垂直防渗墙,并且防渗墙应从坝顶下方修建(如图7-9所示),墙顶高程应高出最高洪水位所形成的浸润线(建防渗墙以后的浸润线)。

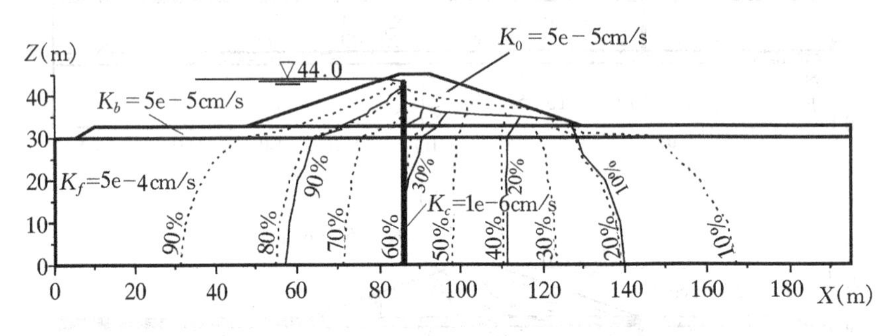

图7-9 坝体和坝基存在渗透隐患时的防渗墙布置

三、防渗墙合理设计标准的研究

1.防渗墙渗透系数的合理取值范围

土石坝防渗设计中,要求黏土心墙、斜墙的渗透系数小于坝壳材料渗透系数的1/100,要求黏土铺盖、截水槽的渗透系数小于透水地基渗透系数的1/100。目前堤坝工程防渗加固中,采用新技术建造的防渗墙一般都比较薄,其渗透系数的经济合理取值范围值得探究。

图7-10所示为同一砂基堤防采用不同渗透性防渗墙时的渗流等势线图(图中虚线为无防渗墙时的渗流等势线图)。由图7-10可见,当堤基强透水层的渗透系数为防渗墙渗透系数的100倍(即 $k_c=k_f/100$)时,防渗墙的作用不明显;当 $k_c=k_f/1\,000$ 时,防渗墙使背水侧坡脚附近覆盖层承受的水头由堤防总水头的60%减小至40%;当 $k_c=k_f/10\,000$ 时,背水侧坡脚覆盖层只承受大约20%的水头;进一步减小防渗墙的渗透性,使 $k_c=k_f/100\,000$,背水侧坡脚覆盖仍承受约20%的水头。由此可以得出结论:堤防防渗墙渗透系数的合理取值范围是堤基强透水层渗透系数的1/1 000－1/10 000,具体取值与地表弱透水层的渗透性及厚度有关。当 $k_c=k_f/1\,000$ 时,防渗墙的作用不明显,当 $k_c=k_f/1\,000$ 时,再减小防渗墙的渗透性所增加的防渗效果也不明显。

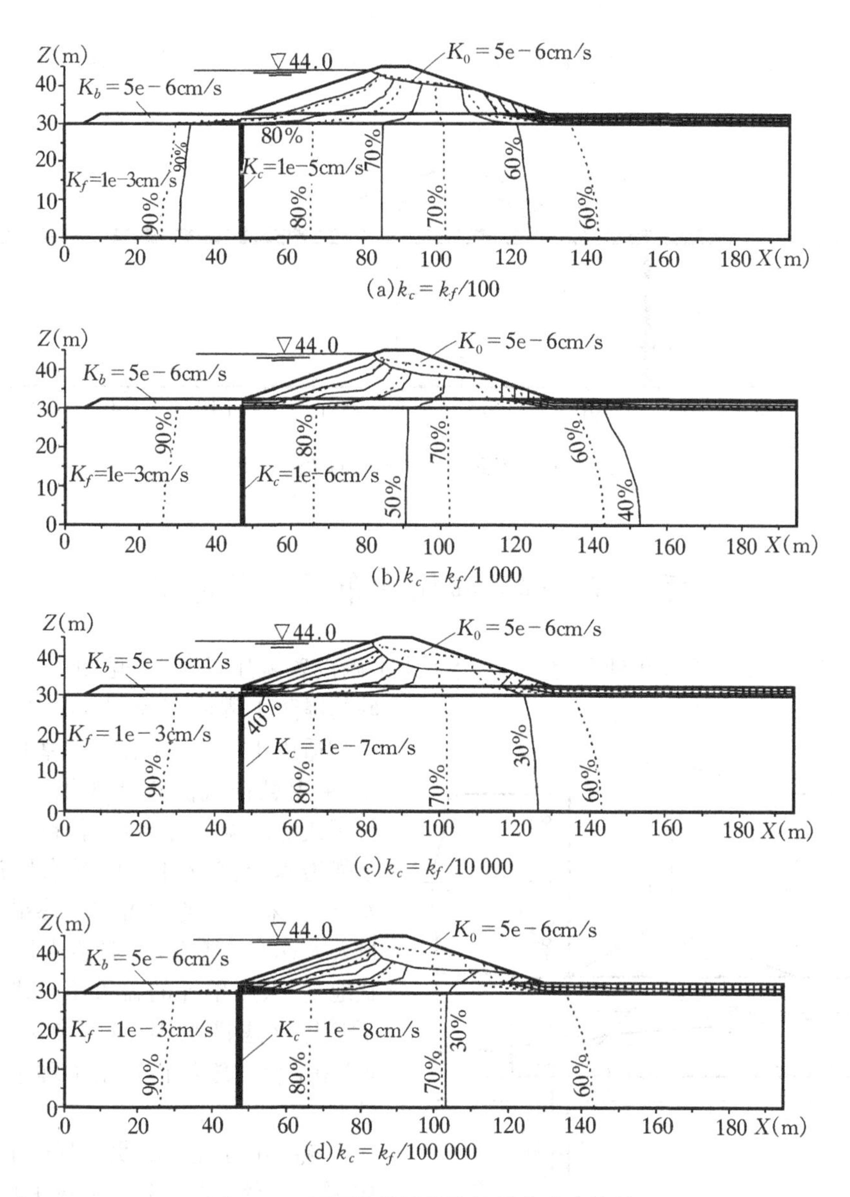

图 7-10 不同防渗性能防渗墙的防渗效果

2. 防渗墙厚度与防渗效果之间的关系

从原理上讲，防渗体的厚度越大，防渗效果会越好，但由于防渗墙的渗透系数与坝基强透水层的渗透系数相差上千倍，因此防渗墙对强透水层中渗流的阻碍作用主要归功于防渗墙结构的防渗性能而不是结构厚度。如图 7-11 所示的堤防，当防渗墙厚度为 30cm 时，背水侧坡脚弱透水覆盖层承受 40% 水头（见图中的虚线），而当防渗墙厚度为 60cm 时，该处保留了 30% 水头，这说明增加防渗墙厚度会增加防渗效果，但防渗墙厚度增加一倍，才削减 10% 水头，这同时也说明，靠增加防渗墙厚度来提高防渗效果是不经济的。应当指出，这一结论并不否认防渗墙厚度的重要性。撇开防渗效果这一因素，防渗墙厚度还应满足三方面要求：①防渗墙自身的渗透稳定要求。防渗墙的厚度 T 应满足 $T>\Delta H[J]$，ΔH 为防渗墙前后水头差，$[J]$为防渗墙的允许渗透坡降；②防渗墙的结构强度要求；③便于施工。

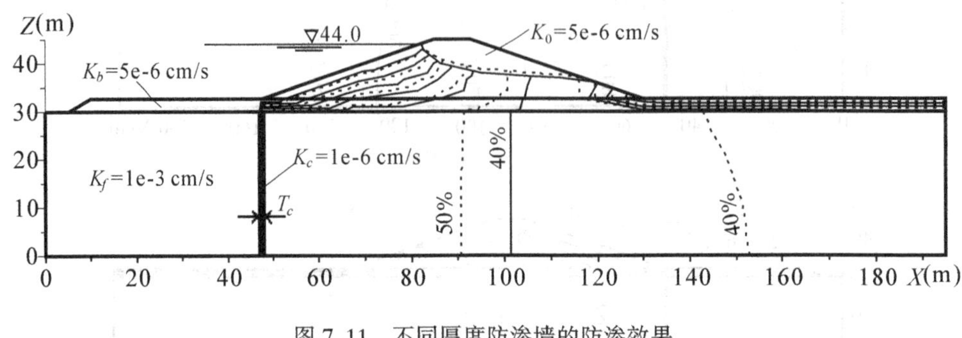

图 7-11　不同厚度防渗墙的防渗效果

第五节　堤防减压井布置方案研究

堤防工程大多位于冲积地层之上，在堤防背水侧设置减压排水井（见图 7-12 所示），是砂基堤防工程渗流控制的有效措施之一，特别适用于下述情况：①堤基强透水层深厚，采用悬挂式防渗墙效果不佳，而采用封闭式防渗墙不经济或者难以实施；②堤基强透水层渗透性与弱透水层渗透性相差过大，采用单纯的盖重压渗措施的工程量太大；③堤基为强、弱透水层交替的层状地基，采用单纯的盖重压渗措施或盖重压渗与反滤排水沟（或其他水平排水措施）相结合措施渗控效果不理想或工程量过大。

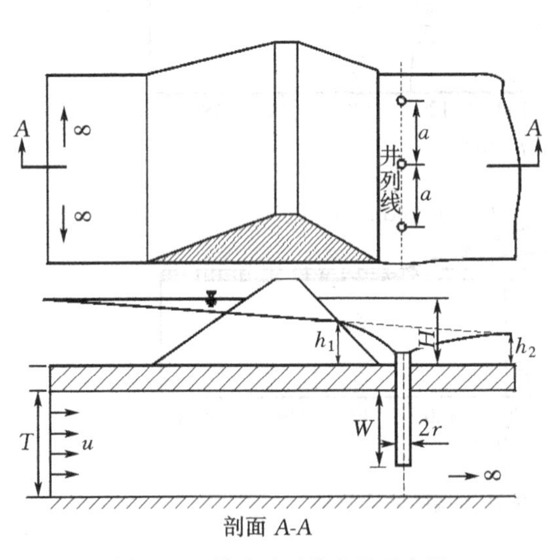

图 7-12　堤防减压井布置示意图

减压井的间距 a、贯入强透水层的深度 W 及井半径 r 是决定井的排水减压效果和工程费用的几个主要参数(见图 7-12 所示)。本文拟通过渗流有限元计算来分析减压井不同布置方案的减压效果，从而探讨不同条件下堤防减压井的合理布置方案。

一、减压井间距与贯入深度的合理取值范围

修建减压井的直接效果主要体现在降低堤防背水坡渗流逸出点的高度 h_1 和减小背水侧堤基覆盖层所承受的渗流水头 h_2。为了确定合理的井深和井间距，针对图 7-13 所示堤防工程，拟出 4 种减压井贯入度（井贯入深度 W 与强透水层厚度 T 之比）：$W/T=1/6$、

1/3、1/2、2/3,5 种井间距:$a=10m$、15m、20m、25m、30m,组合成 20 种布置方案(所有方案的井半径 $r=25cm$)进行渗流有限元计算,得出各方案的渗出点高度 h_1 及背水侧地基剩余水头 h_2(见表 7-1 所列)。

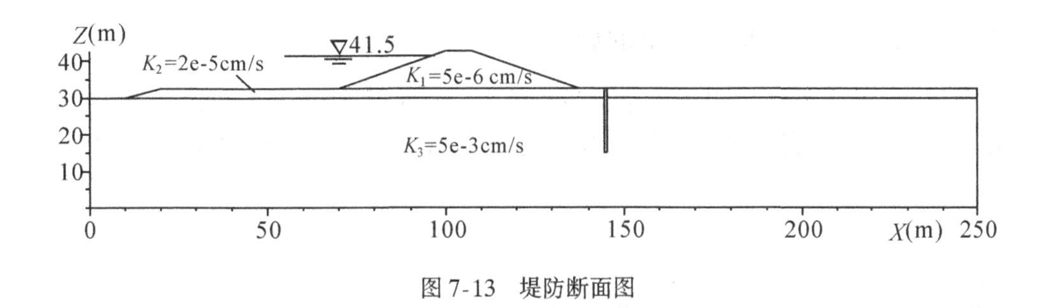

图 7-13　堤防断面图

表 7-1　**不同井间距 a 和贯入度 W/T 组合方案渗控效果**

方案序号	井参数		渗控效果		方案序号	井参数		渗控效果	
	W/T	a(m)	h_1(m)	h_2(m)		W/T	a(m)	h_1(m)	h_2(m)
1	1/6	10	1.80	0.88	11	1/2	10	0.90	0.27
2		15	1.92	1.12	12		15	1.12	0.39
3		20	2.08	1.35	13		20	1.24	0.44
4		25	2.25	1.64	14		25	1.35	0.88
5		30	2.31	1.80	15		30	1.35	0.89
6	1/3	10	1.32	0.35	16	2/3	10	0.91	0.22
7		15	1.39	0.42	17		15	0.96	0.41
8		20	1.50	0.45	18		20	1.02	0.42
9		25	1.57	0.89	19		25	1.27	0.88
10		30	1.61	0.90	20		30	1.27	0.88

注:表中所有方案的井半径 r 均为 25cm。

由表 7-1 所列得知,当井的贯入度一定时,井间距越小,井后地基中残余的水头越小,即减压井的减压效果越好,这一特点在井的贯入度较小时(如当 $W/T=1/6$ 时)尤为明显。但是,同时也发现,当贯入度过小时,即使采用很小的井间距,井后地基仍然会保持较高水头。譬如 $W/T=1/6$, $a=10m$ 时,背水侧堤基仍有 0.88m 的水头,而当贯入度 $W/T=1/3$, $a=20m$ 时,背水侧堤基仅有 0.45m 的水头。若继续增大 W/T 值,堤防背水侧地基水头仍有减小,但水头减小的幅度不是很大。不难发现,在 $W/T=1/2$ 和 $W/T=2/3$ 两种情况下,相同井间距的排水减压效果并无明显差别。由此可以得出结论:当 W/T 值达到 1/3 时,减压井的作用已比较明显;当 $W/T>1/2$ 时,再增大 W/T 值所增加的减压效果不明显。因此,比较合理的减压井贯入度取值范围是 $W/T=1/3\sim1/2$, W/T 值不得小于 1/6,不宜超过 2/3。

同样,井间距 a 也存在合理取值问题。由表 7-1 所列可知,当 $a>20m$ 时,将 W/T 值由1/3增大到 1/2 和 2/3,背水侧地基中始终保持约 0.9m 的较大水头;另一方面,当 $W/T\geqslant1/3$ 时,将 a 值由 15m 减小至 10m,背水侧地基中的水头也未见明显减小。因此,井间距的合理取值范围是 15~20m, a 值不宜小于 10m,不宜大于 25m。

另外,W/T 值与 a 值还存在合理组合的问题。比较表 7-1 所列中方案 7($W/T=1/3$, $a=15m$)与方案 18($W/T=2/3$, $a=20m$)可发现,两种减压井布置方案的减压效果基本相同。这表明,当 W/T 值较小时应取较小的井间距 a,当 W/T 值较大时,可取较大的井间距 a。在实际工程中,若地表弱透水覆盖层较厚,宜采用较大的 W/T 值与较大的 a 值组合,以减小减压井数量;若强透水层较厚,而弱透水覆盖层厚度不是太大,则应选较小的 W/T 值与较小的 a 值组合,以免井深过大而导致施工困难。

二、减压井半径对减压效果的影响

众所周知,井半径越大,井的汇水流量也越大。由此可推定,井半径越大,井的减压效果会越好,图 7-14 证实了这个推论。同时,我们还注意到,当井的贯入度较小(如 $W/T=$

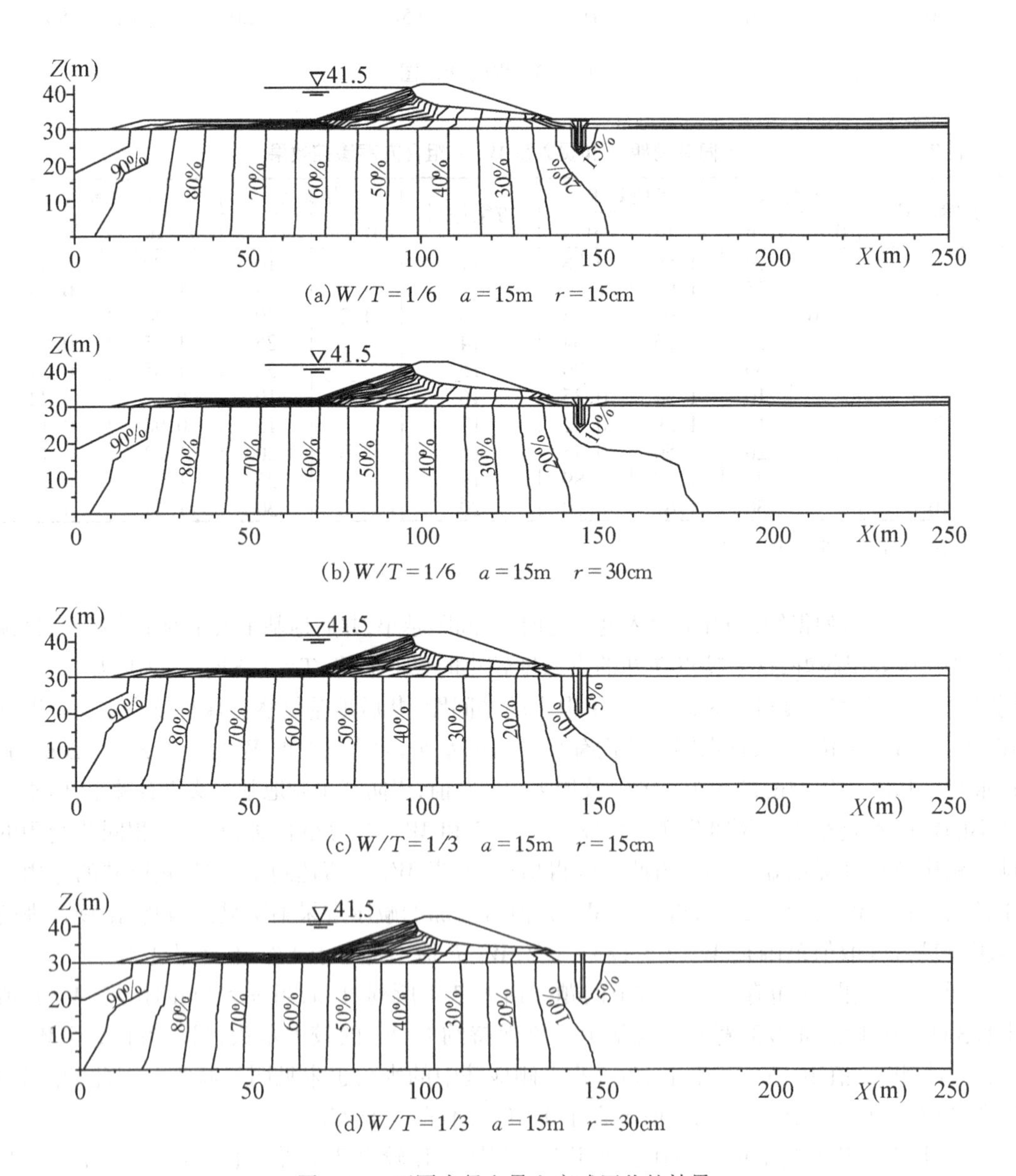

(a) $W/T=1/6$ $a=15$m $r=15$cm

(b) $W/T=1/6$ $a=15$m $r=30$cm

(c) $W/T=1/3$ $a=15$m $r=15$cm

(d) $W/T=1/3$ $a=15$m $r=30$cm

图 7-14 不同半径和贯入度减压井的效果

1/6)时,增大井径所增加的减压效果较明显;而当井的贯入度达到一定数值(如 $W/T=1/3$)时,增大井径的作用不是很明显。由此可以得出结论:一般情况下采用增大井径的办法来提高减压效果是不经济的,但对于浅井,增大井径其效果较明显。

实际工程中,井半径一般不宜小于 15cm,否则井内水流阻力过大,影响排水效果,清淤洗井也不方便。因此,一般情况下井半径的适宜取值范围是 20～30cm。对于强透水层很厚,施工单位钻井设备不易解决或深孔护壁较困难,而且弱透水覆盖层不是太厚的情况,也可采用半径大于 50cm 的大口径浅井。

三、含弱透水夹层及透镜体地基的减压井布置

当透水地基中含有弱透水夹层时,减压井是否应该穿透该夹层呢?图 7-15(a)表明,只要该夹层的渗透性足够小,井管只需贯入该夹层之上的强透水层一定深度,足以取得较好的排水减压效果。但是,当夹层的渗透性不够小时,夹层以下强透水层的渗水会透过夹层补给夹层之上的强透水层,从而使减压井后方的地基渗流水头回升(如图 7-15(b)所示),对于这种情况,减压井应穿透夹层进入到下面的强透水层,方能保证排水减压效果(如图 7-15(c)所示)。

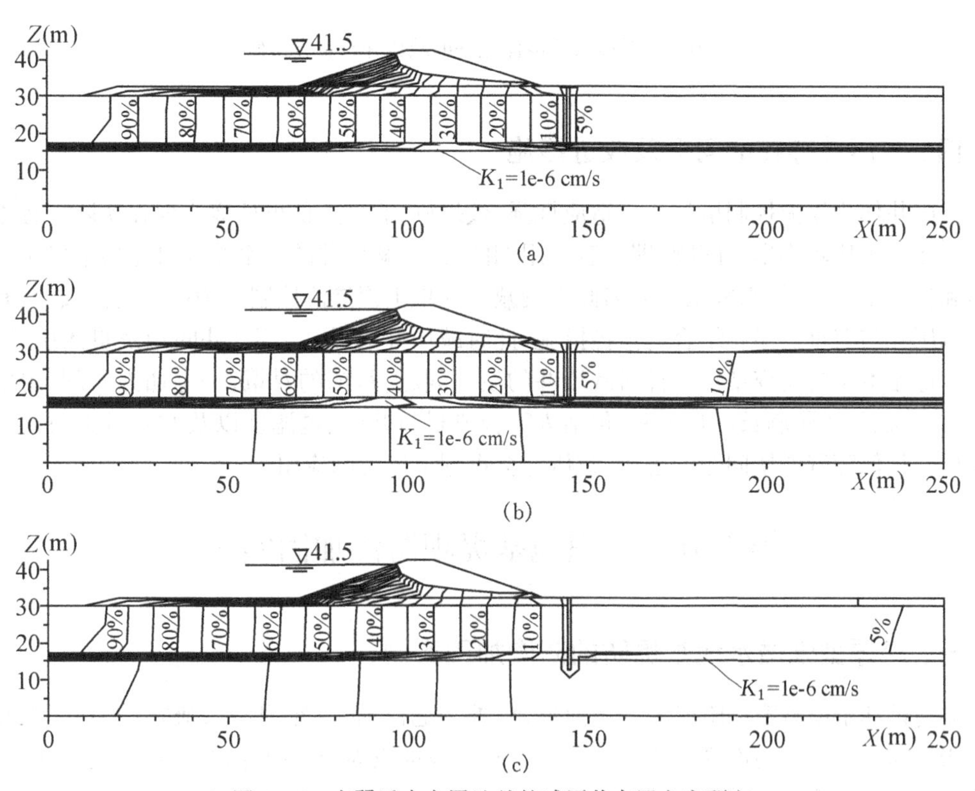

图 7-15　有弱透水夹层地基的减压井布置方案研究

对于弱透水夹层不连续或者呈透镜状的地基,如果减压井位于弱透水夹层或透镜体上方,渗流将绕过夹层或透镜体而引起井后方地基中的水头显著回升,减压井的效果较差(见图 7-16(a)所示)。这种情况下,若将减压井穿透该夹层或透镜体(如图 7-16(b)所示),井的

排水减压作用就能得以充分发挥。

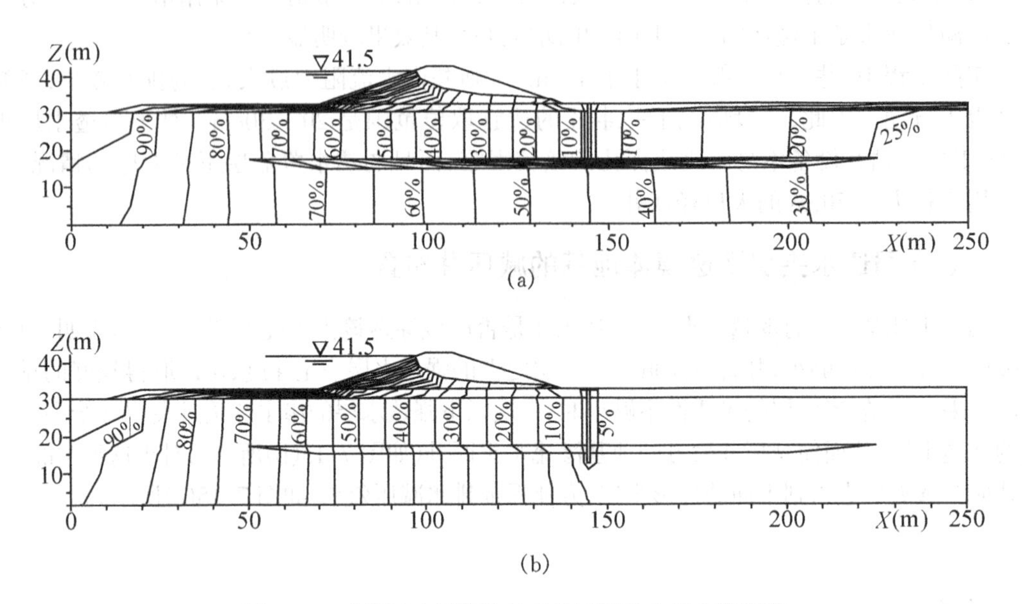

图 7-16 有弱透水透镜体地基的减压井布置方案研究

四、减压井存在的问题及改进措施

减压井作为渗流控制措施不仅适应性强、效果好，而且造价也低廉。但在实际工程中减压井存在一个比较突出的问题，即随着运用期的推移，减压井的透水管和过滤器会发生物理淤堵和化学淤堵，其排水减压效果因此而衰减。堤坝工程渗流控制中为确保防渗安全，有时采取减压井与盖重压渗相结合的渗控措施，此时减压井的设计参数(井间距及贯入度)取值不一定遵循本文的研究结论。针对减压井的淤堵问题，目前的对策，一是加强管理，定期清洗；二是正在开发研制长效减压井，包括人工合成材料井管、过滤器以及滤芯可更换式减压井结构。相信随着淤堵问题的解决，减压井会得到更广泛的应用。

第六节 冲积地基堤坝防渗加固实例

一、深厚型强透水地基堤防的防渗加固实例

监利长江干堤蒋家垴险段为一古河道，堤外为老江河(上车河湾)，滩宽约 100～120m，高程 28.80m，堤内侧地面高程 26.30～26.50m。该堤段为全新统冲积层，地基呈二元结构，堤外表土层厚约 5～6m，堤内表层黏土 2～3m，其下为细砂层，第四系覆盖层总厚约 50m。该堤段表土层较薄，外滩不宽，为历史险工险段。历史上翻砂鼓水险情较多，尤其以 601＋400～601＋800 一段较为严重，该段虽经多次加固，但 1998 年 7 月 9 日，距堤内脚 250m 处的沟内，仍发现 3 处 2～10cm 的管涌。

图 7-17 所示为蒋家垴 1998 年汛期出险堤段横剖面图，各土层渗透系数见表 7-2 所列。

蒋家垴堤段强透水地基上的弱透水覆盖层较薄，原有的减压井年久淤堵失效，在1998年汛期长期高水位浸泡的情况下，堤基渗流顶穿地表弱透水薄层，从而导致管涌险情发生。

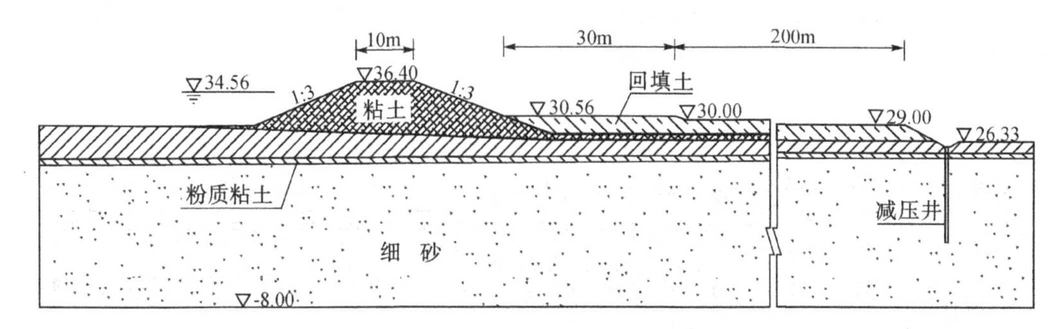

图7-17　蒋家垴出险堤段横剖面图

表7-2　**蒋家垴险段土层渗透系数**

土层代号	土层类别	渗透系数(cm/s)	土层代号	土层类别	渗透系数(cm/s)
K_1	素填土	1.0e-6	K_4	细砂	2.5e-3
K_2	黏土	5.5e-7	K_5	回填土	1.0e-4
K_3	粉质黏土	3.0e-6			

蒋家垴堤段堤基强透水层过于深厚，不适合采取垂直防渗措施，故考虑在堤后加盖重土层，初拟土层宽230m，厚3.20～2.67 m，该加固方案的渗流场分布如图7-18所示，抗渗稳定性验算(见表7-3所列)表明，采取该加固方案不能保证抗渗安全。

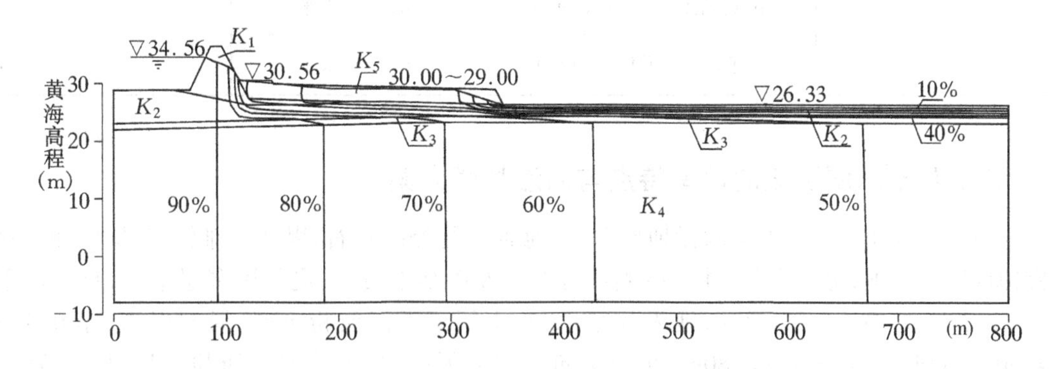

图7-18　蒋家垴险段加盖重土层后的渗流场分布图

表7-3　**蒋家垴堤段加盖重土层后的抗浮安全验算表**

加固措施	堤基范围	盖重土层厚(m)	残余水头(m)	抗浮安全系数
盖重压渗	堤后50m以内	6.10	6.58	0.93
	堤后50m到150m以内	4.18	5.76	0.72
	堤后150m以外	2.65	4.94	0.54

经计算,欲使堤基抗浮安全系数达到规范要求的1.5,盖重土层宽需497.36m,厚3.58~1.77 m。可见单纯采取盖重压渗措施工程量过大,不经济。因此决定采取盖重压渗与排水减压相结合的渗控方案,即在图7-8压盖土层的末端设置减压井,渗流计算结果(图7-19所示)表明,减压井使堤后地基覆盖层所受渗流压力大为减小,各土层计算渗透坡降均小于允许渗透坡降(见表7-4所列)。

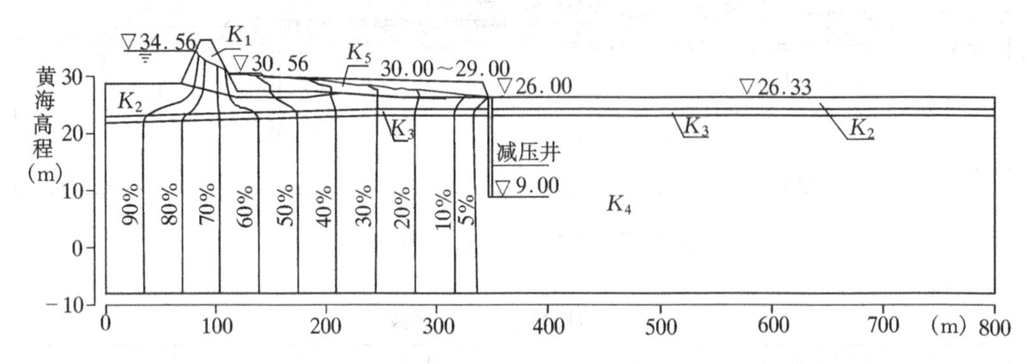

图7-19 盖重土层和减压井相结合条件下的渗流场分布图

表7-4 **采用盖重土层和减压井时渗流出口抗渗稳定验算**

加固措施	土层、部位	渗流坡降	允许渗流坡降
盖重土层与减压井结合	素填土(堤身)	0.18(水平)	0.25
	黏土	0.025(垂直)	0.60
	粉质黏土(减压井边地基)	0.029(水平)	0.35
	细砂(减压井边地基)	0.027(水平)	0.07

二、八十八潭险段的地基特点与防渗加固方案

洪湖长江干堤八十八潭险段地形平坦,地面高程25m左右,堤外侧滩较窄,堤内侧为燕窝镇政府所在地,房屋密集,并有些渊塘分布。勘探结果表明:堤基属多层结构,自上而下为:①黏土,厚0.84~1.78m,地表分布;②粉土层或淤泥质粉土层,局部出露,厚0.7~4.90m;③细砂,厚0.7~2.80m,此砂层向上游尖灭;④粉土或淤泥质粉土层,厚0.75~4.18m;⑤粉细砂,厚度变化较大,厚2.9~13.24m;⑥粉土,厚2.90~10.27m;⑦黏土,为相对不透水层,厚2.50~9.80m;⑧粉土,厚约2.98m,局部出露;⑨稳定的砂层。该堤段第四系覆盖层总厚约60~70m。

八十八潭险段横断面如图7-20所示,各土层渗透系数列于表7-5所列。1998年汛期,该堤段距堤内脚55~320m水塘内发生6孔管涌,管涌直径0.05~0.55m,7月12日发生溃口性险情。该险段溃口险情系因上部砂层即第③、⑤两层砂中的渗流顶穿堤内侧上覆土层薄弱处,而引起的渗透变形破坏。

表 7-5　　八十八潭险段土层渗透系数

土层代号	土层类别	渗透系数(cm/s)	土层代号	土层类别	渗透系数(cm/s)
K_1	回填土	4.50e−5	K_4	黏砂	3.30e−6
K_2	砂壤土	2.10e−4	K_5	砂	2.40e−3
K_3	壤土	1.69e−5			

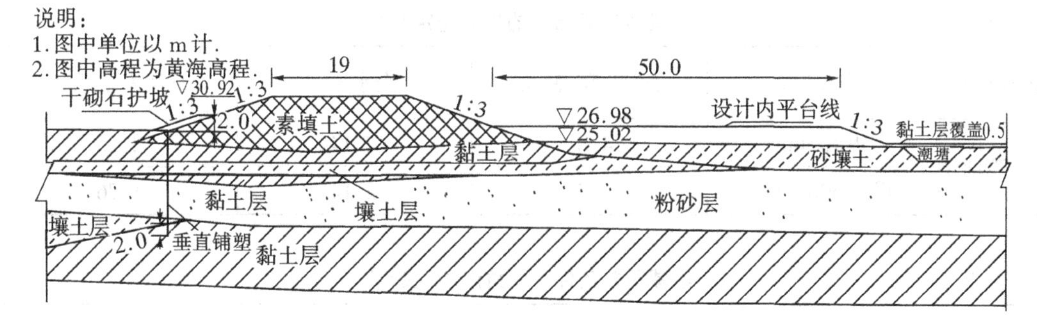

图 7-20　八十八潭出险堤段横断面图

八十八潭险段堤基强透水层与外江相通，且外滩较窄，汛期堤后地基残余较大水头，地表尤其是潮塘内覆盖层较薄，以致渗流顶穿表土层，导致翻砂鼓水险情发生。因此，堤防加固自然要考虑填塘并在堤后加盖重土层。但是对于存在强透水层的层状堤基单纯采用压盖措施是不经济的，它将要求很大的压盖宽度和厚度，这种情况还应考虑垂直方向的渗控措施。我们提出在上游坡脚垂直铺塑和在下游盖重土层尾部设减压井两种方案进行对比研究，两种方案的渗流等势线图分别为图 7-21 和图 7-22，两种方案的渗透稳定性验算分别见表 7-6 和表 7-7。从渗流计算结果看，减压井的效果似乎稍好于垂直铺塑，但是减压井容易淤堵而失效，其可靠性不如垂直铺塑，况且本堤段强透水层埋藏不深，厚度不大，造价也不会太高，故本堤段采用垂直铺塑防渗。

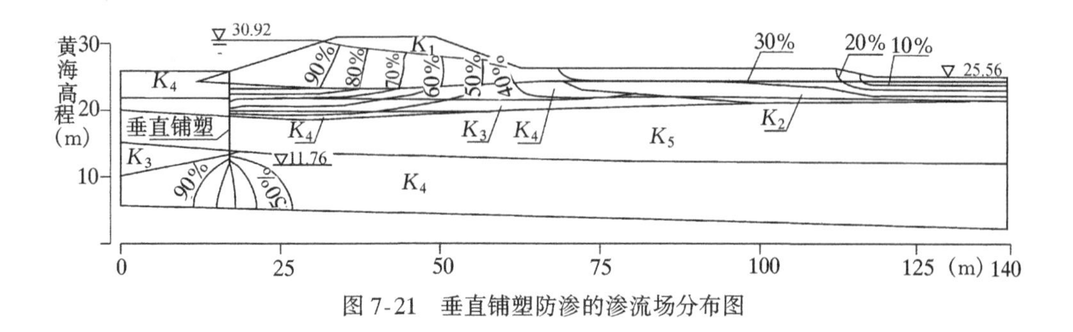

图 7-21　垂直铺塑防渗的渗流场分布图

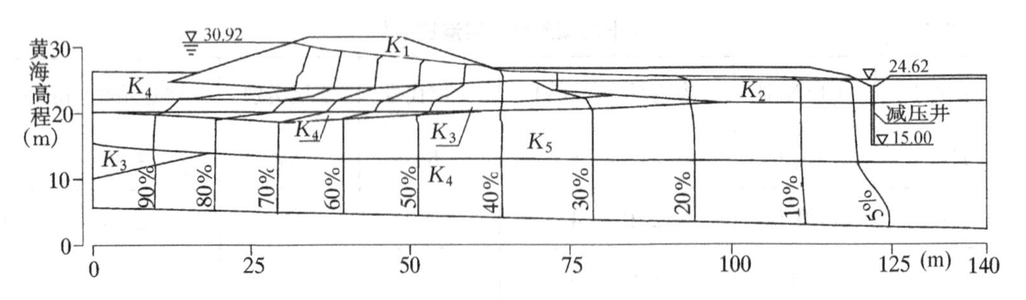

图 7-22 设减压井时的渗流场分布图

表 7-6 **垂直铺塑情况下的抗渗稳定验算**

渗控措施	堤基范围	盖重土层厚(m)	残余水头(m)	抗浮安全系数
设垂直铺塑	堤后 50m	4.81	2.14	2.25
	堤后 50m 以外	3.76	2.14	1.76

表 7-7 **设减压井条件下的抗渗稳定验算**

渗控措施	土层、部位	渗流坡降	允许渗流坡降
设减压井	素填土(堤身)	0.11(水平)	0.25
	砂壤土(减压井边地基)	0.04(水平)	0.13
	砂(减压井边地基)	0.04(水平)	0.07

第八章　土工合成材料

土工合成材料(geosynthetics)是应用于岩土工程的,以合成材料为原材料制成的各种产品的总称,其原材料为高分子聚合物(polymer)。土工合成材料具有加筋、排水、反滤、隔离和防渗等作用,主要用于堤坝、水工建筑物、海岸、河岸、路基、挡土墙等工程。土工合成材料质量轻、施工简易、运输方便、价格低廉,因此最近二三十年来在全世界范围内得到迅速发展和广泛应用。

土工合成材料在土工加固方面的功能主要表现为加筋,本书第二章第二节曾介绍了土工织物用作加筋垫层加固地基的情况,本章将进一步深入介绍土工合成材料在地基加固的各个方面所起的作用、加固原理及设计理论。

第一节　土工合成材料的种类

土工合成材料早期仅分透水的土工织物(geotextile)和不透水的土工薄膜(geomembrane)两类。随着工程应用不断增多,复合材料和特种功能的工程材料大量涌现,近年来出现了不尽相同的分类体系,其中荷兰W.A.Gevers等人于1992年提出的分类体系得到较广泛的认可。Gevers等把土工合成材料细分为八类,即土工织物、土工薄膜、土工格栅、土工网、土工席垫、土工格室、土工复合材料及相关产品,对土工合成材料各类产品给出了明确定义并注明其主要应用功能(参见表8-1)。

一、土工织物

土工织物是透水的土工合成材料,品种甚多,按制造工艺的不同,土工织物可分为机织(有纺)、非机织(无纺)和针织(编织)三大类。

1. 机织土工织物(woven geotextile)

这类产品又称有纺土工织物,是传统的土工织物产品,其织造过程分两道工序:先是将聚合物原料制成线状原料,如长纤维、短纤维或纱线;然后将线状材料织造成平面形式宽幅织物。织造时常包括相互垂直的两组平行的丝线,如图8-1。沿织机(长)方向的称为经丝,横向的丝线称为纬丝。

织造型土工织物有三种基本的织造型式:平纹、斜纹和缎纹。平纹是一种最简单、应用最多的织法,其形式是经、纬丝一上一下,如图8-2(a)。斜纹则是经丝跳越几根纬丝,最简单的形式是经丝二上一下,如图8-2(b)。缎纹织法是经丝和纬丝长距离的跳越,例如经丝五上一下,如图8-2(c),这种织法适用于衣料类产品。

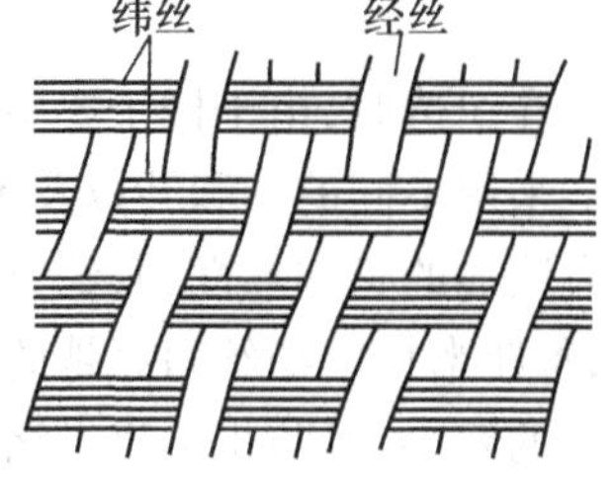

图8-1　土工织物的经纬丝图

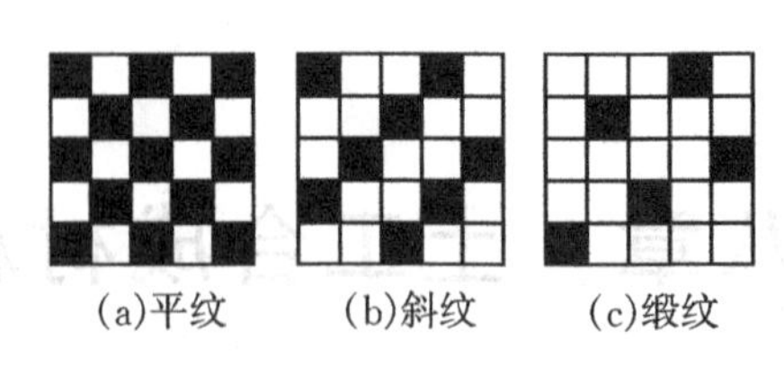

图 8-2 机织纤维交织示意图

表 8-1 **土工合成材料的术语和主要应用范围**

术　语	主要应用范围	术　语	主要应用范围
土工织物(Geotextile) 应用于土木水利工程所有合成或天然纤维制成的透水的织物,它包括机织,非机织和针织物。	排水、过滤、隔离、加筋、侵蚀控制、防护	土工席垫(Geomat) 用单纤维黏合成三维透水的聚合物垫,用于侵蚀控制中保护土粒、底脚和微小植物。	侵蚀控制
土工格栅(Geogrid) 由受张力元件连接成规则的网络结构,其开孔面积大于张力元件,应用于土木水利工程的加筋。	加筋	土工格室(Geocell) 采用土工织物、土工格栅或土工薄膜条交叉连接成蜂窝或蜘蛛网状的三维结构,应用于土木水利工程。	侵蚀控制、保土
土工网(Geonet) 由重叠肋所连接成规则致密的网络结构,应用于液体和气体的输送。	排水、排气、渗漏控制	土工复合材料(Geocomposite) 采用至少二种土工合成材料产品经人工集合的复合体。	隔截液体和气体、加筋、排水、侵蚀控制
土工薄膜(Geomem-brane) 相对不透水的聚合物薄片,在土木水利工程中用作隔截液体和气体的流动。	隔截液体和气体	相关产品(Related Products) 除上述土工合成材料产品外,所有采用合成或天然材料(单一或复合的纤维、线、垫、管和其他形式)所制成的并应用于土木水利工程中的产品。	侵蚀控制、加筋

在织造时,由于梭子要不断地牵引纬丝从经丝的空间中穿过,故要求经丝强度比纬丝的高。采用不同的丝和纱以及不同的织法,可以使织成的产品具有不同的特性。例如平纹织物有明显的各向异性,其经、纬向的摩擦系数也不一样;圆丝织物的渗透性一般比扁丝的要高,每厘米长的经丝间穿越的纬丝愈多,织物也愈密愈强,渗透性则愈低。单丝的表面积较多丝的要小,其防止生物淤堵的性能要好一些。聚丙烯的老化速度比聚酯和聚乙烯的要快,等等。由此可见,可以借调整丝(纱)的材质、品种和织造方式等来得到符合工程要求的强

度、经纬强度比、摩擦系数、等效孔径和耐久性等项指标。在工程实施中应根据具体要求来优选产品，铺设时要注意材料的合理铺设方向。

2. 非机织土工织物（non-woven geotextile）

非织造工艺是20世纪60年代兴起的一种制造工艺，它不需要将纤维纺成纱线，再制成织物，故又称无纺织物。根据黏合方式的不同，非机织土工织物分为热黏合、化学黏合和机械黏合等三种。

热黏合非织造型土工织物的制造，是将纤维在传送带上成网，让其通过两个反向转动的热辊之间热压，纤维网受到一定温度后，部分纤维软化熔融，互相黏连，冷却后得到固化。该法主要用于生产薄型土工织物，厚度一般为0.3～1.5mm。因为无经纬丝之分，故其强度的各向异性不明显。纺黏法是热黏合法中的一种，是将聚合物原料经过熔融、挤压，纺丝成网，纤维加固后形成的产品。这种织物厚度薄而强度高，渗透性大。由于制造流程短，产品质量好，品种规格多，成本低，用途广，近年来在我国发展较快。

化学黏合法土工织物，是通过不同工艺，将黏合剂均匀地施加到纤维网中，待黏合剂固化，纤维之间便互相黏连，使网得以加固，厚度可达3mm。常用的黏合剂有聚烯酯、聚酯乙烯等。也可以在施加黏合剂前加以滚压，得到较薄的和孔径较小的产品。这类产品在工程中的应用较少。

机械黏合法是以不同的机械工具将纤维网加固，应用最广的针刺法。针刺法利用装在针刺机底板上的许多截面为三角形或棱形且侧面有钩刺的针，由机器带动，作上下往复运动，让网内的纤维互相缠结，从而织网得以加固。产品厚度一般在1mm以上，孔隙率高，渗透性大，反滤排水性能均佳，在水利工程中应用很广。

3. 针织土工织物（knit geotextile）

针织是另一种传统织造工艺，它是通过经编机或大圆机制成。其编织型式有平针和斜针，如图8-3所示。针织土工织物亦有圆筒型出现。

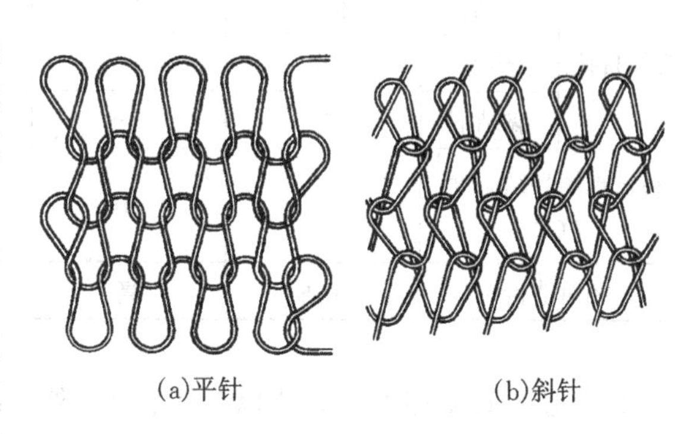

图8-3　针织型式

4. 复合土工织物（composite geotextile）

由机织、非机织或织物加筋线相互结合制成的土工织物称为复合土工织物。它可以由两种或两层同类而性能不同的织物进行复合，也可以由两种以上的织物相复合，目的在于改善织物的整体性能，以适应工程的需要。复合土工织物的性能是任何一种土工织物所不及的，如法国Sommer公司的Geosom复合土工织物，它是由三层针刺土工织物构成，上下两层由较细的纤维组成，主要起过滤作用，中间一层是为了增加织物的厚度（过水断面）以利于排泄平面水流，故采用卷曲度较大的纤维所构成。

二、土工膜

土工膜是透水性极弱的土工合成材料，在水利工程中主要用于防渗。制造土工膜的基本材料主要有以下几种：聚氯乙烯（PVC）、耐油聚氯乙烯（PVC-OR）、高密度聚乙烯

(HDPE)、氯化聚乙烯(CPE)、氯磺聚乙烯(CSPE)等。这几种材料的性能如表 8-2 所示。

表 8-2 **几种土工薄膜基本材料性能表**

性能＼材料		氯化聚乙烯 CPE	高密度聚乙烯 HDPE	聚氯乙烯 PVC	氯磺聚乙烯 CSPE (Hypalon)	耐油聚氯乙烯 PVC-OR
力学特性顶破强度		好	很好	很好	好	很好
撕裂强度		好	很好	很好	好	很好
伸长率		很好	很好	很好	很好	很好
耐磨性		好	很好	好	好	-
热力特性(低温柔性)		好	好	较差	很好	较差
尺寸稳定性		好	好	很好	差	很好
最低现场施工温度(℃)		-12	-18	-10	5	5
渗透系数(m/s)		10^{-14}	-	7×10^{-15}	3.6×10^{-14}	10^{-14}
极限铺设边坡		1:2	垂直	1:1	1:1	1:1
现场拼接	溶剂	很好	好	很好	很好	很好
	热力	差	-	差	好	差
	黏结剂	好	-	好	好	好
最低现场黏结温度(℃)		-7	10	-7	-7	5
相对造价		中等	高	低	高	中等

在制造土工薄膜时,除采用以上基本材料外还需一定的填充料和外加剂,如增塑剂、稳定剂、抗老化剂、杀菌剂、细粒矿粉等,其作用在于改善土工薄膜的力学性能、抗环境影响性能以及降低成本。

土工薄膜的类型大体可分现场制作和工厂预制两大类。

现场制成土工薄膜是在工地防渗面现场(土体或混凝土的表面)喷涂一层热的或冷的黏性材料,常用材料为沥青或沥青和弹性材料混合物或其他聚合物(如聚氨基甲酸脂)。这种土工薄膜的主要优点是不存在拼接的难题,价格低,但厚度较厚,约在 3~7.5mm 之间。另一种现场制作的土工薄膜是在工地先铺设一层织物在需要防渗的表面,然后在织物上喷涂一层热的黏性材料,使透水性低的黏性材料浸渍在织物的表层,以形成整体性的防渗薄膜。所用的黏性材料与上述相同;织物早期主要用玻璃纤维布,现大多使用针刺土工织物。这种土工薄膜的典型厚度仍为 3~7.5mm。

工厂预制土工薄膜是采用高分子聚合物、弹性材料或低分子量的材料通过滚压、挤压等工艺过程所制成，是一种均质薄膜，其典型厚度为0.25～4mm(挤压工艺制造)和0.25～2mm(滚压工艺制造)。

三、土工复合材料

土工复合材料是两种或两种以上的土工合成材料组合在一起的制品。这类制品将各组合料的特性相结合，以满足工程的特定需要。不同的工程有不同的综合功能要求，故土工复合材料的品种繁多，可以说土工复合材料是当前和今后一段时期发展的大方向。

1. 复合土工膜(composite geomembrane)

普通土工膜在运用中通常出现以下几种穿刺、撕裂、拉伸、鼓破等破坏现象：

(1) 遭受块石或其他尖棱物的穿刺。

(2) 由于土工薄膜缺少约束支撑(如因土壤发生淘刷局部下沉；管道破裂；下层土受化学溶蚀而产生空穴以及混凝土面层开裂等)在承受水压力和土压力时被鼓破。

(3) 由于遭受温度、重力、土体位移、浪击以及水位变化等因素，可能引起铺设在支承土与混凝土面板之间的土工薄膜滑动，产生过度拉伸、撕裂或擦伤。

(4) 在斜面上用土或混凝土面板保护的土工薄膜，当水位聚降时，土体中的孔隙水压力与库水位失去平衡而造成失稳滑动，特别是新浇注的混凝土由于混凝土中析出的水聚集于薄膜和混凝土的界面上，从而混凝土将会出现下滑趋势，土体和混凝土的滑移可能引起薄膜过量伸长破坏或撕裂。

鉴于上述情况，目前工程中采用土工织物与土工膜复合在一起，形成所谓的复合土工膜，土工织物对土工膜起加筋和保护作用。

用于制造复合土工膜的土工织物多为非织造针刺土工织物，其单位面积质量一般为200～600g/m^2。

复合土工膜在工厂制造时可以有两种方法，一是将织物和膜共同压成；另外也可在织物上涂抹聚合物以形成二层(俗称一布一膜)、三层(二布一膜)、五层(三布二膜)的复合土工膜。

复合土工膜中的土工织物既能增强薄膜自身强度，又能改善接触界面的摩擦特性，还起到排水排气及缓受冲力的作用。因此，与单一土工膜相比复合土工膜具有以下优点：①提高了土工膜的抗拉、抗撕裂、抗顶破及抗穿刺等力学强度；②在相同应力作用下，伸长率有所减小，模量增大；③趋于各向同性，能避免在物理条件和温度变化时所产生某个方向上的过量收缩和移动；④易于避免下层土体冻融时土工薄膜的损坏；⑤易于压力均布，避免应力局部集中；⑥易于消散土工薄膜与土体接触面上的孔隙水压及浮托力；⑦改善土工薄膜的摩擦性能，增加其稳定性。

2. 塑料排水带(prefabricated strip drain)

塑料排水带是由不同截面形状的塑料芯板外面包裹非织造土工织物(滤膜)而成。芯板的原材料为聚丙烯、聚乙烯或聚氯乙烯。芯板截面有多种型式，如图8-4所示。芯板起骨架作用，截面形成的纵向沟槽供通水之用，而滤膜多为涤纶无纺织物，作用是滤土、透水。

塑料排水带的宽度一般为100mm，厚度3.5～4mm，每卷长100～200m，每米重约0.125kg。我国目前排水带的宽度最大达230mm，国外已有2m以上的宽带产品。

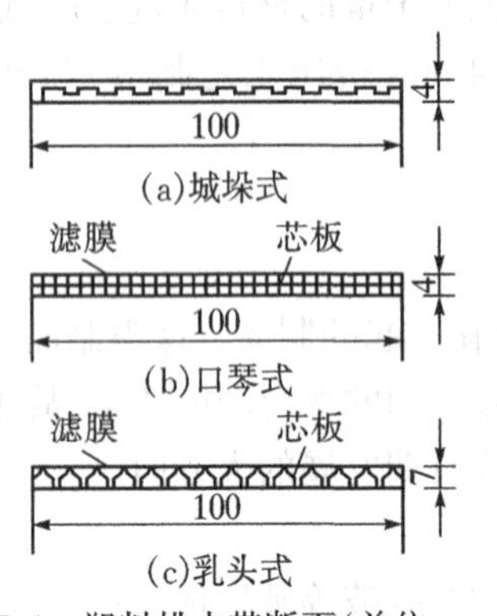

图 8-4 塑料排水带断面(单位:mm)

塑料排水带的施工是利用插带机将其埋设在土层中的预定位置。塑料带前端与锚靴相连,用插带机导杆顶住锚靴,插入土层中,达到预定深度后拔出导杆,但排水带仍留在预定位置,在高出地面一定高度(0.5m左右)剪断排水带。施工时可用静荷或动荷送杆,静荷送杆对土层振动小,较为常用。我国插带机的插入深度可达约25m,入土速率可达6m/min。排水带的平面分布间距可借理论计算确定,一般为1~2m。排水带插入软基后,为排除土中的多余水量提供了捷径,多余水可水平向通过带的滤膜进入芯板沟槽,再向上由地表的透水料垫层排走。排水带在水闸等软基加固工程中应用广泛,以加速软土固结。

3. 软式排水管

软式排水管是由高强钢丝圈作为支撑体,以及具有反滤、透水及保护作用的管壁包裹材料两部分构成的,如图8-5。高强钢丝由钢线经磷酸防锈处理,外包一层PVC材料,使其与空气及水隔绝,避免氧化生锈。包裹材料有三层,内层为透水层,由高强特多龙纱或尼龙纱作为经纱,特殊材料为纬纱制成;中层为非织造土工织物过滤层;外层为与内层材料相同的覆盖层。为确保软式排水管的复合整体性,支撑体和管壁外裹材料间,以及外裹各层之间都采用了强力黏结剂黏合牢固。目前市场出售的管径分别为50.1mm、80.4mm和98.3mm,相应的通水量(坡降 $i=1/250$)为45.7cm^3/s、162.7cm^3/s、311.4cm^3/s。

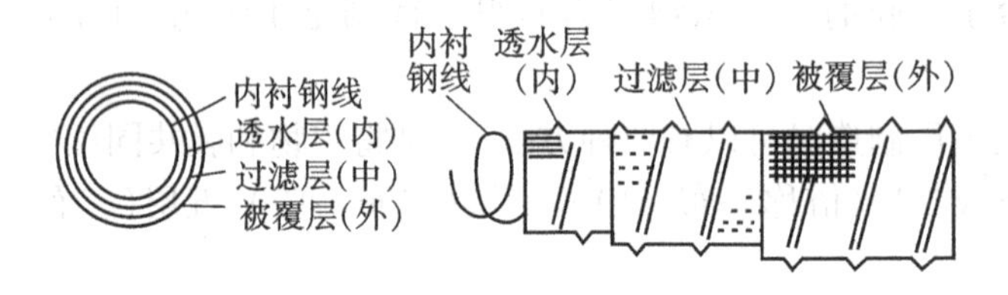

图 8-5 软式排水管构造图

软式排水管兼有硬水管的耐压与耐久性能,又有软水管的柔性和轻便特点,过滤性强,排水性好,可用于各种排水工程中。

4. 土工格栅

土工格栅是在聚丙烯或高密度聚乙烯板材上冲孔,然后进行拉伸而成的带长方形孔或方形孔的板材,如图8-6。加热拉伸使材料中的高分子定向排列,获得较高的抗拉强度和较低的延伸率。按拉伸方向不同,格栅分为单向拉伸(孔近矩形)和双向拉伸(孔近方形)两种。前者在拉伸方向上有较高强度,后者在两个拉伸方向上皆有较高强度。

土工格栅因其高强度和低延伸率而成为加筋的好材料,例如英国奈特龙(Netlon)公司生产的坦萨(TENSAR)SR2(单向)的纵、横向抗拉强度分别为80kN/m和13kN/m,延伸率分别为9%和15%(常温下)。土工格栅埋在土内,与周围土之间不仅有摩擦作用,而且由于土石料嵌入其开孔中,还有较高的咬合力,它与土的摩擦系数可以高达0.8~1.0。

土工格栅的品种和规格很多,目前开发的新品种有用加筋带纵横相连而成的,也有用高强合成材料丝纵横连接而成的,等等。

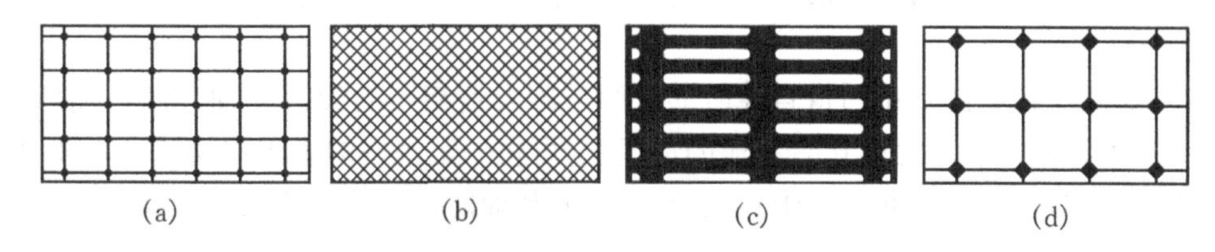

(a)“坦萨”SS2;(b)“奈特龙”CE121;(c)“坦萨”SR2;(d)“坦萨”GM1

图 8-6　土工格栅

5. 土工网

土工网是以聚丙烯或聚乙烯为原料,应用热塑挤出法生产的具有较大孔径和较大刚度的平面结构材料。可因网孔尺寸、形状、厚度和制造方法的不同而造成性能上的很大差异。一般而言,土工网的抗拉强度都较低,延伸率较高,以英国 NETLON 系列为例,其抗拉强度仅为 2～8kN/m,延伸率一般达到 20%以上。

这类产品常用于坡面防护、植草、软基加固垫层,或用于制造复合排水材料。一般说来,它只有在受力水平不高的场合,才能用于加筋。

6. 土工格室

土工格室是由强化的高密度聚乙烯宽度,按一定间距以强力焊接而形成的网状格室结构,将它张开后形如蜂窝状格室,可以在格室内填土,由于格室对土的侧向位移的限制,可大大提高土体的刚度和强度,因此土工格室可用于处理软弱地基(见图 8-7 所示)。

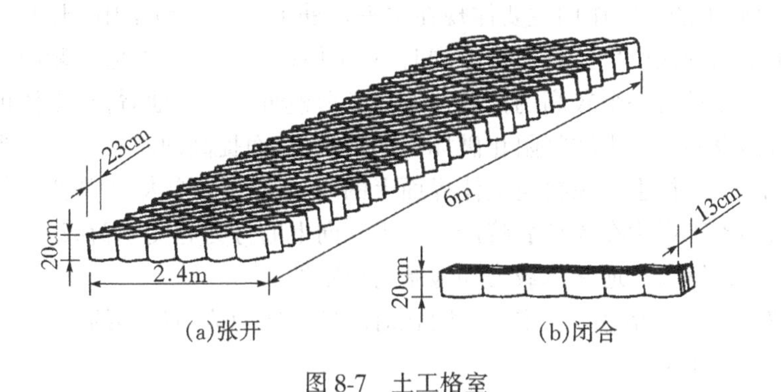

图 8-7　土工格室

除上述土工合成材料外,水利工程中还有充填混凝土后用于护坡的土工模袋,有充填泥土用于护岸和堆筑堤防的土工管和土工包等,因篇幅有限,不逐一介绍。

第二节　土工织物加固功能和加固原理

具有加固功能的土工合成材料种类很多,本节以土工织物为主,介绍其加固功能和原理。

一、反滤功能

水工建筑物中为了防止渗透变形,常在排水体与被保护土体之间设置砂砾石料所组成的滤层。

无纺型土工织物的较小当量直径所形成的与砂大致相同的渗透性,取得同一般砂砾反滤层一样的反滤作用。因此,在有渗流的情况下,可将一定规格的土工织物铺设在被保护土层上,在容许水流畅通的同时,又阻止土粒的移动,从而防止土体的流失和管涌。

二、排水功能

大部分土工合成材料都具有良好的透水性,可汇集地下渗水将其排泄。例如在堤坝上游坡复合土工膜下的土工织物有利于水位快降时迅速排除土壤孔隙水,降低浸润线;水平设置在堤坝下游侧的盲沟和塑料排水板能降低稳定渗流时的浸润线并防止渗透变形;软土地基中垂直设置的塑料排水板,能快速排出土壤水,加速地基固结。

三、隔离功能

隔离是指土工合成材料将两种不同物理力学性能的材料分开,以免互相混杂产生不良效果。例如,在分区土石坝中,水流穿越颗粒粗细不同的土层,容易引起接触流土,即把其一层的细粒移入到另一层中去,若在两土层界面设置无纺土工织物则可避免这种渗透变形。又如,在软黏土或淤泥土地基与碎石垫层之间设置土工织物可防止碎石挤入淤泥,也可防止泥土进入碎石垫层使其失去排水、防冻胀作用。

四、加固功能

土工织物对软土的加固作用主要体现在水平加筋上。复合地基中,土工织物主要处于受拉状态下,土工织物在产生拉伸应力的同时,对土体产生了一个类似于侧向约束的压力的作用,使得复合土体具有一个较高的抗剪强度和变形模量。宏观地看,在土体可能产生楔入(冲切)破坏时,铺设的土工织物将阻止破坏面的出现,从而提高地基承载力。当地基承受较大的荷载而发生变形时,土工织物与土体界面上的摩擦阻力将增大并增强对土体侧向变形的限制;高模量的土工织物在受拉后将产生一垂直向上的分力起支承荷载的作用;从而减小了地基的竖向变形,增大了地基承载力和地基的稳定性。

土工织物对土层的侧限作用,主要反映在对浅层土体的侧向位移约束,对较深均匀软土($\varphi=0$)作用则不很明显。

研究表明,对于深度超过堤顶宽 0.5 倍的均匀沉积土层(内摩擦角 $\varphi=0$),即使用高模量的加筋物,对土堤稳定性的提高作用也是很有限的。但对于强度随深度明显增长的软土,对于深度超过顶宽 0.5 倍($D/B\geqslant 0.5$)的软土,数值分析表明,土堤破坏高度与土工织物的模量有关;土堤破坏时,土工织物的加筋作用随土工织物模量的增加而增加。

土工织物与土体形成的复合体的力学性能不仅与土体、土工织物自身的性能有关,还与土和土工织物界面特性、加筋长度、加筋体的埋深有关。不同的加筋长度、加筋体埋深对承载比 BCR(BCR 为相同沉降值时加筋土地基与未加筋土地基承载力之比)的影响是不同的，存在一个最优的加筋深度，可获得最大的承载比，超过最大承载比的埋深后，加筋体的埋深增大，承载比的提高就越小。同样，在保证足够的锚固长度下，增加加筋长度，无助于地基承载力的提高。

土工织物侧限土体、承受拉伸变形的能力是通过土与土工织物界面上的应用传递来实现的。由于饱和软黏土与土工织物间的剪切性能极差，因而在软土上直接铺设土工织物，其加固效果并不理想。在饱和软土特别是在淤泥上采用铺设土工织物的方式加固软基，宜先在饱和软土表面铺设与土工织物具有良好剪切特性的模量较高的垫层材料（如砂砾），然后再在垫层中铺设土工织物。土工织物宜铺设在以下两者情况的土料中：

(1) 当粒径小于0.015mm的填土超过总填土重量的15%时，土的内摩擦角不得小于25°；

(2) 粒径小于0.08mm的填土，其重量不得超过总重量的15%。

土工织物属于柔性加筋材料，只能承受拉应力，不能承受压应力。因而，土工织物用作加筋材料时，应沿张拉弧方向布置拉筋，以发挥土工织物对土体的约束和抗阻作用。若拉筋布置在剪切变形面上，可能产生润滑作用，导致土体的不良变形。

部分土工物聚合物的力学性能指标见表8-3，供参考。

表8-3 **土工聚合物的部分性能**

土工聚合物类别	重量(N/m^2)	极限抗拉强度(kN/m)	破坏时的应变(%)	应变为10%时应力—应变图上的割线模量(kN/m^2)
1.编织型				
单纤维聚丙烯	1.9～3.8	17～70	20～40	70～270
多纤维聚丙烯	3.8～12	35～210	15～40	175～700
多纤维聚酯	2.25～11.2	26～350	10～30	175～1 050
2.无纺型(非编织型)				
熔化联结的连续纤维	0.75～3.8	3～35	30～100	17～90
针刺孔的厚膜	3.8～13.5	7～35	40～150	10～50
3.土工格栅				
聚丙烯	2.25～3.8	9～35	10～20	90～225
聚乙烯	3.8～11.2	9～88	10～20	50～700

第三节 土工织物的加固设计

一、反滤层的设计原则

目前较为普遍的土工织物反滤层设计标准主要有以下三种。

(1) 按符合一定标准和级配的砂砾料构成的传统反滤层的标准，使用土工织物滤层满足以下三个要求：

防止管涌 $D_{15f}<5D_{85b}$ (8-1)

保证透水性 $D_{15f}<5D_{15b}$ (8-2)

保证均匀性 $D_{50f}<25D_{50b}$（对于级配不良的滤层） (8-3a)

或 $D_{50f}<7D_{50b}$(对于级配均匀的滤层) (8-3b)

式中:D_{15f}为表示相应于颗粒粒径分布曲线上,百分数 p 为 15% 时的颗粒粒径,mm;f 为表示滤层土;D_{85b}为表示相应于粒径分布曲线上 p 为 85% 的颗粒粒径,mm;B 为表示被保护土。

(2) 根据所谓"等效薄膜"概念,由太沙基滤层设计理论推导得出的土工织物的孔径尺寸的要求。

对于非黏性土:

防止管涌 $O_e<1\times D_{85b}$ (8-4)

渗透畅通 $O_e>1\times D_{15b}$ (8-5)

保证均匀 $O_e<2.3\times D_{50b}$(非编织型) (8-6a)

$O_e>1.4\times D_{50b}$(编织型) (8-6b)

对于黏性土:

$O_e<0.08\text{mm}$ (8-7)

式中:O_e 为土工织物的等效孔径,指对土工织物起控制作用的孔径,对编织型土工织物滤层(孔眼比较均匀)一般取 O_{90}。

(3) 美国陆军工程师兵团标准(1977)

防止管涌 $EOS\leqslant D_{85b}$(适用于 $D<0.074\text{mm}$ 颗粒含量<50%) (8-8)

防止堵塞 $EOS\nless 0.149\text{mm}$ (8-9)

在上述规定范围内尽可能采用较大的 EOS 值,同时规定:对 $D_{85b}<0.074\text{mm}$ 的土不宜采用土工织物作滤层,EOS 为土工织物的等效孔径,相当于 O_{98}或 O_{95}。

二、土工织物复合垫层的设计方法

土工织物复合垫层的工作机理和作用,至今还未被完全揭示,尚无公认的成熟的理论和设计方法,下面仅介绍二种方法供参考。

1. Nishigata-Yamaoke 法

假设土工织物复合地基在极限荷载作用下发生沉降、侧移和隆起,其应力条件如图 8-8 所示,则土工织物加筋复合地基的极限承载力公式可表达为

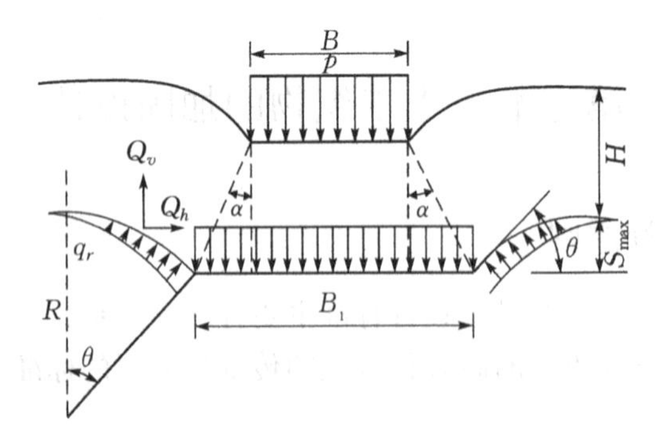

图 8-8 土工织物复合土层应力条件

$$p_u=c_uN_c+2Q_v/B_1+q_vN_q+(2P_p+2Q_h)\sin\delta/B+\gamma S_{\max}N_q \quad (8\text{-}10)$$

式中：c_u 为原地基土的不排水剪切强度；N_c、N_q 为承载力系数，$N_c=5.3$，$N_q=1.4$；Q_h、Q_v 分别为由加筋体引起的被动土压力水平和竖向分量，

$$Q_v=\int_0^\theta q_v\cos\varphi R\,\mathrm{d}\varphi,\ Q_h=\int_0^\theta q_v\sin\varphi R\,\mathrm{d}\varphi;$$

R 为假想圆半径，一般取 3m 或软土层厚度的一半，但不超过 5m；B_1 为经垫层扩散后应力作用面宽度；q_v 为由加筋体引起的作用在复合土层上的朗肯被动土压力强度；
P_p 为垫层回填材料的被动土压力，$P_p=E_p/\cos\delta$；H 为垫层的厚度；δ 为被动土压力与水平面的夹角，$\delta=(1/2\sim3/4)\varphi$；$\varphi$ 为垫层材料的摩擦角；B 为地基表面作用的荷载宽度；E_p 为朗肯被动土压力；γ 为土的重度；$s_{\max}$为加筋垫层的最大沉降。

将图 8-8 所示应力条件简化为图 8-9 所示应力条件，极限承载力简化为式(8-11)

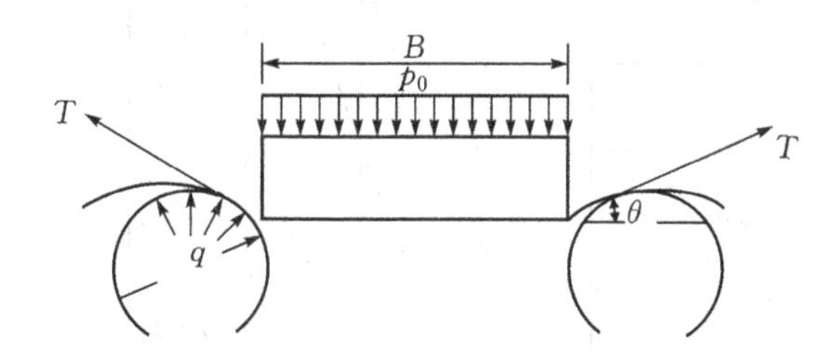

图 8-9　土工织物加筋复合土层计算简图

$$p_u=cN_c+2T\sin\theta/B+\beta\frac{TN_q}{R}\tag{8-11}$$

式中：β 为地基形状系数，一般取 0.5；T 为土工织物的抗拉强度；θ 为基础边缘与土工织物的倾斜角，一般取 10°～17°。式(8-11)右边第一项为地基的原极限承载力；第二项为地基在荷载下沉降使土工聚合物产生的拉力效应；第三项为土工聚合物阻止隆起而产生的平衡镇压作用效应。

2. Binquet-Lee 承载力计算法

Binquet 和 Lee 通过 65 个模型试验，发现水平增强复合地基的破坏，不仅与水平加筋体的数量、埋置长度和性能有关，而且同最浅层加筋体到基底埋深有关。不同加筋体埋深与加筋体数量的复合体地基破坏模式见图 8-10。

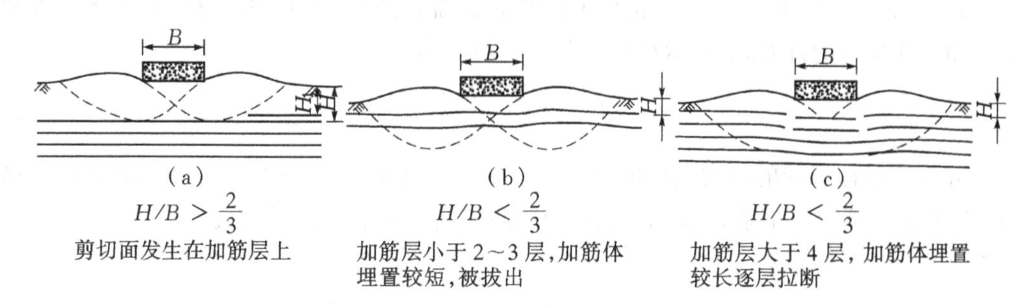

图 8-10　水平增强体地基的破坏模式

Meyerhof、Mandel 和 Salencon 分别通过试验和数值分析表明，随着刚性加筋层和基础间土层距离的缩小，复合地基的极限承载力将大大提高。因此，一般情况下，土工织物宜放置在基底 2/3 基底宽度之内。

当最上层加筋体到基底埋设距离 H 与条形基础宽度 B 的比值 $H/B>2/3$，且加筋层的刚度足够大，像一块刚性平板一样使剪切区不能穿越时，地基将发生如图 8-10(a)形式的破坏，地基极限承载力可按式(8-12)计取

$$p_u=\gamma BN'_t/2+\gamma DN'_q \tag{8-12}$$

式中：γ 为土的重度；B、D 分别为条形基础的宽度和埋深；N'_t、N'_q 为修正承载力系数，见图 8-11。

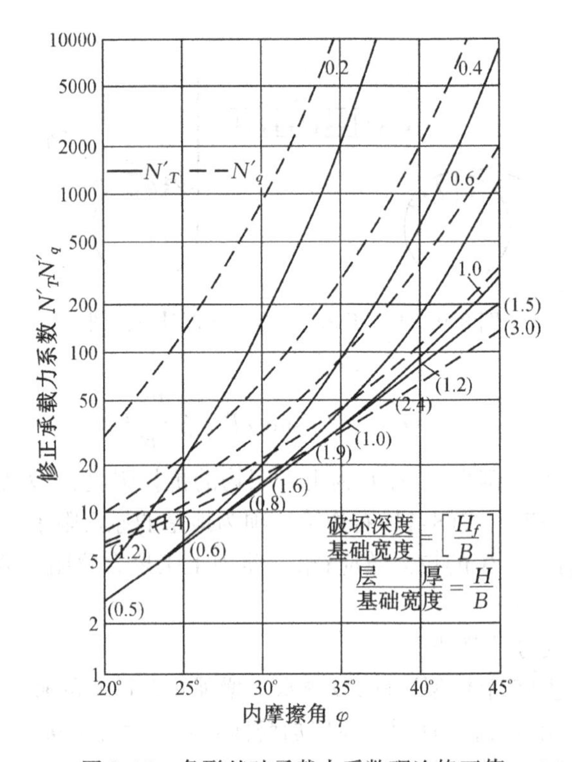

图 8-11 条形基础承载力系数理论修正值

Binquet, J. 和 Lee, K. L. 在 65 例模型试验的基础上，推导出 $H/B<2/3$ 时在条形基础下水平加筋体拉力的计算式，要求设计荷载下加筋体满足

$$T_D\leqslant\left(\frac{R_y}{F_{sy}},\frac{T_f}{F_{sf}}\right) \tag{8-13}$$

式中：T_D 为加筋体承受的拉力设计值；R_y 为加筋体极限抗拉强度；T_f 为加筋体极限抗拔强度；F_{sy}为加筋体抗拉安全系数，取 1.5；F_{sf}为加筋体抗拔安全系数，取 1.5。

T_D 由(8-14)式确定

$$T_D(z,N)=\frac{1}{N}\left[J\left(\frac{z}{B}\right)B-I\left(\frac{z}{B}\right)\Delta H\right]q_0\left(\frac{q}{q_0}-1\right) \tag{8-14}$$

式中：N 加筋体的层数；$I\left(\frac{z}{B}\right)$、$J\left(\frac{z}{B}\right)$为无因次系数，见图 8-12；$\Delta H$ 为加筋体竖向层间距；q_0、q 为设计允许沉降值情况下加筋前后地基承载力。

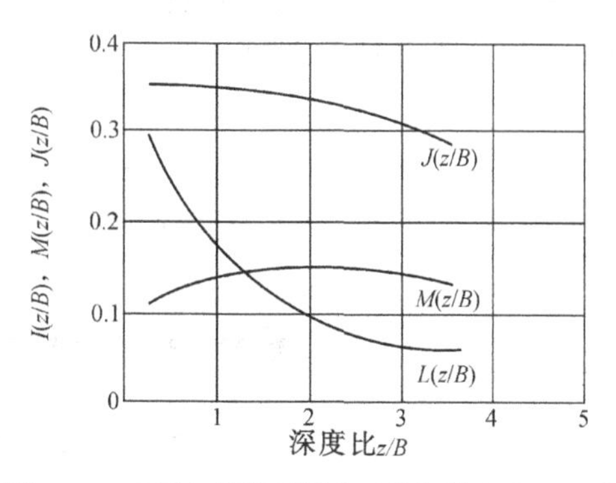

图 8-12　水平加筋体无因次系数与深度比 z/B 的关系

R_y 由式(8-15)确定

$$R_y = \omega N_R t f_y \qquad (8\text{-}15)$$

式中：ω 为加筋体单片宽度；N_R 为条形基础单位长度内加筋体的数量；t 为单片加筋体厚度；f_y 为加筋材料的屈服或破坏强度。

T_f 由式(8-16)确定

$$T_f(z) = 2f\omega N_R\left[M\left(\frac{z}{B}\right)B\cdot q_0\left(\frac{q}{q_0}\right) + \gamma(L_0 - x_0)\cdot(z + D)\right] \qquad (8\text{-}16)$$

式中：f 为土体与加筋体间的摩擦系数，$f=\tan\varphi_f$；φ_f 为土体与加筋体间的摩擦角；$M\left(\frac{z}{B}\right)$为无因次系数，见图 8-12；$\gamma$ 加筋层中土体的重度；L_0、x_0 为剪应力分区界限，见图 8-13；z 为验算加筋体到基底的距离；D 为基底至地表的距离。

设计中，往往近似地取加筋体长为 2 倍的 L_0。值得注意的是公式(8-13)～(8-16)及图 8-12、图 8-13 均是在理想的均一土质推得的条形基础的计算曲线，同时由于在推导过程中假设了材料静力平衡的条件，且未考虑加筋垫层的变形条件，因而验算结果可能会出现应力和变形不协调的情况。

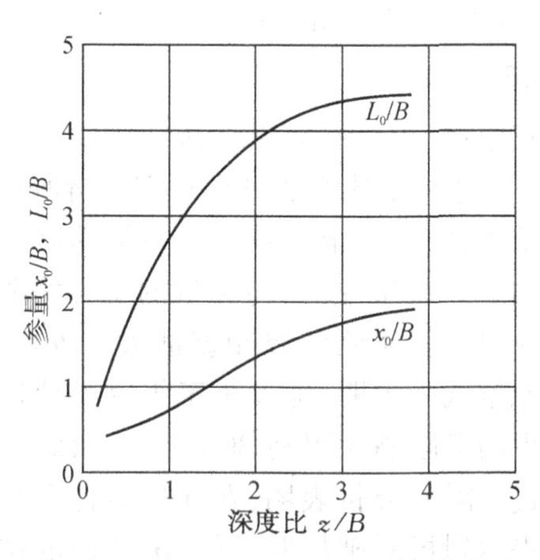

图 8-13　x_0/B，L_0/B 随 z/B 变化曲线

三、堤坝加筋的稳定分析

用以土工织物加固堤坝稳定性分析的方法，最为常见的是基于极限平衡理论的圆弧滑动分析法，在我国较为流行的有荷兰法和瑞典法。通常加固设计时，先按常规极限平衡方法找出未加筋状态下的临界滑动圆弧面和相应的最小安全系数 $K_{\min}$，然后再加入土工织物的加筋因素。

荷兰法的计算模型是假定土工织物在与滑弧相切处形成一个与滑弧相适应的扭曲，此时土工织物中产生的抗拉力与滑弧相切，见图 8-14，土工织物所产生的附加力矩的力臂长为 R，则稳定安全系数为

$$K = \frac{\sum(c_u l_i + Q_i\cos\theta_i\tan\varphi_u) + S}{\sum Q_i\sin\theta_i} \qquad (8\text{-}17)$$

式中：φ_u、c_u 为地基土的不排水剪强度指标；l_i 为某土条的滑弧长度；θ_i 为某土条与滑动面的倾斜

角;Q_i 为某土条的重量;S 为土工织物中的拉力,常取极限抗拉强度的 20% 或应变的 5% ~7% ;K 为安全系数,视土的特性、抗剪强度的可靠程度、地区经验因素取 1.1~1.5。

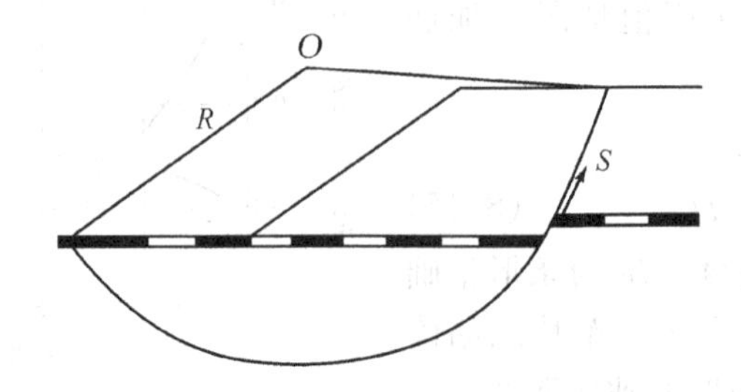

图 8-14 荷兰法稳定分析示意图

瑞典法的计算模型是假定土工织物中的拉力总是保持在原来铺设的方向,见图 8-15。由于土工织物中拉力的存在,就产生了两个附加抗倾覆力矩 $S \cdot a$ 和 $S \cdot b\tan\varphi_u$。其安全系数为

$$K = \frac{\sum(c_u l_i + Q_i \cos\theta_i \tan\varphi_u) + S(a + b\tan\varphi_u)}{\sum Q_i \sin\theta_i} \tag{8-18}$$

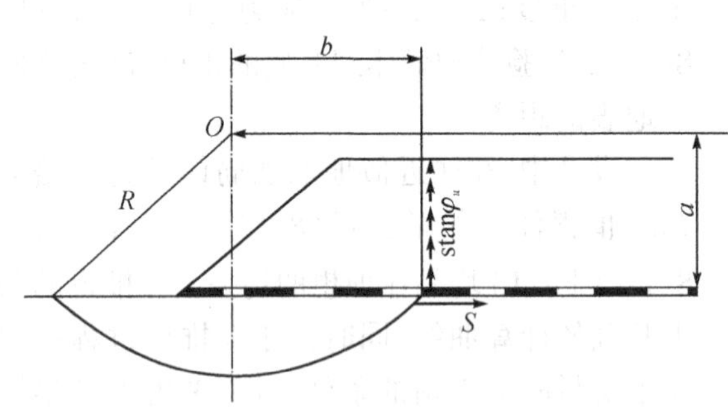

图 8-15 瑞典法稳定分析示意图

式中:R 为滑弧半径;a、b 为力臂。

采用上述方法进行稳定分析所得的结果,稳定安全系数仅比不加筋状态增加 1% ~5% 左右,与大量的工程实践和原型试验实测情况相差甚大。Rowe 的原型试验表明,铺设土工织物可使试验堤的极限高度提高 30% 以上。Rowe 通过有限元分析表明,在同样条件下加筋堤达到极限破坏时,圆弧滑动面的位置向堤底中心靠近并向地基深部滑动,随着堤基底加筋强度和模量增大,滑弧的位置越趋近于堤底的中心。显然通过先考虑未加筋状态下的临界滑动圆弧面再加入加筋因素的分析法是过于保守的。Rowe 认为,对于强度随深度显著增加(增长率 $l \geqslant 1$kPa/m)的软弱可塑黏性土,取应变值约为 5% 得出的土堤的破坏高度往往偏于保守的。土工织物所产生的拉力 S 应选取以下三种情况中的最小值:

(1) 土工织物的容许拉力 T_a。通常取不超过土工织物每分钟 2% 的拉伸变形的宽条试验的极限拉力的 60% 。对聚丙烯基质的土工织物,取不大于 50% 的极限拉力。

(2) 土工织物的抗拔力 T_b。$T_b = xc_s$,其中 c_s 为土工织物与土界面的摩擦力;x 为土工织物与土界面的滑动长度。x 不大于 $B/2 + t \cdot h$。其中 B 为堤顶宽度,t 为土堤的坡度,h 为土堤的高度。

(3) 土工织物的允许加筋力 T_c。T_c 为允许相容应变值 ε_a 与加筋体的割线模量 E_f 的乘积。

Rowe 和 Soderman 根据土工织物和土的变形相容原理,给出了一种估算软弱均质($\varphi = 0$)黏土地基上坡度为 1:2 和 1:4 的土堤中土工织物"允许相容应变 ε_a"的方法,见图 8-16。图

中 Ω 可按式(8-19)计算:

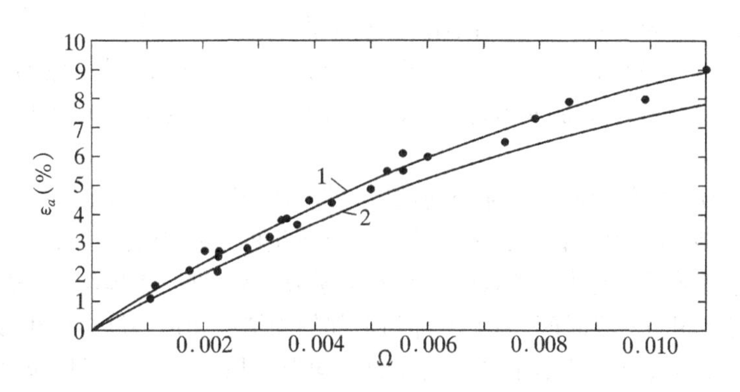

1-坡度 1:2;2-坡度 2:4

图 8-16　ε_a 与参变量 Ω 关系曲线

$$\Omega=(\gamma_f H_c/c_u)\cdot(c_u/E_u)\cdot(D/B^2)e \tag{8-19}$$

式中:γ_f 为填土的重度;H_c 为填土堤的破坏临界高度;c_u 为加固的软基不排水剪内聚力;E_u 为加固的软基不排水剪弹性模量;D 为堤下软土的深度;B 为堤顶的宽度;$(D/B)_e$ 为有效软土深度和堤顶宽度比,取值如下

$(D/B)_e=0.2, D/B<0.2$

$(D/B)_e=D/B, 0.2\leqslant D/B\leqslant 0.42$

$(D/B)_e=0.84-D/B, 0.42<D/B\leqslant 0.84$

$(D/B)_e=0, 0.84<D/B$

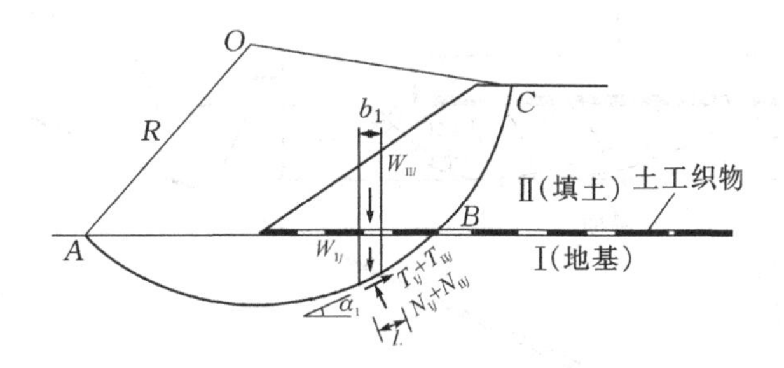

图 8-17　考虑填土抗滑作用的稳定分析

对软黏土上填筑的堤坝进行稳定分析,不考虑填土的抗滑阻力,往往过于保守,因此,堤坝的抗滑稳定安全系数 K 改写成式(8-20)的计算形式更为合理。

$$K=\frac{\sum_{A}^{B}(c_{u1}l_i+W_{Ii}\cos\alpha_i\tan\varphi_{u1}+W_{IIi}\bar{U}\cos\alpha_i\tan\varphi_{cu1})+\eta_m\sum_{B}^{C}(c_{cu2}l_i+\eta W_{IIi}\cos\alpha_i\tan\varphi_{cu2})+SL/R}{\sum_{B}^{C}(W_{I}+W_{II})\sin\alpha_i} \tag{8-20}$$

式中：c_{u1}，φ_{u1}为地基土的不排水剪强度指标；l_i 为第 i 土条所对应的滑动弧的弧长；W_{I}，W_{II}分别为土条分别在地基部分及填土部分的重量；α_i 为土条底面与水平面的交角；$\overline{U}$ 为地基的平均固结度；φ_{cu1}为地基土的固结不排水剪强度指标；η_m 为堤坝抗滑力折减系数，取 0.6～0.8；η 为堤坝材料抗剪强度折减系数，可取 0.5；φ_{cu1}、φ_{cu2}为堤坝材料固结不排水剪强度指标；S 为土工织物所产生的加筋力，按 Rowe 的建议选取；L 为土工织物加筋力臂；R 为滑弧半径。

上式分子中第一部分为地基土部分的抗剪分量，其中第一、第二两项为天然地基的抗剪力，第三项为填筑期间堤坝荷载引起的地基固结而产生的抗剪力的增量，如不考虑固结，则为仅利用天然地基强度所能快速填筑的最小安全系数；第二部分为堤坝部分的抗剪分量，考虑到堤坝填筑需要相当一段时间，填上下部与上部的固结度和饱和度会产生较大的差异，采用夯实土样经饱和后进行固结不排水剪试验的平均强度指标也应适当折减，所以坝体抗剪分量进行折减；第三部分为土工加筋体的抗剪分量，其土工织物的加筋力，采用 Rowe 的建议值。

稳定验算除应验算滑弧穿过土工织物垫层部分的稳定性外，还应验算土工织物范围以外的部分，只有二者均满足，才可认为是稳定的。

应该指出的是式(8-20)的计算结果，仍然未考虑由于加筋而引起的潜在滑动面改变的影响，其计算结果是偏于安全的。

四、土工织物加筋堤坝的承载力分析法

当土工加筋垫层下的饱和软土的不排水剪强度指标随深度成线性增长(图 8-18)，即

$$c_{uz} = c_{uo} + \rho_c z \tag{8-21}$$

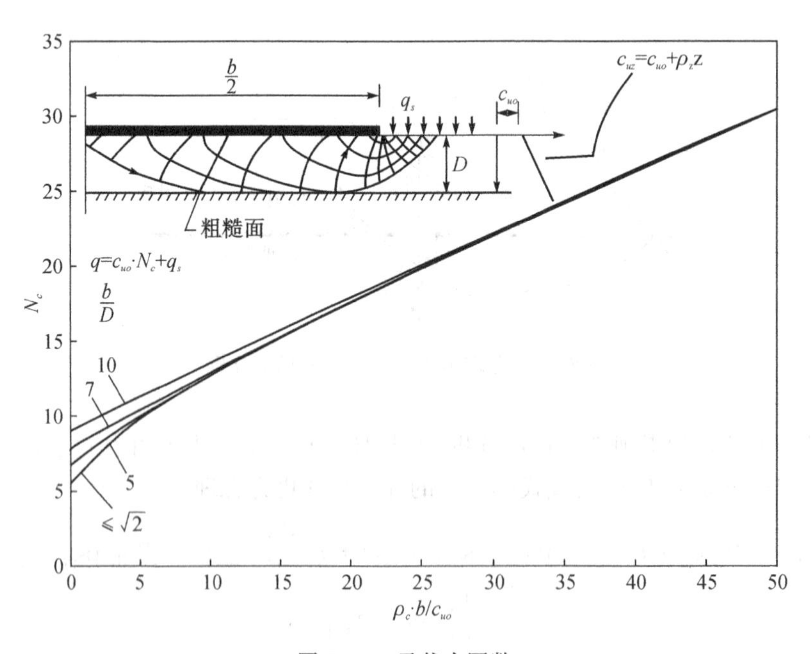

图 8-18 承载力因数

且筋材具有足够的强度，组成的连续的基础垫层在受载过程中保持整体性不受破坏，可作整体基础求解地基承载力，则加筋堤基极限承载力 q_u 可按式(8-22)求得

$$q_u = N_c c_{uo} + q_s \tag{8-22}$$

式中：N_c 为承载力因数，当 $50 \leqslant \rho_c b / c_{uo} \leqslant 100$ 时，$N_c = 11.3 + 0.384 \rho_c b / c_{uo}$，当 $0 < \rho_c b / c_{uo} \leqslant 50$ 时，N_c 值查图 8-18 得到；c_{uo} 为不排水剪强度在地表面的截距；ρ_c 为不排水剪强度随深度的增长率；q_s 为加筋垫层宽度外地表面的均布压力。

由于式(8-22)是根据宽度为 b 的刚性基础求得的，对于梯形堤坝剖面应近似地转变为等效基础宽度 b_0 理论上，刚性基础边缘点的压力是 $(2+\pi)c_{uo}$，对于堤坝必有两个点地基上压力 $\gamma h = (2+\pi)c_{uo}$。假设这两点的距离为堤基的等效宽度，这两点处的堤坡高度为

$$h = (2+\pi) c_{uo} / \gamma \tag{8-23}$$

则等效宽度为

$$b = B + 2n(H - h) \tag{8-24}$$

式中：B 为加筋堤顶宽(m)；H 为加筋堤高(m)；n 为堤坡角的余切；γ 为堤身填料重度。

图 8-19 中 b 外的三角形荷载可以视为均布压载 q_s，根据塑性理论分析，q_s 为

$$\left.\begin{aligned} q_s &= n\gamma h^2 / 2x \qquad && \text{当 } x > nh \text{ 时} \\ q_s &= (2nh - x)\gamma h / 2nh \qquad && \text{当 } x \leqslant nh \text{ 时} \end{aligned}\right\}$$

对于刚性基础以上的堤坝荷载可等效为 q_a

$$q_a = \gamma [BH + n(H^2 - h^2)] / b \tag{8-25}$$

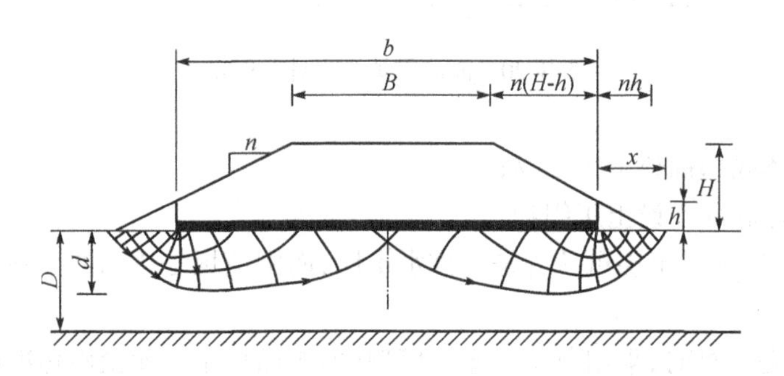

图 8-19　基础等效宽度

地基极限破坏时，理论上 q_u / q_a 应该等于 1，所以，与极限承载力相对应的极限堤坝高度应通过以下试算求得：

(1) 根据已知的 B，n 和 c_u，先假定一个 H 计算得 q_u 和 q_a。

(2) 比较 q_u / q_a，当 $q_u / q_a < 1$，则增大 H 的高度；$q_u / q_a > 1$，则减小 H，继续试算，直至到 $q_u / q_a = 1$ 时，此时的 H 即为极限堤高 H_c。

由于极限堤坝高度或极限承载力是依据刚性基础的假设计算求得的，实际地基破坏时的堤坝高度或荷载都较 H_c 或 q_u 要小。因此，必须对地基的极限承载力进行修正。修正的方法是将原软土地基不排水剪强度指标值乘上一个 1/1.3 的安全系数，再进行上述计算。修正后的地基承载力称允许承载力，相对应的堤坝高度为允许填筑高度。

应当指出，折减后的地基承载力计算值并未反映出筋材的影响，这是由于用折减不排剪

强度指标比考虑加筋强度和模量更敏感和容易，折减后的结果偏于安全。

第四节　土工织物加固软土地基工程实例

一、土工织物用于海涂围垦工程地基加固

某海涂围填工程需要在滩涂（软黏土）上通过吹填法淤填3m厚的砂土层，并在其中开挖一条排水沟，挖沟时的弃土拟用于填筑围拦淤积砂泥的围填坝（见图8-20）。本工程的施工分三阶段进行：①开挖排水沟并同时利用挖出的黏土筑围填坝；②当围填坝（软黏土）基本固结后，进行第一层（层厚2m）砂土吹填；③当第一层吹填土基本固结后，进行第二层（层厚1m）砂土吹填。现要求就以下两种对比方案，计算该工程可能产生的变形及抗滑稳定性：

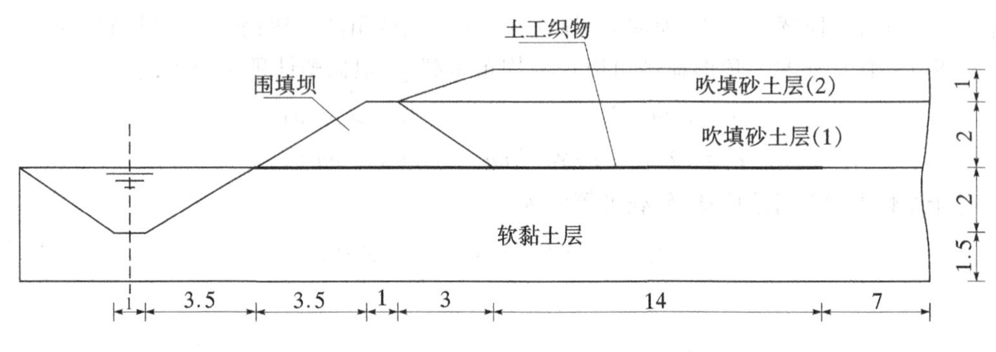

图8-20　海涂围填工程计算图示

(1) 在填筑体底部铺垫土工织物；

(2) 在填筑体底部不设土工织物。

在进行计算时，软黏土层可认为是不排水土层，而围填坝是排水的。各土层的物理力学指标见表8-4。

在进行该问题计算时，采用莫尔—库伦模型（即按照莫尔—库伦破坏准则建立屈服函数和塑性势函数）的有限元法。计算得到有土工织物（张拉模量为2 500 kN/m，布设方案见图8-20）时的位移矢量分布如图8-21，其最大位移量为0.048m，边坡稳定安全系数为1.39。

无土工织物时的位移矢量分布如图8-22，其最大位移量为0.105m，仅当加上80%的填土荷载时就已经发生滑坡。

表8-4　　　　**土层的物理力学参数**

土　层	材料特性	干容重 (kN/m³)	湿容重 (kN/m³)	弹性模量 (kN/m²)	泊松比	凝聚力 (kN/m²)	内摩擦角 (°)
软黏土	不排水	13.5	16.3	2 667	0.333	10.0	3
围填坝	排　水	13.5	16.3	2 667	0.320	5.0	16
吹填土	排　水	18.6	20.0	4 000	0.300	3.0	30

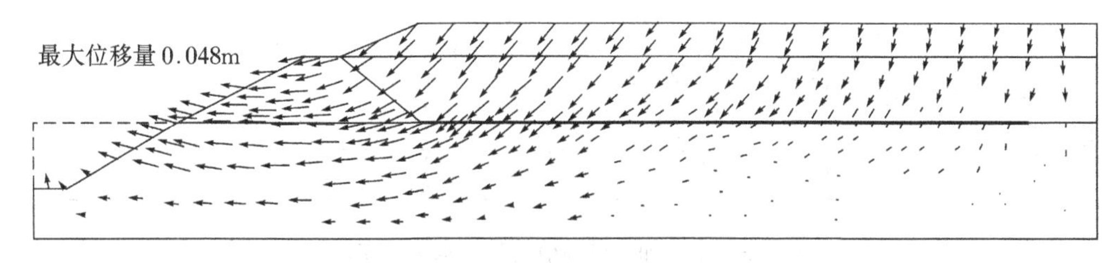

图 8-21 有土工织物时的位移矢量分布图

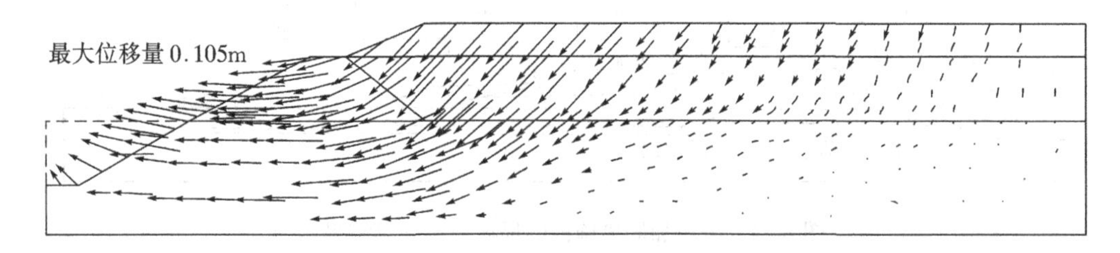

图 8-22 无土工织物时的位移矢量

二、土工合成材料用于软土地基堤防工程加固

江汉平原某围垸堤段为跨湖填筑堤段，堤基表层为冲湖积层，堤基土层自上而下分布有：淤泥质黏土，厚 1.5～3.0m，较塑；腐殖质淤泥、淤泥，厚 1.0～2.5m，软～流塑；黏土夹淤泥质黏土，厚约 1.0m，可塑、软塑，其下为黏土，可塑～硬塑，厚度不明。该堤段从 1972 年主隔堤动工兴建到 1988 年 6 月，曾多次出现严重垮方、滑矬、裂缝，采用过“中心加压，以土挤淤”、移动堤轴线、加宽反压平台等措施，但每次加高堤防都产生滑坡，直到本次加固处理前，堤顶高程仍欠高 1m 左右。各土层的物理力学参数见表 8-5。

表 8-5 **土层物理力学参数**

土类	干容重 γ_{dry} (kN/m³)	湿容重 γ_{wet} (kN/m³)	摩擦角 φ(°)	凝聚力 C (kN/m²)	弹模 E (kN/m²)	泊松比 υ	渗透系数 K(m/day)
素填土	15	18.3	20	17	2 600	0.29	8.64e－3
淤泥质黏土	14	17.1	7	20	1 700	0.40	8.64e－5
淤泥	13	15.4	2	7	1 200	0.45	3.456e－4
黏土	14	16	15	18	2 200	0.33	1.728e－3

对加固前的堤防，采用武汉大学水电学院研制的二维渗流有限元计算软件 SEEP V2.0 计算得到堤防渗流水头分布如图 8-23 所示。在渗流计算结果的基础上，采用武汉大学水电学院研制的土坡稳定计算软件 SSC V3.0 计算了该堤段下游坡的稳定性，结果如图 8-24。

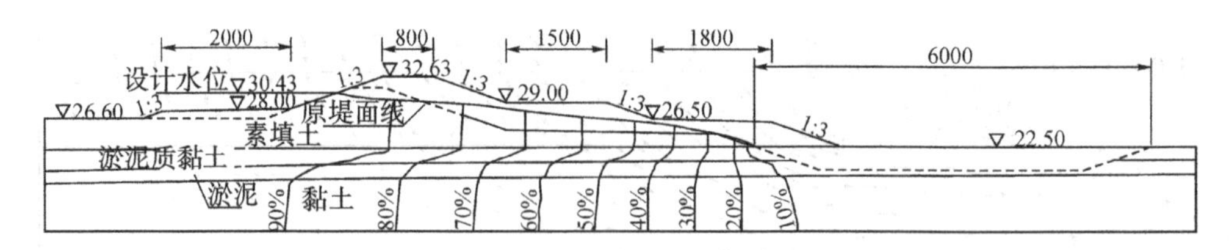

图 8-23 采取加固措施前的渗流水头分布图

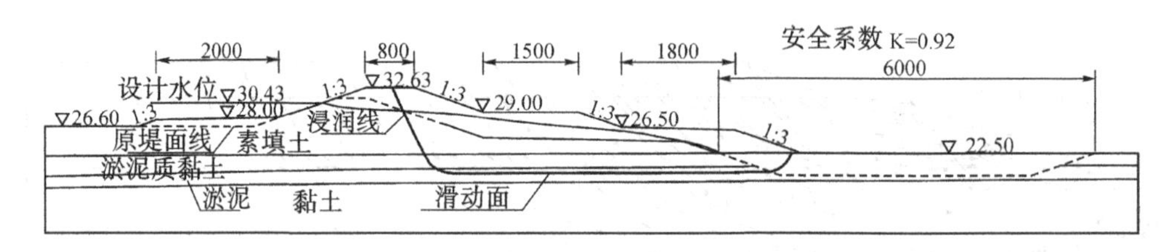

图 8-24 采取加固措施前的堤坡稳定计算结果

计算结果表明，堤防下游坡抗滑安全系数只有 0.92，这与产生滑坡的事实是符合的，其原因在于：①堤基中存在抗剪强度很弱的淤泥和淤泥质黏土，图 2-24 中滑动面位于淤泥层就是很好的说明；②堤身、堤基土层渗透性比较弱，施工时排水固结慢，挡水时浸润线比较高，因此土体孔隙水压力大，稳定性差。

根据以上分析，应采取措施加快排水固结速度，降低浸润线，借鉴国内外饱和软土地基处理的经验，拟采用塑料排水板来促进排水固结。塑料排水板的芯板宽 $B=100\text{mm}$，厚 $\delta=3\sim4\text{mm}$，滤膜为涤纶土工纤维，渗透系数 $k=4.2\times10^{-4}\text{cm/s}$。塑料排水板间距 1.5m，由原下游坡面插入软基直至穿透淤泥层，排水板顶部铺一层 50cm 厚的砂子形成水平排水(见图 8-25)。当砂层上施加填土荷载，在荷重的作用下，软基中的孔隙水由排水板导入砂层排出。通过排水固结，堤防的孔隙水压力降低，堤坡及软基的抗剪强度得以提高。

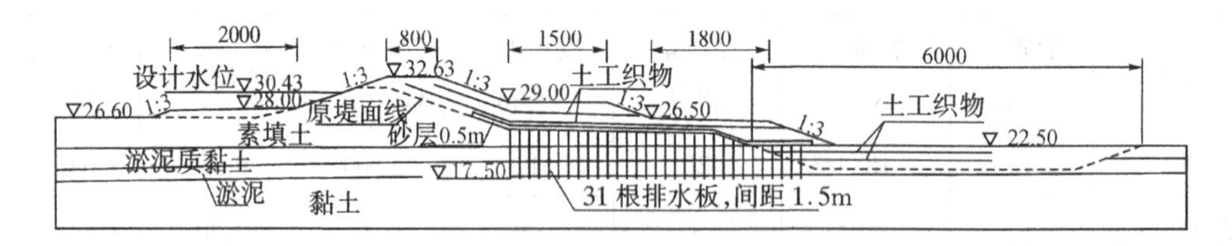

图 8-25 圩堤加固处理方案

由图 8-26 和图 8-27 知，采取排水固结措施后，浸润线明显下降，堤坡抗滑稳定性有较大提高，安全系数提高到 1.20，但是还未达到规范所要求的 1.30(二级建筑物)。为此，决定在新增填土层的中下部铺设两层土工织物起加筋作用(见图 8-25)，以进一步提高下游坡的抗剪强度。土工织物由聚丙烯叠丝编织而成，其经向抗拉强度 50kN/m，纬向抗拉强度 36kN/m，延伸率 20%。加筋后的稳定性计算结果(图 8-28)表明，下游坡抗滑稳定安全系数已经达到1.32,满足规范要求。

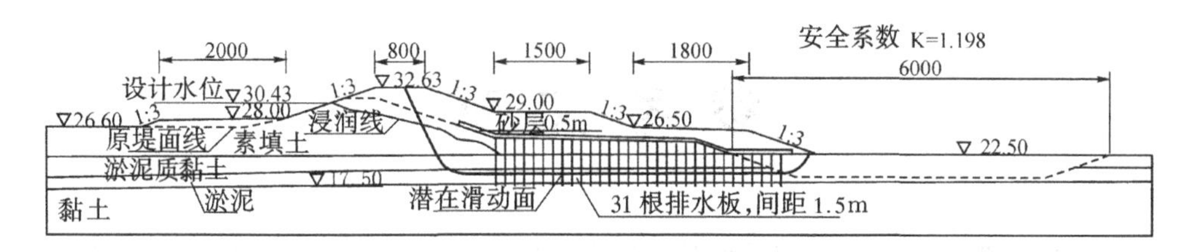

图8-26　采取排水加固措施后的渗流水头分布图

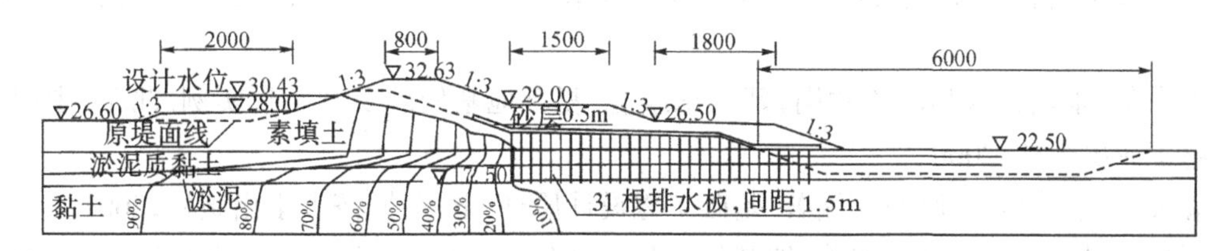

图8-27　采取排水加固措施后的堤坡稳定计算结果

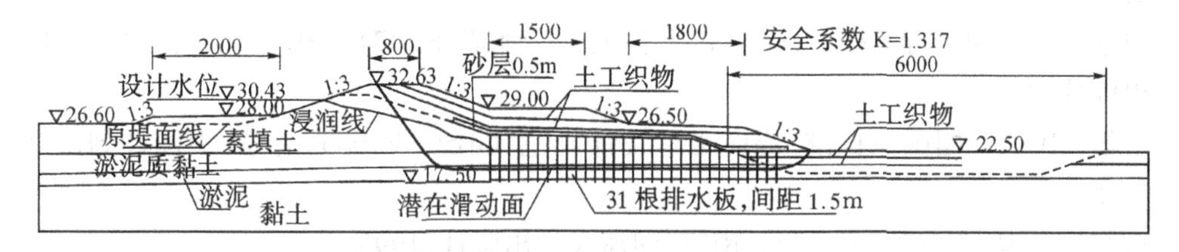

图8-28　采取排水和加筋措施后的堤坡稳定计算结果

参考文献

1 中华人民共和国国家标准.建筑地基基础设计规范(GBJ7-89).北京:中国建筑工业出版社,1989
2 中华人民共和国行业标准.建筑地基处理技术规范(JGJ79-91).北京:中国计划出版社,1992
3 牛志荣,李宏,穆建春,谢耀岗,郭永东编著.复合地基处理及其工程实例.北京:中国建材工业出版社,2000
4 袁聚云,李镜培,楼晓明等编著.基础工程设计原理.上海:同济大学出版社,2001
5 刘景政,杨素春,钟冬波编著.地基处理与实例分析.北京:中国建筑工业出版社,1998
6 中华人民共和国行业标准.水闸设计规范(SL265-2001).北京:中国水利水电出版社,2001
7 中华人民共和国行业标准.碾压式土石坝设计规范(SL274-2001).北京:中国水利水电出版社,2002
8 中华人民共和国国家标准.堤防工程设计规范(GB50286-98).北京:中国计划出版社,1998
9 钱家欢主编.土力学(第二版).南京:河海大学出版社,1995
10 王铁儒,陈云敏.工程地质及土力学.武汉:武汉大学出版社,2001
11 毛昶熙主编.渗流计算分析与控制.北京:水利电力出版社,1990
12 俞仲泉编.水工建筑物软基处理.北京:水利电力出版社,1989
13 牛运光编著.土坝安全与加固.北京:中国水利水电出版社,1998
14 董哲仁主编.堤防除险加固实用技术.北京:中国水利水电出版社,1998
15 白永年,吴士宁,王洪恩.土石坝加固.北京:水利电力出版社,1992
16 谈松曦.水闸设计.北京:水利电力出版社,1986
17 王世夏编著.水工设计的理论和方法.北京:中国水利水电出版社,2000
18 张永钧.强夯法的发展和推广应用的几点建议.施工技术,1993(9)
19 刘海中.关于强夯加固地基影响深度的研究,勘察科学技术,1993(3)
20 方永凯、周芝英.强夯法加固地基的若干问题.第六届土力学及基础工程论文集.上海:同济大学出版社,1991(6)
21 余嘉澍.振冲碎石桩加固防洪堤地基研究.地基处理,2002年(4)
22 张雅兴.引黄入卫临清立交穿卫枢纽穿右堤涵闸地基处理设计.水利水电工程设计,1997(2)
23 陈少平.深厚淤泥地区多层建筑喷粉搅拌桩复合地基.复合地理论与实践学术讨论会

论文集. 杭州:浙江大学出版社,1996

24 廖秋春. 珠海市西区输水干管地基处理. 特种结构,1999(3)

25 陆飞,张建康. 粉喷桩在丹阳市河驳岸工程中的应用. 水运工程,1998(1)

26 关国青. 水泥搅拌桩在水闸高翼墙软基加固中的应用. 水利水电快报,2003(9)

27 杨克斌,陈焕新. 粉喷桩技术在梅溪桥闸重建工程中的应用. 水利水电科技进展,2001(1)

28 张义东,姚顺章,万兆华,查振衡. 高喷灌浆加固抛石填海软基. 中国安全科学学报,1999(专辑)

29 王庆生. 旋喷桩在阎潭引黄闸改建中的应用. 人民黄河,1990(2)

30 刘川顺,罗放祥,刘志才,黄站峰. 三峡库岸防护堤若干问题研究. 岩石力学与工程学报,2003(海峡两岸隧道与地下工程专辑)

31 刘川顺,王长德,于英武,罗余平. 高压喷射灌浆技术在刘家湾闸防渗加固中的应用. 中国农村水利水电,2000(1)

32 刘川顺,刘祖德,王长德. 冲积地基堤防垂直防渗方案研究. 岩石力学与工程学报,2002(3)

33 刘川顺,刘祖德,王长德. 河堤背水侧盖重土层的渗流控制计算. 武汉水利电力大学学报,2000(2)

34 刘川顺,彭幼平. 长江堤防地基类型与防渗方案. 水文地质工程地质,2001(6)

35 刘川顺,王长德,刘金才. 穿堤涵闸防渗帷幕的方案研究. 人民长江,2002(6)

36 刘川顺,聂世峰,王小平,张幼书. 长江簰洲湾堤防溃决原因分析和重建方案研究. 水利水电技术,2003(7)

37 刘川顺. 堤防减压井布置对渗流控制的影响. 中国农村水利水电,2001(12)

38 彭幼平,刘川顺. 土坡稳定计算程序的研制和应用. 中国农村水利水电,2000 年增刊(Ⅱ)

39 Liu Chuan-shun, Yang Jin-zhong. United Method for Calculation of Seepage Control by Adopting Weighting Soil Layer on the Back Side of Dike. Journal of Hydrodynamics(水动力学研究与进展). Ser. B Vol.13 No.4,2001

40 Liu Chuan-shun, Wang Chang-de. Scheme study of vertical wall adopted in the Yangtse River dike. The Proceedings of the 2nd International Conference October 10-12,2002, Shenyang, P.R. China on New Development in Rock Mechanics & Rock Engineering (SUPPLEMENT).

41 Liu Chuan-shun, Peng You-ping. Mechanism of sliding failures of embankment dams due to reservoir drawdown. The Proceedings of the 2nd International Conference October 10-12,2002,Shenyang, P.R.China on New Development in Rock Mechanics & Rock Engineering (SUPPLEMENT).

42 Cazzuffi D. The Use of Geomembranes in Italian Dam. Water Power & Dam Constructions. March. 1987

43 Lawson CR. Filter Criteria for Geotextiles: Relevance and Use. Journal of the Geotechical Engineering Division, Proc. ASCE, Vol108. No, GT10, Oct, 1982
44 包承纲主编.堤防工程土工合成材料应用技术.北京:中国水利水电出版社,1999
45 陶同康编著.土工合成材料与堤坝渗流控制.北京:中国水利水电出版社,1999
46 陶同康.复合土工膜及其防渗设计.岩土工程学报,1993(2)